THERE WERE
GIANTS
UPON THE
EARTH

地球编年史
人类起源

[美] 撒迦利亚·西琴 著

周悟拿 译

God's, Demigods,
and Human Ancestry:
The Evidence of
Alien DNA

湖南人民出版社 · 长沙

目 录 ✳ CONTENTS

引言

事情就这样成了

如果读者熟悉《圣经》的詹姆斯王译本，就会熟悉大洪水的故事。在大洪水中，诺亚蜷缩在方舟中得到拯救，重新在地球上繁衍生息。

熟悉我作品的读者也知道，几十年前，正是《圣经》的经文促使一个小学生向老师提问：为什么经文的主题是"巨人"，而希伯来语原文是"Nefilim"？这个词源自希伯来语的动词"NaFoL"，意思是倒下、被放下、降临，绝对不是"巨人"的意思。

那个小学生就是我。我没有因为自己的敏锐而得到表扬，反而被严厉训斥了一顿。"西琴，坐下！"老师嘶吼道，语气中带着压抑的怒气，"你不能质疑《圣经》！"那天我感到非常受伤。因为我其实没有质疑《圣经》，与此相反，我想要指出对经文进行准确解读是多么必要。就是在这一天，我的人生方向发生转变，我决定去追寻关于"Nefilim"的真相。"Nefilim"是谁？"Nefilim"的后裔又是谁？

我把语言学作为寻找答案的入口。希伯来语的文本中没有提到开始繁衍的"人"，而是提到了"Ha'Adam"——"亚当"。这是一个通用术语，指某一人类物种。希伯来语的原文没有提到"神"的儿子，而是使用了"Bnei

Ha-Elohim"这个词——意为"埃洛希姆的儿子们"。这个术语的字面意思是"高处的人"。"亚当的女儿"是"Tovoth"——意为"良好的，协调的"……可以发现，这已走向了人类起源的问题。人类为何偏偏出现在这个星球上？我们的遗传密码源自谁？

希伯来语的《创世记》原文，只有49个单词。这短短三节经文和几十个单词，描述了天地的创造，记录了早期人类的史前时代和一系列大事件——席卷全球的大洪水，神和神的儿子们在地球上出现，不同人类物种之间的通婚，还有被称为半神的后裔……

因此，以"Nefilim"这个词为开端，我发现了阿努纳奇人（Anunnaki）的故事。"那些从天国来到地球的人"——他们既是宇宙旅人，又是星际移民。他们的母星遇到了麻烦，于是来到地球淘金。最后，他们按照自己的形象塑造了亚当。在撰写此书的过程中，我让他们的故事跃然纸上，我确认他们的个体身份，揭开他们之间复杂的关联，描述他们的任务、爱情、野心和战争，并确认他们和其他物种生下的后代身份："半神（demigods）"。

时常有人问我：如果当时老师没有训斥我，反而对我称赞有加，我的兴趣会向什么方向发展？其实，我曾问过自己另一个问题：如果"地球上曾有所谓的'神'，在过去的日子里如此，往后的日子也是如此"，那会如何？这在文化、科学和宗教方面都蕴含着深远意义，并且会将我们引到下一个无法回避的问题：《希伯来圣经》的编纂者们似乎是一神论的拥趸，为什么他们会在史前记录中写出这些出人意料的经文？

我认为，我已找到答案。

我逐步解开了"半神"的谜团，这些"半神"也包括著名的吉尔伽美什。我在撰写本书的过程中得出了结论：**外星人曾经来过地球，而且地球上存在实物证据，就埋葬在一座古墓之中。**这个故事将会对我们理解基因起源的方式产生巨大影响。这是一把钥匙，能够帮助我们解开健康、长寿、生命和死亡的秘密。这也是一个谜团，将带领读者踏上一次独一无二的冒险之旅，旅程就是一步步揭晓谜底的过程。最终，我会向读者揭示：亚当在伊甸园中真正没有获得什么。

撒迦利亚·西琴

第一章

亚历山大渴望永生

公元前 334 年春天，马其顿的亚历山大大帝率领一支庞大的希腊军队，横渡了分割欧洲和亚洲的赫勒斯滂海峡（现在称为达达尼尔海峡①），发动了首次欧洲对亚洲的武装入侵。这支由精锐步兵和骑兵组成的武装力量约有 15000 人，是由希腊各个城邦联合组织而成，为了报复波斯对希腊的多次侵略。

双方在小亚细亚不断交战，希腊联军在这片区域的据点激增，其中最为有名的是特洛伊。这是一座戒备森严的城市。根据许多个世纪之前的荷马史诗《伊利亚特》记载，这里爆发了史上著名的特洛伊战争。亚历山大曾从导师亚里士多德那里获得这本史诗，所以他决定在特洛伊城的废墟上稍作停留，向战争女神雅典娜献祭，并向阿喀琉斯②之墓致意。

这支庞大的军队平安过境。波斯人没有在海岸上组织抵御，而是准备另觅机会，将希腊军队引至内陆伺机一举歼灭。但是，波斯人虽在地形和

---

① 著名的土耳其海峡的一部分，位于小亚细亚半岛与巴尔干半岛之间。东连马尔马拉海，西通爱琴海，是黑海通往地中海以及大西洋、印度洋的重要通道，自古以来就是土耳其的战略要地。

② 希腊神话中的英雄，海洋女神忒提斯和凡人英雄珀琉斯之子。传说阿喀琉斯除了脚踵的致命死穴，全身刀枪不入，诸神难侵，是特洛伊战争中希腊军的主将，屈指可数的大英雄。

人数上占据优势，希腊联军还是成功突破了防线，最终一直挺进到现今土耳其和叙利亚的边界地带。

公元前 333 年的秋天，亚历山大的军队正在向前行军，波斯的"万王之王"大流士三世率领一队骑兵向他们发起冲锋。此役被称作伊苏斯之战（许多希腊艺术作品中有相关描绘，图 1）。最终，大流士的皇家营地全部沦陷，而他本人得以逃脱，撤退到了巴比伦。

令人不解的是，亚历山大并未乘势追击波斯的落魄大帝和残余势力，使大流士三世得以退回到巴比伦，重整旗鼓。亚历山大转而向南行军……希腊各个城邦结成联盟原本是为报复波斯早先的入侵，但复仇行动却被暂时搁置，让希腊的将领们错愕不已。他们很快发现，亚历山大并没有把波斯作为最终目标，他真正瞄准的是埃及。

后来人们才发现，困扰亚历山大的并不是希腊的命运，而是自己的身

图 1

世。马其顿宫廷中长期谣传着，亚历山大的亲生父亲并非国王腓力二世，而是一个神秘的埃及人。各种说法都表示，曾有一位埃及人来拜访腓力二世，希腊人称他为涅克塔内布斯，正是他暗中勾引了腓力二世的王后奥林匹娅斯。

这些谣言持久不散，导致腓力二世和王后关系恶化，后来腓力二世甚至公开指控奥林匹娅斯通奸。但也有人说，腓力二世这样做是在给自己扫清障碍，因为他想娶一个马其顿贵族的小女儿。无论怎样，亚历山大的王储身份已经引人生疑。就在国王的新妻子怀孕之时，事情又一次发生反转：这位可能是亚历山大生父的神秘访客，不只是埃及人那么简单——他是伪装成人类的埃及阿蒙神。根据故事的这个版本，亚历山大不仅是皇家血脉，他还有一半神的血统。

后来，腓力二世在新任妻子诞下王子后设宴庆祝。他扬扬得意，却在这时惨遭暗杀。时年二十岁的亚历山大继承了王位，但他的身世仍然成谜，他自己也为此深受困扰。因为，如果传言为真，他将继承比王位更重要的东西——与神灵一样长生不老的能力！

亚历山大登上王位之后，接任腓力二世成为希腊联盟出征计划的指挥官。但在向亚洲进军之前，他先去了遥远的希腊南部圣地德尔菲。那里是古希腊最著名的神谕所在地，许多国王和英雄都曾前来求问神谕，探寻未来的方向。在那里的阿波罗神庙，有一位传奇的女祭司西比尔①。她会传达神的话语，回答来访者的问题。

他是半神吗？他会获得永生吗？亚历山大想知道答案。西比尔的回答是一个需要解读的谜语，但她给亚历山大的暗示很明确：他将在埃及找到答案，在该国最著名的神谕之地——锡瓦绿洲。

---

① 西比尔（Sibyl）是希腊神话中著名的女预言家。

***

  这个建议乍一听很奇怪，其实不然。这两个神谕地点被传说和历史联系在一起。德尔菲在希腊语中意为"子宫"，据说是希腊诸神之首宙斯选中的地点。他从地球的两极放出两只神鸟，它们飞到德尔菲相会。宙斯将德尔菲称为"地球的肚脐"，并将一块椭圆形的石头放在这里。这块石头被称作翁法勒斯石，即希腊语的"肚脐"。这是一块供众神交流的耳语石。在古老传统中，德尔菲的女先知会坐在上面说出神谕答案。（最早的翁法勒斯石在罗马时代被一块复制品替换了，图2a。）

  尼罗河三角洲以西约三百英里就是锡瓦的神谕地点，这是西部沙漠中的一片绿洲。相传，阿蒙神的女祭司化身为两只黑色的飞鸟，通过飞行完成了选址。那里的主庙以埃及的阿蒙神冠名，希腊人把他视作埃及的"宙斯"。那里也有一块耳语石，相当于埃及的翁法勒斯石（图2b）。这块石头在希

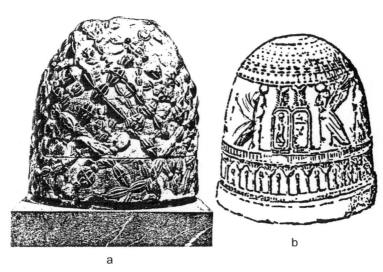

图2

腊神话和历史中拥有神圣的地位。相传狄俄尼索斯[①]曾经迷失在西部沙漠之中，后来奇迹般地被耳语石引导到绿洲，最终获救。狄俄尼索斯是阿波罗同父异母的兄弟，当阿波罗不在德尔菲时，则由狄俄尼索斯替他主持大局。此外，在亚历山大看来——狄俄尼索斯和神并没有区别，虽然他实际只有一半神的血统。他是宙斯之子，宙斯伪装成人类，引诱了人间一位名为赛墨勒的公主。本质上，这个故事和亚历山大的身世非常相似，只是发生得更早而已：神伪装成人，在人间和一位皇室女性生下儿子。而如果狄俄尼索斯可以被神化，最终成为长生不老的众神之一，那么亚历山大是否也可以？

对亚历山大来说，更重要的是半神珀尔修斯。他是宙斯的另一爱子，曾成功杀死可怕的美杜莎，且没有变成石头。还有传说中的英雄赫拉克勒斯，他以十二项丰功伟绩闻名，据说也曾咨询过锡瓦神谕。毫不意外的是，他也是一位半神，母亲是聪明美丽的阿尔克墨涅。她的丈夫原是一个岛国之王，宙斯变成她丈夫的模样使她受孕，生下赫拉克勒斯。这些先例都与亚历山大对自己的预期吻合。

基于这些原因，亚历山大没有追击波斯国王，而是一路南下。他在已攻下的领土留下部分驻守的军队，然后沿着地中海的海岸线继续前进。

在埃及，波斯守军不战而降。埃及人将亚历山大视作解放者，像迎接救星一样欢迎他。在古埃及的首都孟斐斯[②]，祭司们已经做好了心理准备，他们承认亚历山大确实拥有埃及阿蒙神的神圣血统，并且建议亚历山大前

---

① 狄俄尼索斯（Dionysus），古希腊神话中的酒神，奥林匹斯十二主神之一，传说中他是宙斯与赛墨勒之子。
② 孟斐斯（Memphis），遗迹位于开罗南 20 多公里处。根据曼涅托的叙述，这座城市是由法老米恩于公元前 3100 年左右建立的。它是埃及古王国的首都，且直到古地中海时期都是一座重要的城市。

往上埃及的古城底比斯（即现在的卡纳克和卢克索，这两个地方都有宏伟的阿蒙神神庙）。祭司们建议亚历山大去祭奠阿蒙神，并被加冕为法老。但亚历山大坚持按照德尔菲神谕来行事。他历经三周的艰难跋涉，穿越危险的沙漠地带，最终抵达锡瓦：他想要听到最后判决，查明自己是否拥有不朽之身。

亚历山大在锡瓦聆听神谕的过程是完全私密的，没有人知道究竟发生了什么。有一种版本是，亚历山大听完神谕后告诉同行之人，他"得到了内心渴望的答案"，而且"知晓了原本无从得知的秘密"。还有另一种说法：神谕虽然没有证实亚历山大能获得肉体的永生，但的确证实了他身世的神圣性。从这以后，亚历山大给军队分发的银币上，开始印着他头上长角的肖像（图3a），这个特点和阿蒙神一样（图3b）。此外还有第三个版本，神谕指示亚历山大去西奈半岛寻找一座山，山下有一条能与天使相遇的通

a

b

图3

道。然后再前往巴比伦，找到巴比伦守护神马尔杜克①的神庙。亚历山大后续的所作所为也与这个版本的说法相符。

后一条指令可能源于亚历山大在锡瓦得知的"秘密"："阿蒙"这个词的意思是"隐者"。从公元前 2160 年左右开始，这个词被用来指代伟大的"拉神"②，他的埃及全名是拉·阿蒙或者阿蒙·拉。在我之前的书中也写过，"拉·阿蒙"在美索不达米亚的巴比伦建立了他的新总部——他在那里被称为马尔杜克，"远古之神的儿子"。这位"远古之神"，埃及人称其为普塔③，美索不达米亚人称他为恩基④。神谕向亚历山大透露的秘密可能是：他真正的父亲是埃及的阿蒙神，即"隐者"，也就是巴比伦的马尔杜克。因为在锡瓦聆听神谕后，亚历山大几周内就出发去遥远的巴比伦了。

公元前 331 年的初夏时节，亚历山大重新召集了一支庞大的军队，向幼发拉底河进发，巴比伦正位于幼发拉底河中游以南的岸上。大流士三世率领着浩荡的波斯骑兵和战车部队，对亚历山大的到来严阵以待。两支军队在底格里斯河东岸的一个名为古亚卡姆的地方相遇。那里靠近亚述曾经的首都尼尼微⑤，即现在伊拉克北部的库尔德地区。

---

① 马尔杜克（Marduk）是巴比伦的守护神、主神和巴比伦尼亚的国神，最开始是作为雷暴之神，传说中他制服了造成原始混乱的怪物的创造者提亚马特之后成为众神之首。他的圣畜是马、狗以及舌分两叉的龙，巴比伦城墙上饰以此龙之像。马尔杜克居于巴比伦城的埃萨吉拉神庙内。

② 拉（Ra，也拼作 Rah、Ré），古埃及太阳神，从第五王朝（约前 2500 年—前 2350 年）开始，成为古埃及神话中最重要的神。

③ 普塔（Ptah），古埃及孟斐斯地区所信仰的造物神，而后演变成工匠与艺术家的保护者。

④ 恩基（Enki），苏美尔神话中的一位水神。苏美尔语的"En"原本是高级祭司的称号，后来引申为"王"的意思，而"ki"是"大地"的意思，合起来就是"大地之王"。

⑤ 尼尼微，西亚古城，是早期亚述、中期亚述的重镇和亚述帝国都城，其址位于底格里斯河的东岸，意为"上帝面前最伟大的城市"。《圣经》中曾在描写神的震怒时，提到尼尼微："耶和华必伸手攻击北方，毁灭亚述，使尼尼微荒芜，干旱如旷野。"

由于这次战役的胜利，亚历山大无须穿越宽阔的幼发拉底河，而是可以再次渡过底格里斯河，经由一片开阔的平原前往巴比伦。大流士三世三次提出求和，亚历山大一一拒绝，坚持向巴比伦进军。公元前331年秋天，他终于到达这座名城，并穿过宏伟的伊什塔尔[①]城门（图4为重建图；伊什塔尔城门被发掘出土后，经过一系列重组，现在在柏林的古代近东博物馆展出）。

图4

巴比伦的贵族和教士们一致欢迎亚历山大的到来，他们终于可以摆脱亵渎并拆毁马尔杜克神庙的波斯势力。马尔杜克所在的埃萨吉拉神庙是一座巨大的金字形神塔，顶上有一座神殿。神庙分为七个依次向上的台阶，每一层都精确对应一项天文定义（图5，重建图）。按照巴比伦传统，一位新国王必须握住神的手才能被神祝福，以此获得登基的合法性。但亚历山大无法做到，因为他发现神躺在一具金色棺材内，身体浸泡在特殊的油中。

虽然亚历山大之前就确信马尔杜克已死，但那个景象仍给他带来巨大震撼：死在这里的不是凡人，这个人不仅可能是他的亲生父亲，还是受众

---

① 伊什塔尔（Ishtar，又译作伊丝塔、伊西塔）是美索不达米亚宗教所崇奉的女神，亦是苏美尔人的女神伊南娜和闪米特人的女神阿斯塔蒂。狮子是伊什塔尔女神的象征动物。伊什塔尔原本就是一个双面女神，既是丰饶与爱之神，同时也是战争女神。

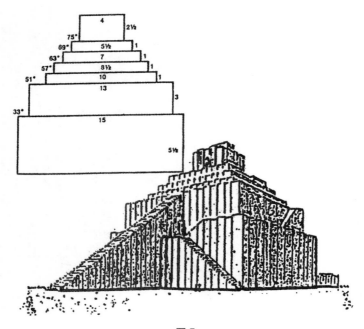

图 5

人景仰的"不朽的"神明之一。那么，半人半神的亚历山大逃脱死神魔爪的可能性又有多少呢？亚历山大仿佛下定决心要向命运发出挑战，他招募了数千名工人来修复埃萨吉拉神庙，将稀缺的资源全部投入这项工程中。在他离开巴比伦继续踏上征途时，他明确表示，巴比伦将会成为他的新帝国首都。

公元前 323 年，亚历山大已是帝国首领。这一年他返回巴比伦，但巴比伦的预言祭司告诫他不要进入城内，否则会有性命之忧。亚历山大在巴比伦逗留后不久，就出现了不祥之兆。他很快就病倒了，高烧不退。他要求手下的军官们在埃萨吉拉神庙内为他守夜。据现有记载，亚历山大于公元前 323 年 6 月 10 日的早晨去世。他虽未获得肉体的永生，但此后名垂千古。

古往今来，亚历山大大帝的生死之谜已被数代人挖掘，呈现在书籍、学术研究、电影、大学课程之中。现代学者并不怀疑亚历山大大帝这个人物的存在，并且努力查明他生平的每一个细节，为他和他的时代创作了大量作品。学者们已经知道伟大的希腊哲学家亚里士多德曾经教导亚历山大，还确定了亚历山大的行动路线，分析了他每一场战斗的战略规划，记录了他下属将军们的名字。尽管他们描述着马其顿宫廷生活的方方面面和其中暗藏的曲折阴谋，却对亚历山大身世谣言嗤之以鼻。

那些私人或公共的书架已经不堪重负，摇摇欲坠，架子上堆满了形形色色的书卷，内容关于希腊艺术的各种微末细节：迥异的艺术风格、文化背景、地理起源。博物馆的画廊中摆满了大理石雕塑、青铜器具、彩绘花瓶和其他艺术品。它们毫无例外地描绘了拟人化的神、英雄化的半神和所谓神话故事中的某段情节（比如描绘阿波罗欢迎他的父亲宙斯，其他男神

图6

和女神簇拥在旁，图6）。

令人难以理解的是，学术界对古代文明的记录作了这样的规范：上古故事和文本，如果内容涉及国王，就会被视为皇家年鉴的一部分；如果内容涉及英雄人物，则会被归为史诗；但如果主题是神，就会被划为神话。尽管古希腊人、埃及人、巴比伦人相信众神是真实存在的，相信他们无所不能，他们翱翔天际、投入战斗、秘密为英雄设计磨难和试炼——甚至通过和人类女性结合，让这些英雄诞生于世，但那些怀有正确科学观的学者怎么会相信这一切呢？

有趣的是，当亚历山大大帝的故事被认定为史实时，他的故事中那些与神有关的部分是不可或缺的。否则，从他出生到访问神谕的整个旅程，以及他在巴比伦去世的故事都不可能发生。这些故事中包含阿蒙神、拉神、阿波罗、宙斯、马尔杜克这些神话中的神祇，或者像狄俄尼索斯、珀尔修斯、赫拉克勒斯这样的半神人——可能亚历山大自己就是半神人。

上古各个民族的传说中都有关于神明的故事和描绘，虽然神和人类很像，但又与我们不同——他们似乎是永生不朽的。这些备受尊敬的神在各个地域有不同称呼，但各种语言中的名字大体拥有相同的含义——用来彰显被命名的神灵的某一特点。

以此推测，罗马神祇中的朱庇特和尼普顿其实是早期的希腊神话中的宙斯和波塞冬。伟大的印度风暴之神因陀罗（图7），通过战胜敌对阵营的神而获得至高无上的地位，这个过程和宙斯一样。他的名字如果按音节拼写，就是"In-da-ra"，这也出现在小亚细亚的赫梯人①的神明名单中；它是赫梯主神泰舒卜的另一个名字，即雷电之神（图8a），也是亚述人和巴比伦人的阿达德神，意为"风暴之神"，也是迦南人的哈达德神。甚至

———————————

① 赫梯人，小亚细亚东部和叙利亚北部的古代部族。

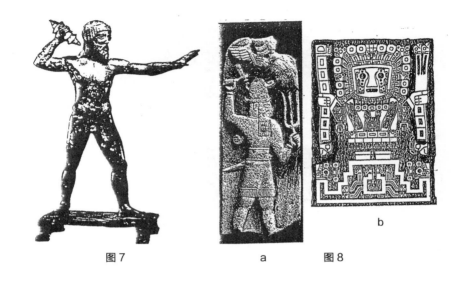

图7　　　　　　　　　a　　　图8

在美洲也可以找到对应之神，比如维拉科查神，我们能在玻利维亚蒂亚瓦纳科的"太阳之门"上找到他的形象（图8b）。这个清单还可以持续写下去。

怎么会这样呢？背后的原因又是什么？

希腊人向前穿过小亚细亚，经过雄伟的赫梯纪念碑；在美索不达米亚平原北部，他们途经亚述古城群的废墟。在那里，他们发现随处可见的神明、图像和符号都以"飞翔的太阳"的标志为中心（图9），希腊人在埃及和其他任何地方都曾见过这个标志——甚至在波斯国王的纪念碑上也有，那是他们至高无上的象征。这个符号代表了什么？这一切又有何内涵呢？

亚历山大死后，他的两位合法继承人——儿子和兄弟——都惨遭谋杀。他打下的江山被手下的两个将军托勒密与塞琉古瓜分。托勒密及其继任者将总部设在埃及，后来又夺取了非洲领土。塞琉古及其继任者则主要在叙利亚安营扎寨，安纳托利亚地区、美索不达米亚地区和部分遥远的亚洲领土都在他们的统治之下。这两位将军上任后，为了了解自己统治的地区，

图9

开始溯源众神的故事。托勒密家族建立了著名的亚历山大图书馆，任命一位名为曼涅托的埃及祭司来记录希腊和埃及的王朝历史以及众神的史前故事。塞琉古家族则雇用了一位通晓希腊语的巴比伦祭司贝罗索斯，他以美索不达米亚地区的知识为基础，为塞琉古家族编纂了人类及众神的历史和史前故事。这些新的统治者想要证明他们的政权是众神时期王权的合理延续，从而获得大众的承认。

这两位学者的著作，可以为我们提供许多知识，将我们带回遥远的史前时代和《创世记》引人入胜的故事之中。这让我们不再止于讨论"神话"是否具有真实性，是不是过往事件的一种集体记忆形式。我们很快能发现，这都是实实在在的历史记录，据说部分记录还是来自大洪水之前的时代。

巴比伦和马尔杜克

在阿卡德语[①]中，Bab-lli意为"众神之门"，即《圣经》中的巴别（Babel）。这个地名指的是幼发拉底河上一个王国的首都，位于苏美尔和阿卡德北部。王国之名亦由此而来。一战前开始的考古挖掘工作，揭示了它的位置和王国的疆域。在此之前，人们仅从《圣经》中知晓它的存在——首先是巴别塔的故事，其次是列王和先知的书中记载的历史事件。

巴比伦的崛起与马尔杜克（Marduk，意为"净土之子"）紧密相连。马尔杜克的主神庙是一座名为埃萨吉拉的金字形神塔（E.sag.il，意为"顶部高耸的房子"），耸立在一片广阔的圣地上。以前那里按等级排列着众多祭司，从清洁工、屠夫、医护人员到管理者、文士、天文学家和占星家。马尔杜克是苏美尔神恩基的长子。他们的领地在非洲，他们在那里分别被尊为拉神和普塔神。然而马尔杜克是在美索不达米亚真正建立自己的"地球之脐"之后，才获得整体的统治权——这个过程包括"巴别塔"事件[②]。公元前2000年后，他终于成功了。之后，光芒万丈的马尔杜克（见下页插图）邀请所有臣服于他的主神一起居住在巴比伦。

公元前1800年左右，汉谟拉比国王的王朝建立，巴比伦尼亚随之成为一大帝国。随着古代近东各地发现的楔形文字被破译，我们得以了解巴比伦尼亚出于宗教原因的征战以及和亚述帝国的敌对状态。在巴比伦尼亚经

---

① 阿卡德语是指古代西亚两河流域阿卡德人的语言，属闪－含语系。其书面形式为楔形文字。阿卡德人最初使用苏美尔文字，公元前24世纪萨尔贡一世建立阿卡德帝国后成为官方语言。

② 巴别塔，也意译为通天塔。"巴别塔"事件本是《希伯来圣经》（也称《旧约》）中的一个故事，说的是人类产生不同语言的起源。相传一群只说一种语言的人在"大洪水"之后从东方来到示拿地区，并决定修建一座"能够通天的"高塔；上帝见此情形就把他们的语言打乱，让他们再也不能明白对方的意思，并把他们分散到了世界各地。

历了大约五个世纪的持续衰落之后，一个新巴比伦帝国再次崛起，统治一直持续到公元前 6 世纪。它的征服史包括对耶路撒冷的几次攻击和公元前 587 年破坏所罗门圣殿，这些全都发生在国王尼布甲尼撒二世在位期间——这完全证实了《圣经》中的故事。

巴比伦城既是帝国的首都和宗教的中心，也是王国的象征。公元前 539 年，巴比伦城被阿契美尼德－波斯国王居鲁士攻占，这座城市的历史宣告终结。居鲁士对马尔杜克十分尊重，但他的继任者薛西斯却在公元前 482 年摧毁了著名的金字塔神庙，因为神庙的唯一用途就是作为死去的马尔杜克的荣耀之墓。亚历山大试图重建的正是金字塔神庙的那些废墟。

第二章

大洪水来临之前

公元前 270 年左右,曼涅托①(希腊文意为"托特②的礼物")受托勒密·费拉德尔弗斯国王征召,将古埃及的历史和史前记录编成三卷。这份原始手稿被称为《埃及史》,存放于亚历山大图书馆,后于公元 642 年被穆斯林征服者放火烧毁了。但我们仍能从古人著作的引文和参考文献中得知,曼涅托首先列举了很久以前统治埃及的神和半神,之后才轮到人类法老成为埃及国王。

希腊历史学家希罗多德③先于曼涅托两个世纪踏上埃及的土地,他曾这样描述埃及的统治者: 埃及的祭司说"埃及的第一任国王是米恩(Men)"。而曼涅托的法老名单也从"米恩"这个名字开始,这在希腊语中是"美尼斯"④。但曼涅托是第一个排列出各朝法老继承顺序的学者。他列出的国

---

① 曼涅托 (Manetho 或 Manethon),古埃及祭司和历史学家,用希腊文写成《埃及史》一书。
② 托特 (Thoth),古埃及神话中的智慧之神,同时也是月亮、数学、医药之神,埃及象形文字的发明者。在《亡灵书》中被描绘为立姿审判者。他以佩戴满月圆盘及新月冠鹮头人身的形象,或狒狒形象出现。
③ 希罗多德 (Herodotus),公元前 5 世纪的古希腊作家、历史学家,他把旅行中的所闻所见以及第一波斯帝国的历史记录下来,著成《历史》一书。这是西方文学史上第一部完整流传下来的散文作品,希罗多德也因此被尊称为"历史之父"。
④ 美尼斯 (Menes),传说中第一位将古埃及统一起来的统治者。通常认为他创立了古埃及第一王朝,时间早于公元前 3100 年。

王名单非常全面，注明了他们的姓名、在位时间、继承顺序以及其他相关信息。

曼涅托的清单最引人注目的地方在于，他列出的法老和朝代清单从神明开始，而不是从人类法老开始。他写道，神和半神早在任何人类法老登基之前就曾经统治埃及。

他们的名字、顺序和统治时长都是"神话般的"。排在最前面的是普塔神，他是古埃及的创世之神。

普塔神（Ptah）统治时长 9000 年

拉神（Ra）统治时长 1000 年

舒神（Shu）[1] 统治时长 700 年

盖布（Geb）[2] 统治时长 500 年

欧西里斯（Osiris）[3] 统治时长 450 年

赛特（Seth）[4] 统治时长 350 年

荷鲁斯（Horus）[5] 统治时长 300 年

七大神祇 统治时长 12300 年

拉神和他的父亲普塔神一样，是一位"天地之神"。相传他是乘坐一

---

[1] 舒神（Shu），又名苏，是埃及神话中的大气之神、空气之神、天空的化身，亦是思考与听觉的支配者，属赫里奥波里斯九柱神之一。

[2] 盖布（Geb），古埃及的大地之神与生育之神，舒与泰芙努特的儿子。

[3] 欧西里斯（Osiris），埃及神话中的冥王，是古埃及最重要的神祇之一，一位反复重生的神。

[4] 赛特（Seth），在埃及神话中是力量之神、战神、风暴之神、沙漠之神以及外陆之神，是盖布与努特的儿子。

[5] 荷鲁斯（Horus）是古代埃及神话中法老的守护神、王权的象征。其形象是一位隼头人身的神祇。

艘名为 "Ben-Ben" 的天体帆船从"百万年的星球"来的，"Ben-Ben"意为小金字塔鸟，后来保存在圣城阿努的一座神殿的至圣所之中。圣城阿努就是《圣经》中的 On，也叫"赫里奥波里斯"（Heliopolis，又称"太阳城"，是古埃及最重要的圣地之一，仅次于孟斐斯和底比斯）。

拉神在埃及数千年的国家事务中扮演了重要角色。但是，作为普塔神的继任者，拉神的统治仍显得非常短暂——仅持续了一千年。这背后的原因对我们的揭秘过程很重要。

根据曼涅托的记载，荷鲁斯统治的第一个神圣王朝结束后，托特神随后成为统治者。托特神是普塔神的另一个儿子，但和拉神只是同父异母的兄弟。他的统治前后持续了 1570 年。曼涅托指出，神一共统治了埃及 13870 年。下一个王朝先后由三十位半神统领，他们一共统治了 3650 年。总而言之，曼涅托写道，神和半神在位的时间一共长达 17520 年。之后埃及迎来了一段混乱的过渡时期，共持续 350 年，在这期间没有人能统领整个埃及（即上埃及和下埃及）。后来，米恩统一了埃及，开启了埃及第一个由人类法老统治的王朝。

各种现代的考古发现已经证实了曼涅托的法老名单和朝代顺序，其中包括一份名为杜林纸草的地图①以及名为巴勒莫石碑②的文物。一份名为阿拜多斯王表的石刻描绘了埃及第十九王朝的法老塞提一世和其子拉美西斯二世（图 10），他们的统治时间比曼涅托的时代早了一千年。阿拜多斯是上埃及的一座城市，主神庙墙上刻着七十五位先辈帝王的名字，名单上排在最前面的是"米纳（Mena）"。还有一份名为杜林纸草地图的文件也证

---

① 杜林纸草地图（Turin Papyrus Map）是已知的最早的地图，显示金矿在努比亚的分布及当地地质的标示。

② 巴勒莫石碑（Palermo Stone）是《古埃及古王国王家编年史》石碑的一块大碎片，提供了古埃及前王朝至第五王朝时代国王及其重大活动时间的记录。

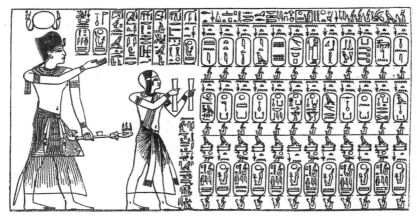
图 10

实了曼涅托列表的准确性。

著名的埃及学家弗林德斯·皮特里爵士曾在阿拜多斯郊区最古老的墓地中挖掘出一组群墓。他根据石柱状的墓碑和其他铭文辨认出了这个墓地——旁边是欧西里斯的墓地，这里则是第一和第二王朝的法老下葬区；墓地遵从既定的顺序从东到西排列，而第一个墓地上能找到美尼斯（即米恩、米纳）国王的名字。皮特里爵士找出了带有第一王朝所有法老名字的墓地，在他的著作《第一王朝的皇家陵墓》中，他承认自己的发现和曼涅托的名单一致。此外，他还发现了以古埃及王朝统治以前的国王们命名的墓葬，并称那个时期为"第零王朝"。后来的埃及学家发现这些名字其实是曼涅托列出的混乱时期的统治者，因而也证实了曼涅托关于过渡时期的那部分内容。

这类相互佐证的史料，比法老时代之前王朝由神或半神统治的问题更为重要：这些史料能为大洪水和大洪水之前的时代提供关键的启示。既然我们现在已经可以肯定，法老统治始于公元前 3100 年左右，那么曼涅托的

时间线则将我们带回到了公元前 20970 年（12300+1570+3650+350+3100 ＝
20970）。在拙作《第十二个天体》和《重访〈创世记〉》中，我曾提供气
候和其他方面的数据，最后得出的结论是大洪水发生在大约 13000 年前，
也就是大约公元前 10970 年。

这两个年份之间相差 10000 年（20970-10970=10000），而这正是普
塔神的统治和拉神的统治相加的时间长度，前者为 9000 年，后者为 1000 年。
这个神奇的同步让我们将曼涅托的时间表与大洪水联系起来，表明普塔神
在大洪水之前在位，而大洪水恰恰是拉神的统治忽然终止的原因。这一方
面证实了大洪水的真实性以及发生时间，另一方面证实了曼涅托那份关于
神和半神的统治名单是真实的。

这个时间节点的同步不只是巧合而已。埃及人称自己的国家为"被托
举的土地"，这是源于一个古老的传说。埃及曾经发生过一场铺天盖地的
雪崩，整个国土被完全掩埋，于是普塔神前来拯救这个国度。在尼罗河流
入上埃及的第一个大瀑布附近有一座阿布岛，普塔神在岛上的巨岩中挖了
一个洞穴，并在其中安装水闸，用来控制河水的流动，使下游的土地完全
干涸——在埃及人眼中，这就是字面意思上的从水下将国土托举起来。有
埃及艺术作品描绘这一壮举（图 11），并且阿斯旺的现代大坝就位于第一
处瀑布附近的同一地点。

后来继续统治埃及的神被称为"舒"，他的名字意为"干燥"，象征
着水灾结束。在他后面登基的神名为"盖布"，意思是"堆东西的人"，
因为他兴修土木，使这片土地变得更加宜居丰饶。所有这些各不一样的事
实细节就像拼图的碎片，拼凑出了埃及关于大洪水的记录，大约发生在公
元前 10970 年。

除了以上这些史前趣闻，我们还可以补充一个事实。米恩曾经效仿普塔神，在尼罗河三角洲建造了一个人造岛屿，并在那里建立了一个新的城市以致敬普塔神，命名为 Men-Nefer，意为"米恩的好地方"，就是希腊语中的孟斐斯。

希腊历史和艺术离不开活跃的众神，古埃及的历史和史前历史也是如此。无论你在埃及哪里参观，俯仰之间都能看到雕塑、绘画、寺庙、纪念碑。此外，你还能看到各种雕刻的文字，刻在

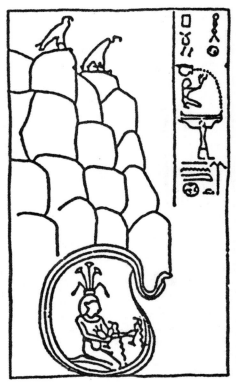

图 11

金字塔内或棺材盖上，或是墓葬墙壁上。这些文本的内容无一例外是关于埃及众神的名字和外貌，以及最重要的万神殿（图12）。不论是在曼涅托时代之前被记录和描绘的神，还是在他之后被发现的神，都和他的法老王朝列表印证；众神以及之后的半神，是人类法老之前的埃及统治者。

***

再说到塞琉古地区，一位名为贝罗索斯的巴比伦祭司被指派了编纂历

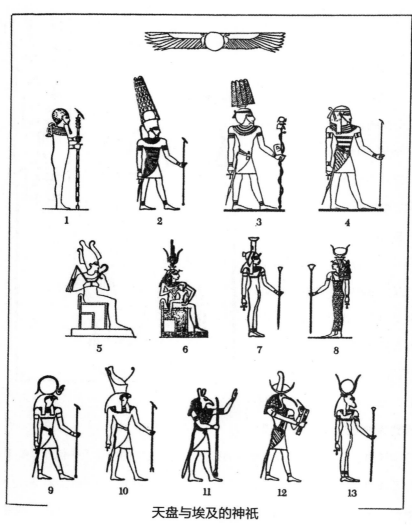

天盘与埃及的神祇

1. 普塔　　2. 拉　　　　3. 托特　　4. 塞克

5. 欧西里斯　6. 艾西丝与荷鲁斯　7. 乃弗蒂　8. 哈托尔

神与他们的象征

9. 拉／隼　　10. 荷鲁斯／隼　　11. 赛特／土豚　12. 托特／朱鹭　13. 哈托尔／牛

图 12

史的任务，他同时也是一名历史学家。相较于埃及的曼涅托，他的任务要更加复杂，因为他不是只编纂一个国度的历史，而是必须包括许多区域、不同国度的统治者。

他著有三卷《巴比伦尼亚志》，献给公元前 279 年—公元前 261 年在位的安条克一世。这三卷书仅有部分被保留下来，被同一时代的希腊学者抄写并广泛引用，后又被其他希腊和罗马的历史学家引用，其中包括约瑟夫斯。这些参考文献和引述统称为"贝罗索斯的碎片"，从中我们可以看出，贝罗索斯选择进行"全球化"讲述：他写下的历史不是只关乎某一个国家或某一个王权，而是关乎整个地球。这不是一小群神的历史，而是诸神和全体人类一起创造的历史，关于神、半神、王权、国王、人类、文明是如何形成的，是从世界混沌之初到亚历山大时代的全方位历史。正是从这些碎片中，我们看到贝罗索斯将过去的时间一分为二，即大洪水之前的时代和大洪水之后的时代，并称在人类出现之前，只有众神统治着地球。

亚历山大·玻里希斯托是一位希腊 - 罗马历史学家兼地理学家，生活在公元前 1 世纪。他就大洪水之前的时代做出如下论述："在（贝罗索斯的）第二卷书中记载了迦勒底人 10 位国王的历史，以及每个国王的统治时期。这段历史共计 120 个 SHAR[①]，即 432000 年，一直到大洪水时期才结束。"（"迦勒底人"这个词主要用来描述古代美索不达米亚地区精通天文的居民。）

按照玻里希斯托的描述，这 10 位国王每个人的统治持续 10800 年至64800 年不等。那些引用贝罗索斯的希腊历史学家解释说，这些国王的统治时间实际上是以叫作 SHAR 的数字单位来计算的，希腊语中是"Saros"。

---

① SHAR，意思是"最高统治者""完整的圆"，同时还代表着数字 3600。1 个 SHAR 相当于 3600 个地球年。根据作者著作《第十二个天体》，SHAR 是表示行星的词。行星、轨道、3600 这三个词的高度一致绝非巧合。在已出版的《第十二个天体》中，这个时间计算单位直接保留为"SHAR"，因此这里沿用。——译者注

亚里士多德的弟子阿比德纳斯是一位希腊历史学家，他曾引用贝罗索斯的话，明确表示这10位统治者及其所在城市都位于古代的美索不达米亚地区，并解释了他们统治时期的呈现方式：

相传，地球上的第一个国王是阿洛斯（Aloros）；

他统治了10个SHAR。1个SHAR等于现在的3600年。

在他之后，阿拉普鲁斯（Alaprus）统治了3个SHAR。

接替他的是潘蒂－比布隆城的阿米拉鲁斯（Amillarus），他统治了13个SHAR。

在他之后，阿门侬（Ammenon）统治了12个SHAR，他也来自潘蒂－比布隆城。

来自同一个地方的美加路努斯（Megalurus），统治了18个SHAR。

接着是牧羊人道斯（Daos），统治了10个SHAR。

再往后的统治者是阿诺达弗斯（Anodaphus）和尤多雷舒斯（Euedoreschus）。

接下来还有其他统治者，最后一位是西西特鲁斯（Sisithrus）。

如此加起来一共有10位国王，他们在位的时长共有120个SHAR。

公元前2世纪，雅典的阿波罗多鲁斯也这样陈述了贝罗索斯对大洪水之前时代的记录：10位统治者一共统治了120个SHAR（也就是432000年），他们每个人的统治时间都是以SHAR为单位来统计的。事实上，所有引用贝罗索斯的人都确认了这一点。（虽然在位顺序可能存在差异，但所有的引用中，无一例外都将"Aloros"排在第一个，而"Xisuthros"都被排在最后。）

阿洛斯（Aloros）在位 10 个 SHAR（即 36000 年）

阿拉普鲁斯（Alaprus）在位 3 个 SHAR（即 10800 年）

阿美伦（Amelon）在位 13 个 SHAR（即 46800 年）

阿门侬（Ammenon）在位 12 个 SHAR（即 43200 年）

美加路努斯（Megalarus）[①]，在位 18 个 SHAR（即 64800 年）

道诺斯（Daonos），在位 10 个 SHAR（即 36000 年）

尤多雷舒斯（Euedoreschus），在位 18 个 SHAR（即 64800 年）

阿美浦西诺斯（Amempsinos），在位 10 个 SHAR（即 36000 年）

奥巴特斯（Obartes），在位 8 个 SHAR（即 28800 年）

西西特鲁斯（Xisuthros）[②]，在位 18 个 SHAR（即 64800 年）

这些引述内容都说明，贝罗索斯的著作涉及几个根本问题——人类如何诞生，如何获得知识，如何繁衍，又如何在地球上定居下来。在世界诞生之初，只有众神在地球上生存。根据"贝罗索斯的碎片"，Deus（"神"）也被称为 Belos（这个名字意为"主"），当神决定创造人类时，人类才出现在地球上："有些人生来就有一对翅膀，有的还有两对翅膀，有的甚至长着两张脸……其他人类的形象则长着腿和山羊角。而那里的公牛则长着人的头……这些在巴比伦的别卢斯神庙中都能找到相应的描绘。"

关于人类获得智慧和知识的方式，贝罗索斯是这样写的：早期的神圣统治者中有一位领袖名叫欧南涅斯，他从与巴比伦接壤的厄立特里亚海涉水上岸，将文明的方方面面传授给人类。虽然欧南涅斯外形上像一条鱼，但他的鱼头下还有一个人头，鱼尾下还有人类的双足。"他的嗓音和使用

---

① 前文的拼写是 Megalurus，应为作者引用版本不同所致。
② 前文是 Sisithrus，应为作者引用版本不同所致。

的语言也都很清晰，和人类几无二致。"（代表他形象的文物直到今天仍保存着。）

欧南涅斯"能够与人交谈；他让人类深入了解文字、科学和各种艺术；他教人类建造房屋、寺庙，制定法律，并解释几何知识的原理"。根据贝罗索斯碎片，欧南涅斯这样解释人类的起源：人类被创造之前是"一个满目黑暗的深渊式时代"。

贝罗索斯碎片包含了大洪水的细节信息，这是将众神时代与人类时代一分为二的决定性事件。贝罗索斯认为众神早已知晓即将到来的毁灭性大洪水，但他们并没有告诉人类这个秘密。而克洛诺斯①（希腊传说中天空之神乌拉诺斯之子，也是宙斯的父亲）将这个秘密透露给了西西特鲁斯，也就是前文大洪水之前 10 位统治者中的最后一位：

克洛诺斯向西西特鲁斯透露，

大洪水会在戴西奥斯②这个月的第十五天来临，

并命令他将当时所有的文字资料藏在

沙玛什③神的西帕尔城④。

西西特鲁斯完成了所有任务，并立即

---

① 克洛诺斯（Kronos），是古希腊神话中的第二代神王，原为第一代神王神后乌拉诺斯和盖亚的儿子，泰坦十二神中最年轻的一个。克洛诺斯推翻了父亲乌拉诺斯的残暴统治后，领导了希腊神话中的黄金时代，直到他被自己的儿子宙斯推翻。他和其他的泰坦神大多被关在地狱的塔尔塔罗斯之中。
② 戴西奥斯（Daisios）是马其顿历法中的一个月份。根据塞琉古人介绍的马其顿历法，戴西奥斯这个月份是在春天。
③ 沙玛什，在阿卡德语中意为太阳，是巴比伦和亚述神话中对应苏美尔乌图神的正义之神。
④ 西帕尔城位于幼发拉底河东岸，是古代近东苏美尔和后期巴比伦城市。

航行到亚美尼亚[①]；然后

克洛诺斯之前宣布的事情的确发生了。

根据阿比德纳斯对贝罗索斯碎片的引述，西西特鲁斯想要知道大洪水是否已经结束，便放出飞鸟去寻找洪水退去后的大陆。当西西特鲁斯的航船到达亚美尼亚时，他向众神献祭，并吩咐同船的人回到巴比伦去；而他自己则被众神带走，与他们共度余生。

在玻里希斯托对贝罗索斯碎片的引述中，他首先陈述，"在奥巴特斯死后，他的儿子西西特鲁斯统治了十八个 SHAR，大洪水在他在位期间来临"，玻里希斯托这样描述迦勒底的记载：

在异象之中，神祇克洛诺斯出现在他面前，

并通知他在戴西奥斯这个月的第十五天

会有一场洪水

毁灭全人类。

他致力于写一部史书，

覆盖从万物开始到结束的历史，

直到此刻；他乐在其中，并将这些文献安全地

埋在太阳神之城西帕尔；

他还想建造一艘船，带亲朋好友

一起乘坐。

---

① 亚美尼亚位于黑海与里海之间，相传是《希伯来圣经》中诺亚方舟在大洪水退去后着陆抵达之处，亚美尼亚是世界上第一个将基督教视为官方宗教的国家。

他会备好食物和水，船上还会有鸟和其他动物，

只待万事俱备，就此启航。

　　按照以上指示，西西特鲁斯建造了一艘船，"长约925米，宽约370米"。神已经预料到镇上其他居民会惊讶或不解，因此指示西西特鲁斯说他只是"出海航行寻找众神，为人们祈福"。然后，他携妻带子上船，还叫上了"最亲密的朋友"一起出海。

　　大洪水平息后，"西西特鲁斯放飞了一些鸟，鸟找不到食物，就会又飞回船上"。当他第三次尝试后，鸟儿们没有回来。西西特鲁斯推测洪水已经退去，陆地重新出现了。船在岸边搁浅后，他带着妻子和孩子还有引航员一起上岸。从此以后，再也没有人见过他们。"因为他们被带去与众神同住了"，那些留在船上的人听到空中响起一个声音，说他们此刻在亚美尼亚，应该按照指示返回故土，"从西帕尔城里救出这些文献并传播给全人类"。他们这样做了：

他们回到巴比伦，在西帕尔

将著作挖掘出土，建起许多城市，

筑造许多神殿，重建了巴比伦。

　　贝罗索斯在"碎片"中写道，起初"所有人都说同一种语言"。但后来"他们中的一些人打算建造一座宏伟高耸的塔，想通过这座塔来登上天堂"。但别卢斯（也就是马尔杜克神）变出一阵旋风，"打乱了人们的计划，并让每个部落都说自己的特定语言"。"他们建塔的地方就是现在的巴比伦。"

＊＊＊

贝罗索斯记载的故事与《圣经·创世记》存在显而易见的相似之处。这些共同点不只局限于大洪水的故事，还在许多细节上相互对应。

根据贝罗索斯的说法，在大洪水前的第十任统治者西西特鲁斯在位时，大洪水来临了。这场灾难始于戴西奥斯这个月份，也就是一年中的第二个月份。《圣经》记录的大洪水同样发生在"诺亚六百岁那年的第二个月"，而诺亚是《圣经》中大洪水之前时代的第十位先祖（亚当是第一位）。

诺亚的上帝也告知他，毁灭性的大洪水即将发生，这个经历和西西特鲁斯一样。诺亚也得到神的指示，要按照精确规格来建造一艘航船，才能从水灾中幸存下来。他要带上家人、地上的动物和天上的鸟类一起上船——和西西特鲁斯所做的一样。当洪水退去，两人也都曾经放出鸟儿，来看看陆地是否又重新出现（诺亚放飞了两只鸟，第一只是乌鸦，第二只是鸽子）。西西特鲁斯的船停泊在"亚美尼亚"；而诺亚的方舟停在"亚拉腊山"中，也属于亚美尼亚地区。

《圣经》和贝罗索斯的记载中，还有另一个大事件非常相似——导致各种语言混乱的巴别塔事件。《圣经》中《创世记》第11章的开篇就写道："那时，天下人的口音、言语，都是一样。"然后人们说："我们要建造一座城和一座塔，塔顶通天。"之后上帝"降临，要看看世人所建造的城和塔"。他开始感到担忧，因而"变乱他们的口音，使他们的言语彼此不通"，并"使众人分散在全地上"。

是否希伯来语《圣经》的编纂者从贝罗索斯那里引用了内容？这个可

能性很低。希伯来语《圣经》的整个妥拉①部分很早就已经"封印"——最终版本没有再改动过，而这远远早于贝罗索斯的时代。

那么，贝罗索斯是否曾经将希伯来语《圣经》作为他的文献来源？这也不太可能。他提到了许多"异教"诸神（克洛诺斯、别卢斯、奥内斯、沙玛什），仅尊一神的《圣经》原文中并没有众神的身影。此外，贝罗索斯的著作中还有许多细节是在《圣经》中找不到的。所以，他的内容应该出自《圣经》以外的文献。一个最明显的差异是关于创造人类的故事。这在贝罗索斯的版本中是一个可怕的不幸事件，和《圣经》中塑造亚当的顺利过程形成了鲜明对比。

甚至，两个版本的相似情节也存在细节上的差异。比如，在大洪水的故事中船的大小存在差别，还有一同上船获救的人：据贝罗索斯说，船上除了西西特鲁斯的直系亲属外，还有他的几个朋友以及一名技术纯熟的引航员；而《圣经》中情况并非如此，上船的只有诺亚和妻子，三个儿子和三个儿媳。这不是一件小事：如果贝罗索斯的记载属实，那么大洪水之后的人类无论是基因上还是谱系上，都不仅仅只源于诺亚和他仅有的三个儿子。

贝罗索斯写到欧南涅斯变成一条鱼的模样，涉水上岸，为人类带来文明之光。而在《圣经》中却找不到这个故事。在《圣经》大洪水前的时代里，也没有提到过一个名为西帕尔（"太阳神沙玛什的城市"）的地方，更没有提过那里保存着"所有现存的文字资料"。贝罗索斯称，大洪水前关于"世界之初到世界终结"的记录不仅曾经存在过，而且还因为安全原因被秘密保存起来，待"巴比伦城"重建后才被人们再次取出。贝罗索斯也认为那

---

① 妥拉（Torah）是希伯来语，意思是"教导"。指的是《希伯来圣经》中的五卷书（《创世记》《出埃及记》《利未记》《民数记》和《申命记》）。

些关于过去的记录包含了对未来的启示——《圣经》中所说的"世界末日"。虽然将未来与过去相关联的主题是《圣经》预言的组成部分，但在《圣经》中，第一次提到这些是在大洪水很久以后的雅各时代。

　　《创世记》的编写者和贝罗索斯都曾获得过类似的原始材料，而他们选择性地使用了这些材料。这个结论已在考古学上得到证实。但得出这样的结论后，这些相同点和不同点都会将我们带回到起点，即《创世记》第6章中的神秘经文：拿非利人是什么人？众神的后裔又是什么人？——而诺亚，又究竟是谁？

诺亚方舟

在苏美尔文本中，朱苏德拉的船被称为 Ma.gur.gur，意为"能翻滚之船"。在阿卡德文本中，它被称为 Tebitu，意为"潜水船"；《圣经》的编纂者则用 Teba 来表示它，意为"盒子"（因此译为"方舟"）。在所有的版本中，它都是用沥青密封的，但有一个孔隙可以打开。

根据《吉尔伽美什史诗》[①]的记载，乌特纳匹什提姆（阿卡德版本中大洪水传说的英雄）奉命建造的船长 300 腕尺[②]，顶部宽 120 腕尺，有一个大船舱，有一个 120 腕尺高的"舷墙"，再加上 6 层甲板，共被分为 7 层，"她的三分之一都在水位线以上"。

在《创世记》的第 6 章第 15 节中对规格的描述：长 300 腕尺，但宽度只有 50 腕尺，高度只有 30 腕尺，只有 3 层（包括最顶层的船顶）。

研究亚述帝国的专家保罗·豪普特在其 1927 年的研究报告《巴比伦的诺亚方舟》中，以各种古代文献提供的信息为基础，做出了下图所示的设计。

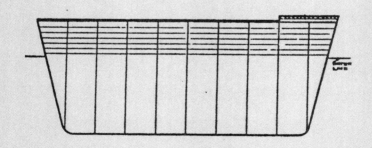

---

① 《吉尔伽美什史诗》（*The Epic of Gilgamesh*）是目前已知世界最古老的英雄史诗，在古巴比伦王国时期改编成巴比伦版本流传下来。
② 腕尺这一测量单位广泛用于埃及，也用于希腊和罗马。一个希腊腕尺近似于 18.22 英寸（约 46.28 厘米），而一个罗马腕尺则大约为 17.47 英寸（约 44.37 厘米）。

第三章

寻找诺亚

1799 年，拿破仑远征埃及，偶然发现了罗塞塔石碑①。这是一块公元前 196 年的石碑，对埃及象形文字的破译起到了决定性的助推作用。这块石碑（图 13）现在在大英博物馆展出，上面用三种不同文字刻有托勒密的皇室诏书：古埃及象形文字、后来称为"世俗体"的古埃及草书和古希腊文。其中希腊语的部分则是帮我们解开古埃及语言和文字秘密的钥匙。

发现罗塞塔石碑是一个意义重大的事件。最重要的是，当人们意识到希伯来语《圣经》是揭秘这些神秘文本的关键所在，破译工作就开始取得突破。

随着几个世纪过去，亚历山大大帝的故事被传播得更加神化。一些欧洲旅行者开始冒险前往遥远的波斯波利斯②（希腊语意为"波斯人之城"）。那里仍然保留着宫殿、门廊、列队游行通道③和其他纪念碑的遗迹（图 14）。明显的雕刻线条最初被认为是某种形式的装饰设计，后来证明其实是铭文。1686 年，一位名为恩格尔伯特·坎普弗的游客参观了这个波斯皇

---

① 罗塞塔石碑（Rosetta Stone，也译作罗塞达碑），高 1.14 米，宽 0.73 米，制作于公元前 196 年，刻有古埃及国王托勒密五世登基的诏书。

② 波斯波利斯是阿契美尼德—波斯王朝的第二个都城（现在伊朗的塔赫特贾姆希德），曾被亚历山大大帝毁于一旦。其遗迹提供了许多有关阿契美尼德王朝的资料。

③ 这里指的是"processional way"，一条连接巴比伦外城和马尔杜克神庙的半英里砖路。

图 13   图 14

家遗址，他将这些线条描述为"楔形文字"（图 15）。从那时起，"楔形
文字"这个名称就被用来指代一种文字书写体。

　　由于某些纪念碑上的文字有多种样式，于是人们猜测：由于波斯是一
个多民族国家，所以波斯王室的诏书也可能是多语言的，就像埃及一样。
1835 年，英国人亨利·罗林森旅行到了偏远的近东地区，这里曾被波斯国
王统治。他在一个名为比索顿（意思是"众神之地"）①的地方偶然发现
了一块岩石，在上面发现了令人生畏的雕刻。巨大雕刻上画着为纪念一次
王室的胜利，神在一个无处不在的"飞翔的太阳"中盘旋（图 16），主宰
这一切。图像旁边还附有长长的铭文，罗林森等人曾尝试破译，结果证明
这是波斯国王大流士一世的记录，共有三种语言。

_____

① 比索顿古迹位于连接伊朗高原和美索不达米亚的古商路上，这一处考古遗迹中最主
　要的发现就是公元前 521 年大流士一世为纪念其执掌波斯王朝而下令建造的有浅浮
　雕和楔形文字铭文的纪念碑。

人们很快发现，比索顿有一种类似梵语的语言，被称为古波斯语。雕刻的发现为古波斯语的破译工作开辟了道路。后来确定第二种语言是埃兰语，在古代仅在今天伊朗的南部地区使用。第三种语言与在

图 15

巴比伦发现的文字相符，属于闪米特语。这个族群包括亚述人和迦南人，他们的母语被称为阿卡德语。这三种语言有一个共同点，它们使用相同的楔形文字，其中每个符号表示一个完整的音节，而不只是一个字母而已。

图 16

这一座纪念碑，正是语言混杂使用的一个例子。

《圣经》使用的是希伯来语，属于闪米特语下面一个源自阿卡德语的语言分支。希伯来语非常独特，它既是口头语言，又是阅读和书写语言。这个事实正是解开秘密的钥匙——早期大量关于巴比伦语和亚述语（两种阿卡德语）的学术研究提供了一些单词列表，那些词在希伯来语中具有相似含义。这些研究还把楔形符号的列表与传统的希伯来语书写体一一对应起来，进行了比较（图17）。

在幼发拉底河和底格里斯河之间的美索不达米亚平原上，人们发现了一些引人入胜的废墟。17—18世纪的各地旅行者纷纷将这个消息带回欧洲。又有人说，这些废墟是《圣经》中的巴比伦，还有象征声誉和震怒的尼尼微。这个说法激起了人们更浓厚的兴趣。这时人们开始意识到，自己虽然生活在公元19世纪，但仍能阅读希腊和波斯建立之前的铭文，以及《圣经》时代的铭文。人们开始将目光聚焦于《圣经》的土地还有更早的几个世纪。

在一些遗址中，有一些被刻在泥版[①]上的楔形文字。这些泥版由人造的硬化黏土制成，大部分是正方形和长方形。1843年，在摩苏尔[②]附近的泰尔（一个古代的坟墩），法国驻摩苏尔领事保罗·埃米尔·博塔开始着手挖掘这种泥版，想要找出远古的来源。摩苏尔当时属于奥斯曼帝国的美索不达米亚领土。博塔挖掘的地点被称作"库扬及克"，是以附近村庄来命名的。博塔在早期的调查中一无所获。英国人A.亨利·莱亚德在三年后接管了这块区域，他比博塔获得了更大进展，他后来证实那两个坟墩是《圣经》中反复提到的亚述古都尼尼微。而且，在《圣经》"约拿和鲸鱼"的

---

① 泥版是古代近东青铜时代和铁器时代楔形文字的书写材料，原材料为黏土。人们在湿泥版上用芦苇笔写上楔形文字，然后再将湿泥版晒干。

② 摩苏尔，尼尼微省首府，伊拉克第二大城市。现在是伊拉克北方的工业、农业、金融中心。

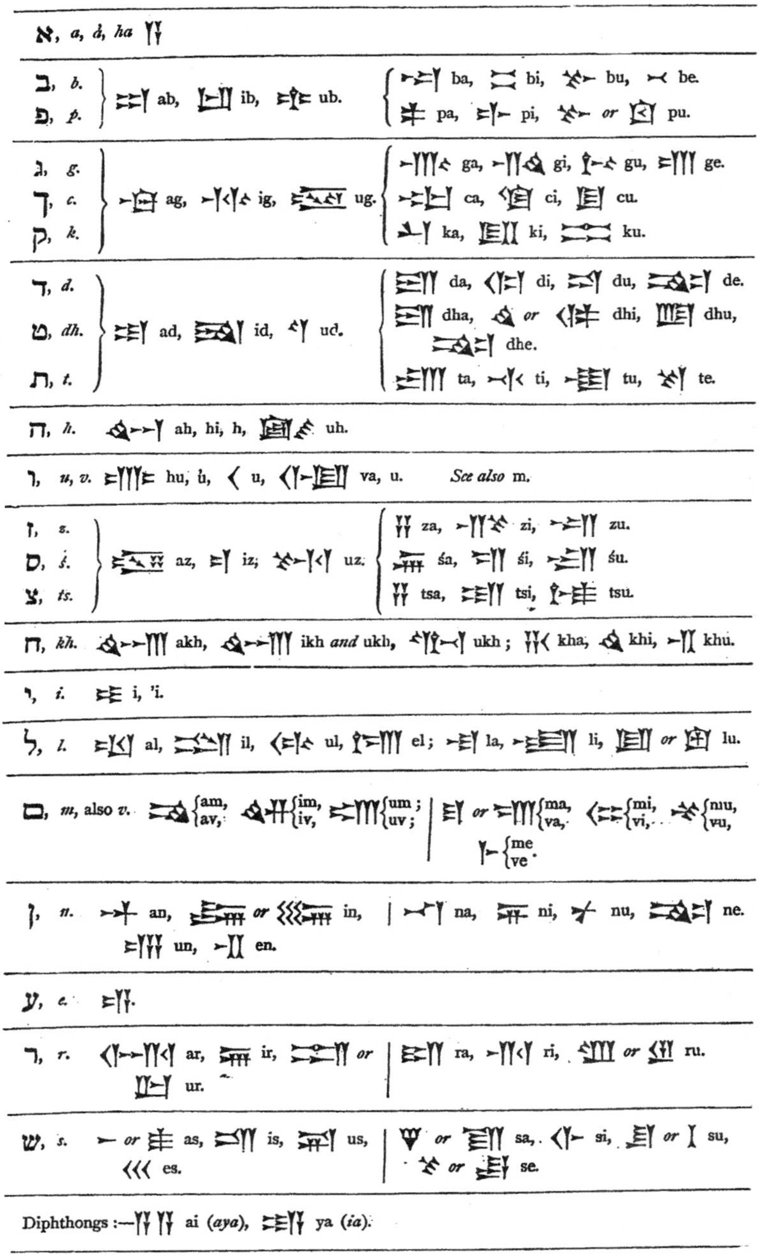

א, a, â, ha
ב, b. פ, p. ab, ib, ub. ba, bi, bu, be. pa, pi, or pu.
ג, g. ך, c. ק, k. ag, ig, ug. ga, gi, gu, ge. ca, ci, cu. ka, ki, ku.
ד, d. ט, dh. ת, t. ad, id, ud. da, di, du, de. dha, or dhi, dhu, dhe. ta, ti, tu, te.
ה, h. ah, hi, h, uh.
ו, u, v. hu, ù, u, va, u. See also m.
ז, z. ס, ś. צ, ts. az, iz, uz. za, zi, zu. śa, śi, śu. tsa, tsi, tsu.
ח, kh. akh, ikh and ukh, ukh; kha, khi, khu.
י, i. i, 'i.
ל, l. al, il, ul, el; la, li, or lu.
ם, m, also v. am, av; im, iv, um; uv; or ma, va, mi, vi, mu, vu, me, ve.
ן, n. an, or in, na, ni, nu, ne. un, en.
ע, e.
ר, r. ar, ir, or ur. ra, ri, or ru.
ש, s. or as, is, us, es. or sa, si, or su, or se.
Diphthongs:— ai (aya), ya (ia).

图 17

故事中，尼尼微是约拿的目的地。

莱亚德不仅发现了尼尼微，还在当地另一个被称为尼姆鲁德[①]的地方发现了亚述王城卡胡，即《圣经》中的迦拉。这两项发现让莱亚德声名远扬。若不将巴比伦算在其中，这两项发现首次证实《圣经》中关于英雄宁录[②]、亚述及其主要城市的记录，并提供了实物证据：

他为世上英雄之首。

他王国的开始是在巴别、以力、亚甲、甲尼，

都在示拿地。

他从那地出来往亚述去，

建造了尼尼微、利河伯、迦拉，

以及尼尼微和迦拉之间的利鲜，那是座大城。[③]

博塔继续向北探索，才在一个名为豪尔萨巴德的地方取得进展。他在那里发现了亚述国王萨尔贡二世（公元前 721—前 705 年在位）和他的继任者西拿基立国王（公元前 705—前 681 年在位）的首都。在豪尔萨巴德，有大片赞美西拿基立及其战绩的墙面浮雕。考古工作者在其中找到一块嵌板，描绘了公元前 701 年的围城事件：犹太[④]坚固难攻的拉吉城被西拿基立军队围攻。《圣经》的《列王纪·下》和《以赛亚书》都提到了这次围攻行动。

[①] 尼姆鲁德，指亚述古城遗址，建于公元前 13 世纪，位于底格里斯河河畔，距离伊拉克第二大城市摩苏尔大约 30 公里。这里有"亚述珍宝"之称，是伊拉克最著名的考古地点之一。

[②] 根据《圣经》记载，诺亚有三个儿子，闪、含、雅弗。含的后裔是古实，古实的儿子便是宁录。

[③] 取自《圣经》和合本的译文。——译者注

[④] 犹太（Kingdom of Judea），古代巴勒斯坦南部地区，包括今以色列南部及约旦西南部。耶稣在世时，它是由希律王室所统治的王国，也是罗马帝国叙利亚行省的一部分。

图 18

西拿基立攻占了拉吉，但没能拿下耶路撒冷。莱亚德还发现了亚述国王沙尔马那塞尔三世①（公元前 858—前 824 年在位）的一根石柱，上面刻有文字和图画，描述了他俘虏以色列国王耶户②的事件（图 18）——《圣经》在《列王纪·下》和《历代志·下》中都曾经提到这个事件。

　　无论他们在哪里有了新发现，看上去都是在挖掘《圣经》的真实性。

　　19 世纪末，德国人也加入了这场考古竞赛，顺便带来了他们地图制作和间谍活动的技术。德国人控制了更南边的遗址。在罗伯特·科尔德韦的领导下，德国人发现了巴比伦绝大部分的遗迹，比如埃萨吉拉神庙的金字形神塔，宏伟的列队游行通道，还有包括伊什塔尔城门（图 4）在内的多个入口。在更北边的地方，沃尔特·安德雷发掘了亚述帝国的首都，亚述古城③。（《创世记》中曾经提到过一个叫"雷森"的地方，这个地名的

---

① 沙尔马那塞尔三世（Shalmaneser III）（？—前 824 年），一位亚述国王。
② 耶户（Jehu，？—前 815 年），古代中东国家北以色列王国的第十任君主。
③ 亚述古城，是古代亚述帝国的首都，位于伊拉克北部底格里斯河西岸。亚述古城的名称来源于亚述帝国的保护神"亚述"，2003 年被联合国教科文组织确定为世界遗产。

意思是"马的缰绳",最后发现这里以前是亚述人的养马场。)

这些关于亚述帝国的考古发现证实了《圣经》的真实性。此外,其中的艺术作品和图像符号似乎也从其他方面和《圣经》相呼应。豪尔萨巴德和尼姆鲁德的壁上浮雕中有带翼"天使"出现(图19)——类似于《以赛亚书》的异象中出现的神圣侍者①,或是《以西结书》中的异象②——每个活物都有四个翅膀和四张脸,其中之一是鹰脸。

人们发现的这些雕塑和壁画似乎也证实了贝罗索斯的一些说法——长着翅膀的人、长着人头的公牛等。在尼尼微和尼姆鲁德,王宫的入口两侧

图19

---

① 这里指的是《以赛亚书》中出现的撒拉弗天使形象。以赛亚在乌西雅王死的那年看见异象,他看见神坐在很高的宝座上,衣裳垂下,遮满圣殿。其上有侍奉神的撒拉弗(Seraphs)天使侍立,天使各有六个翅膀:用两个翅膀遮脸(不敢直接看主的荣光),两个翅膀遮脚(表示谨慎脚步而敬虔),两个翅膀飞翔(表示用很快的速度完成使命)。

② 这里指的是《以西结书》中重要的四活物异象。他在异象里看见狂风从北方刮来,接着有一朵火光闪烁的大云出现。其中显出四个有翅膀的活物,分别有人、狮子、牛和鹰的脸。

图20

都是巨大的石雕，是人头公牛和狮子的形象（图20）；在墙壁的浮雕上，有的图像是扮成鱼的神灵（图21）——这正是欧南涅斯的形象，和贝罗索斯形容的一模一样。

亚述古城、尼尼微和其他亚述帝国的中心城市曾经被攻占，而后被摧毁。虽然相隔这么长时间，这些遗迹仍然清晰可见，甚至不需要挖掘——有雕塑和墙上的浮雕。这些都让我们看到，贝罗索斯描述的究竟是什么。那些古老的纪

图21

念碑则从字面上证实了他写的内容。

＊＊＊

后来，人们逐步发现了宏伟的亚述古城和巴比伦，并发掘出了超凡的宝藏和艺术品，其中最重要的就是数不清的泥版。集中发现泥版的地点就是曾经的图书馆。书架上的第一块泥版上，往往像总览一样列出其后多个泥版的标题。

事实上，古代近东几乎每个主要的中心城市都有一座图书馆。这些图书馆被作为王宫或主神庙的一部分，或是二者兼有。到目前为止，人们已经出土了成千上万的泥版（或碎片），其中大多数都还尘封在博物馆和大学的地下仓库中，上面的文字也没有被翻译过。

在已被发现的图书馆中，莱亚德在尼尼微废墟中发现的那座最为重要——亚述国王亚述巴尼拔的大图书馆[①]。他在位的时间是公元前 668 年—前 631 年（图 22 出自他的纪念碑）。这座图书馆馆藏泥版在 25000 块以上！板上的铭文全部使用楔形文字，其中有一排排被考古学家归类为"神话文本"的泥版——这些文本涉及不同的神祇，记录了他们的家谱、权力范围和事迹。

亚述巴尼拔不仅从自己帝国的各个角落收集了这些历史和"神话"的文本，还把这些文献带回了尼尼微。他雇用了一大批抄写员来阅读、整理、保存、抄写这些文献，并将最重要的一部分文本翻译成了阿卡德语。

这些泥版大部分被两个地方接管：君士坦丁堡（现在土耳其的伊斯坦布尔）的奥斯曼帝国当局和伦敦的大英博物馆；还有一些被法国和德国的主要博物馆收藏。在伦敦，大英博物馆的乔治·史密斯发现泥版上记录了

---

① 亚述巴尼拔图书馆，因亚述国王亚述巴尼拔而得名，是现今已发掘的古文明遗址中，保存最完整、规模最宏大、书籍最齐全的图书馆。

图22

一个关于英雄和洪水的故事，还有一个关于创造天地和人类的神的故事。这些故事与《创世记》的故事相似（图23）。

之后伦纳德·W. 金作为大英博物馆的埃及和巴比伦文物负责人，继续追溯与创世有关的这条故事线，他发现了这样一个事实：应该至少有七块泥版，刻着一首名副其实的创世史诗。他于1902年出版的《创世的七块泥版》写道：美索不达米亚地区存在着一个"标准的文本"，就像《创世记》一样，讲述了一个前后连续的创世故事——从一片混沌，到天和地的区分，从地球上海洋的聚拢再到人被创造。这个故事是按照顺序排列的六块泥版，加上充满称赞之词的第七块，正如《圣经》故事的顺序是六天加上第七天的喜悦。

图 23

这个故事的古老标题是 "Enuma elish"（《当在高处时》）。在不同地点出土的泥版上，有些文字内容几乎并无二致，除了创造之神的称呼：亚述人称他为 "亚述神"[1]，就是巴比伦人的马尔杜克。这说明这些称呼可能都通过对阿卡德语的同一个经典版本改编而来。然而，这些文本偶尔也会保留下来一些奇怪的词语，以及事件中涉及的天神名字，比如提亚玛特[2]和努迪穆德[3]的名字。由此可以看出，原始版本可能不是亚述语或巴比伦的阿卡德语，而是其他未知语言。

显然，对于起源的追溯在这时才刚刚开始。

---

[1] 亚述人崇拜的神，主要是在美索不达米亚的北半部、叙利亚东北部和小亚细亚东南的部分地区，这些地区构成了古亚述帝国。亚述神可能是用一个太阳图像来指代的。

[2] 提亚玛特（英语：Tiamat），是古代巴比伦神话里的女神，她是孕育出所有神明的地母神，也是原初混沌时期创造神的象征。

[3] 即前文出现的恩基（Enki），他又被称作 "Nudimmud"，意为 "创造"。

***

让我们再说回到维多利亚时代的英格兰和乔治·史密斯：那时那地，另一条故事线——大洪水和那个不出自《圣经》的"诺亚"——激发了大众的想象力。成果颇丰的乔治·史密斯仔细研究了数千块尼尼微和尼姆鲁德出土的泥版，最后他宣布，这些泥版属于同一个完整的史诗故事，故事的主角是一位发现大洪水秘密的英雄。英雄的名字是三个楔形文字符号，史密斯将发音读成"Iz-Du-Bar"，并假定他就是《圣经》中的宁录（Nimrod）。根据《创世记》，是宁录开创了亚述帝国。

史密斯对这些碎片的解读表明，亚述帝国也有一个大洪水的故事，且与《圣经》的情节相符。这个发现引发了一阵热潮，因而伦敦的报纸《每日电讯报》挂出一份价值一千基尼金币①的悬赏，谁能挖掘出遗失的碎片来拼出完整的远古故事，谁就能获得这份大奖。史密斯本人接受了这项挑战，他去了伊拉克，带回了384块新的泥版碎片。因此，全部十二块泥版能够被拼凑完整，并按照顺序排列出来，其中包括至关重要的"洪水泥版"，即第十一块泥版（图24）。

我们能想象人们发现希伯来语《圣经》时该是多么兴奋。而后，人们又兴奋地发现用另一种古代语言写下的大洪水和诺亚的故事，而这与《圣经》无关。这份文本后来被称为《吉尔伽美什史诗》，最初读出的发音"Iz-Du-Bar"，其实就是"吉尔伽美什"发音的一部分。但是，此间仍然存在疑云，因为这份史诗涉及众神，而《圣经》中只有一位独一无二的神，那就是耶和华。

---

① 这种金币是使用产自几内亚地区的黄金铸造的，所以被民间直接称为"几内亚"（Guinée），如今汉语多译为"基尼金币"。1663年左右，这种金币主要由皇家非洲公司向伦敦提供的几内亚生产的黄金制成，是英国第一种由机器制造、铣成的金币。

图 24

1876 年，史密斯出版了一本小书《迦勒底的创世记》，总结了他的各项发现。这本书把美索不达米亚地区发现的古代文本与《圣经》中的创世和洪水故事进行比较，开创了历史先例。这些研究还揭示出另一个洪水故事，这个故事以开头的词语命名："Inuma ilu awilum（当众神成为人类）"。后来，这个故事被称为《阿特拉－哈西斯史诗》，以亲自讲述这个大洪水故事的英雄来命名。因此，阿特拉－哈西斯[①]就是这个版本的大洪水故事中真正的"诺亚"。这是诺亚本人在讲述！

这个文本至关重要，但学术界在一段时间后才开始关注起来。阿特拉－

---

① 阿特拉－哈西斯（Atra-Hasis）是公元前 18 世纪 3 块以阿卡德语记载的泥版史诗的主角。他在美索不达米亚的"大洪水传说"中登场，相当于《圣经》"诺亚方舟"的主角诺亚。阿特拉－哈西斯在阿卡德语中是指"智者""极具智慧者"。

哈西斯在其中讲述了大洪水之前的事件、大洪水带来的影响以及之后发生的事情。这些神话故事关乎"巴比伦"众神、人类。而阿特拉－哈西斯（Atra－Hasis）可以前后互换为哈西斯－阿特拉（Hasis－Atra），也就是"贝罗索斯的碎片"中的西西特鲁斯——大洪水发生之前的第十位统治者，正如诺亚是《圣经》中亚当世系的第十位祖先一样！

这一切都是奇迹中的奇迹：时间从公元前 3 世纪巴比伦贝罗索斯的时代跨越到公元 19 世纪，信仰《圣经》的西方人实际上掌握着"用楔形文字书写的希伯来大洪水的文献"（出自耶鲁大学 1922 年出版的一本书，图 25），而这些文字又刻在公元前 7 世纪亚述图书馆的泥版上。这个时间跨

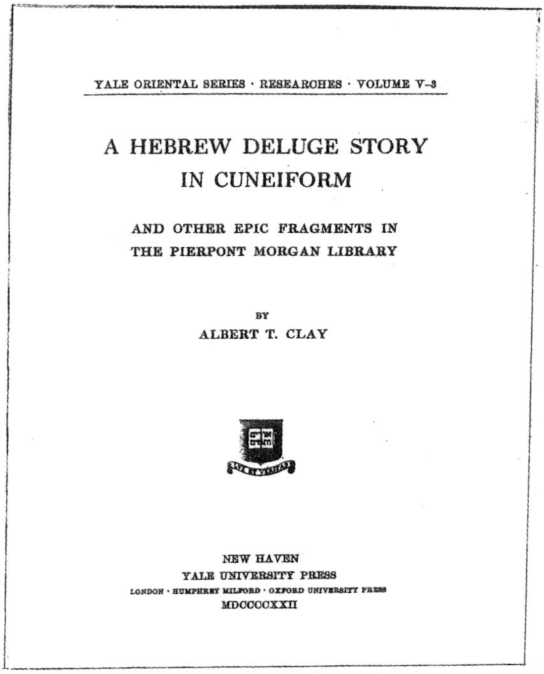

YALE ORIENTAL SERIES · RESEARCHES · VOLUME V-3

A HEBREW DELUGE STORY
IN CUNEIFORM

AND OTHER EPIC FRAGMENTS IN
THE PIERPONT MORGAN LIBRARY

BY
ALBERT T. CLAY

NEW HAVEN
YALE UNIVERSITY PRESS
LONDON · HUMPHREY MILFORD · OXFORD UNIVERSITY PRESS
MDCCCCXXII

图 25

度至少达到 2600 年之久，实在令人难以置信。但事实证明，这也只是漫漫历史的一个中途停靠站点而已。

* * *

人们又一次发现，亚述版本的故事似乎也有一个类似的巴比伦平行版本，其中也含有陌生的字词和名字，这些神也肯定不是起源于闪米特 – 阿卡德——他们名为恩利尔①、恩基和尼努尔塔②，有女神名为宁提③和尼萨巴④，有神的群体名为阿努纳奇⑤和伊吉吉⑥，还有一个圣地名为埃库尔⑦。他们都来自哪里呢？

后来人们发现，1897 年左右，一块阿特拉 – 哈西斯泥版有一部分居然被保存在纽约市的摩根私人图书馆⑧。这块碎片又是如何抵达纽约的？这让一切更加疑云密布。这块泥版碎片上有一个印章——其实是泥版学者的

---

① 恩利尔（Enlil），又称恩利勒，苏美尔神话中的神祇，是天地孕育之子。恩利尔出生的时候，用风的暴烈力量将自己的母亲和父亲分开，从此就成为至高神。恩利尔在苏美尔时期和阿卡德时期受到推崇。但到了巴比伦时期，他的主神地位被其侄子马尔杜克取代。

② 尼努尔塔（Ninurta），在苏美尔和美索不达米亚的神话里为拉格什主神、军神、战神以及掌管暴风、洪水的神。在计时概念中，尼努尔塔代表星期六，又称为宁吉尔苏。早期的评述中，他有时被描绘成一个太阳神（代表着早晨和春天）。

③ 宁提（Ninti），苏美尔神话中的生命女神，也是宁胡尔萨格为医治恩基的疾病而创造的八位女神之一。她治疗的部位是肋骨。恩基因吃下被禁止的植物，受到宁胡尔萨格的诅咒而生病，后来在其他神灵的劝说下，宁胡尔萨格治好了他的病。一些学者认为，这可能就是《创世记》中用亚当肋骨造出夏娃的故事基础。

④ 尼萨巴（Nisaba），苏美尔人的写作、学习和收获女神。她在乌玛和埃雷什的神殿和圣殿中受到崇拜，并经常受到苏美尔文士的称赞。她被认为是人间学者的守护神。

⑤ 阿努纳奇（Anunnaki），苏美尔神话中一组有血缘关系的神，既是地上之神，又是地下之神（冥神）。

⑥ 伊吉吉（Igigi），苏美尔的天神群体。

⑦ 埃库尔（Ekur）是苏美尔语，意思是"山上的房屋"，是众神花园中众神的聚集地，类似希腊神话中众神居住的奥林匹斯山，是古代苏美尔最受尊敬和最神圣的圣地。

⑧ 皮尔庞特·摩根图书馆其实是一家收藏丰富的博物馆。它是金融家皮尔庞特·摩根设在纽约的私人图书馆和住宅。

一个注释，能将这部分泥版追溯到公元前 2000 年。亚述学家们现在正在凝视 4000 年的时间鸿沟！

学者们努力将各种泥版的碎片和一些译文片段拼凑起来，想要尽可能地还原出完整的文本。最后，他们是在大英博物馆和伊斯坦布尔的古代东方博物馆，找到了全部三块巴比伦版本的阿特拉－哈西斯泥版。幸运的是，每一块泥版都保存了抄写员的记录，给出了抄写员的名字、头衔和完成这块泥版的日期。比如，第一块泥版的末尾是这样的：

泥版 1 号。当神像人类一样。

共 416 行。

[抄写者] 初级文士 Ku-Aya。

尼散月 ①，第 21 日，

是年，阿米萨杜卡国王，

立其雕像。

泥版 2 号和 3 号也由同一位抄写员签署，日期也能追溯到阿米萨杜卡国王（Ammi-Saduka）统治时期的特定年份。阿米萨杜卡国王属于著名的巴比伦汉谟拉比王朝；他的在位时间是公元前 1647 年至公元前 1625 年。

因此，相比亚述巴尼拔的亚述版本，诺亚与大洪水故事的巴比伦版本要早一千年。而它也是一份抄写复制件——那么，原件在哪里？

其实，答案就在那些充满怀疑精神的学者们面前。亚述巴尼拔在他自己的一块泥版上这样夸耀：

---

① 尼散月（Nisan），是犹太历中的第一个月份，对应公历的三月至四月之间。

文士之神赐予我的礼物

让我知晓他的艺术。

我已经被引入写作的奥秘。

我甚至可以阅读泥版上复杂的苏美尔语。

我能读懂石头上的

大洪水之前铭刻的神秘话语。

这段话点明了"文士之神"的存在，同时也证实了大洪水的发生。这是一个比贝罗索斯早几个世纪的独立文献来源。而且，这段话还指出了一个细节：石刻铭文保存着"神秘话语"，"大洪水之前"就铭刻在石头上——这和贝罗索斯的结论相符，印证了克洛诺斯神"向西西特鲁斯透露会有一场大洪水……并命令他将当时所有的文字资料藏在沙玛什神的西帕尔城"。

苏美尔语是什么？学者们已经想方设法破译了巴比伦语、亚述语、古波斯语和梵语，但亚述巴尼拔的这段话又一次让他们感到困惑。后来他们才意识到，答案原来一直藏在《圣经》之中。《创世记》里，提到了英勇的英雄宁录建立自己疆域的故事，这几段经文启发了那些古代语言的破译者，将巴比伦人和亚述人的母语命名为"阿卡德语"。发掘文物的考古学家也将这些经文当成探索地图来使用，现在，这些经文也为我们解开了苏美尔之谜：

他为世上英雄之首。

他王国的开始

是在巴别、以力、亚甲、甲尼，

都在示拿地。

苏美尔，就是《圣经》中的示拿地——大洪水之后的幸存者们正是选中了这片土地，尝试建造一座可以直达天堂的塔楼。

　　很明显，我们寻找诺亚的旅程无法绕开苏美尔——《圣经》记载的示拿地。相较于巴比伦帝国、亚述帝国和阿卡德帝国这些帝国重见天日的都城，示拿地的历史应该更加久远。但是，它到底是哪块土地？定位何方呢？

大洪水

在通常的概念中，《圣经》中的大洪水（希伯来语中为Mabul，来自阿卡德语的Abubu）是一场倾泻而下的暴雨，淹没并冲走了地上的一切事物。如《圣经》所述，当"大渊的泉源都裂开了"，大洪水就从那时开始。在那之后，"天上的窗户也敞开了，四十昼夜降大雨在地上"。大洪水以同样的顺序结束，首先是"渊源和天上的窗户都闭塞了"，然后是"天上的大雨"也止住了。

在美索不达米亚人的各种记录中，大洪水被描述为"从南方涌来的"涨潮之水的暴发，压倒并淹没了一切。阿卡德语版本（《吉尔伽美什史诗》的第十一块泥版）中指出，大洪水的第一个表现是"天边乌云涌起"，随后是风暴"霹倒了船桅，冲塌了堤坝"。"一日之间刮起了南方风暴，山脉被淹没，像一场战斗一样席卷着所有人……整整七天七夜，风和洪水一涌而来，与此同时，南方风暴清扫了地面……整个大地像一口锅一样，全都被水覆盖。"

在苏美尔的大洪水传说中，提到了呼啸的风，但没有提到雨："所有的暴风，威力无比，一齐袭来……在七天七夜里，洪水席卷大地，大船行驶在广阔水面上，被暴风吹得摇摇晃晃。"

在《第十二个天体》和我之后的著作中，我曾提出"南方风暴"的发源地"大渊"就是南极洲；大洪水是由南极洲的冰层滑移引起的巨大潮汐波。大约13000年前，最后一个冰河时代突然结束也是因为这个原因。（另见图41）

第四章

苏美尔：文明的起源

现在我们都知道，今天伊拉克南部的这块土地名为苏美尔，曾有一个才华横溢又心灵手巧的民族在这里生活（图 26）。苏美尔人是第一个对历

图26

史进行记录和描述的民族，他们还讲述了那里的神灵故事。正是在那片伟大的幼发拉底河和底格里斯河浇灌的肥沃平原上，苏美尔文明在大约6000年前开始蓬勃发展，这是我们目前已知的第一个人类文明中心。根据学者们的说法，苏美尔文明的兴起是"突然的""出乎意料的""惊人的"。直到今天，人类历史很多个"第一名"都发生在苏美尔，而这些都对先进文明的发展极其重要：轮子和轮式交通工具；能够建造高层建筑的砖块；从烘焙到冶金工业都必不可少的熔炉和窑炉；天文学和数学；城市和都市社会；王权和法律；庙宇和神职；记录时间、日期和节日的方法；酿酒工艺和烹饪食谱；美术和音乐……以及比以上所有都更重要的写作和记录方法——这一切最早都发生在苏美尔。

在过去一个半世纪里，考古学取得了不少成就，因此，我们现在得以知晓这一切。曾经我们对古代苏美尔只有一片模糊的印象，直到我们走过漫长而艰巨的旅程才开始了解它的壮丽，并感到敬畏和欣赏。这个过程中有许多里程碑，上面写着一系列学者的名字，正是他们让这段旅程成为可能。我们会提到一些学者的名字，他们曾经在不同的考古地点辛勤工作。在这一个半世纪的时间中，还有数不清的美索不达米亚考古工作者曾经把碎片化的文物拼凑、分类，他们人数太多，无法一一列举。

然后还有碑刻专家——他们有时在外面的考古现场，但大部分时间都在博物馆或大学宿舍的狭小空间里仔细研究泥版。正是因为他们坚持奉献的精神和工作能力，那些刻有奇形怪状的"楔形文字"的黏土泥版碎片才能够变得清晰可读，成为我们历史、文化和文学的瑰宝。考古学和人种学的研究往往使用这样的模式：找到一个民族的遗址，然后破译他们的书面记录（如果有的话）。但苏美尔的情况与之相反。我们在识别甚至破译苏美尔人的语言之后，才发现他们曾居住的苏美尔区域。因此，碑刻专家做的工作非常关键。但是，这并不是因为苏美尔语能够先于其人民出现，正相反，这是因为苏美尔的语言和文字在帝国消失很久之后仍然存在——就像拉丁语及其书面文字在罗马帝国灭亡数千年后仍被保留下来，比帝国存活得更长久。

正如我们之前解释的那样，对苏美尔语的语言学辨认并不始于苏美尔人自己的泥版，而是通过在阿卡德语文本中那些不属于阿卡德语的"外来语"，比如众神和城市的名字都是亚述语或巴比伦语中没有意义的词语。还有早期著作中关于"苏美尔"的实际描写。这些泥版上，相同的文本用两种语言分别呈现，先是阿卡德语，然后是一种神秘的语言；接下来的两行又是阿卡德语，之后神秘的语言再次出现，如此循环。这种双语文本的学术名称是"隔行对照"。

1850 年，罗林森在比索顿做语言破译时的学生爱德华·兴克斯发表了一篇学术论文。文章表示，阿卡德语音节大约是 350 个楔形符号的集合，每个符号都代表一个完整的辅音加一个元音音节——这一定是从更早的非阿卡德语的音节符号中演变而来的。这个猜想并没有马上得到认可。当阿卡德语的图书馆中有一些泥版被证实是双语音节词典时，他的这个推测终于得到了证实。这些泥版的一侧写着未知语言的楔形符号，另一侧则是相应的阿卡德语列表（图 27）。就这样，考古学领域一下就获得了这个未知语言的词典！除了这些作为词典铭文的泥版，也就是所谓的音节表，其他各式各样的双语泥版也是破译苏美尔文字的宝贵工具。

1869 年，朱尔·欧佩尔特为法国钱币学和考古学会演讲。他指出，在一些泥版上发现的皇室头衔是"苏美尔和阿卡德之王"，这为我们提供了苏美尔这个民族的名字，他们的存在先于说阿卡德语的亚述人和巴比伦人。欧佩尔特建议，可以称他们为苏美尔人。从那时起，这个名称一直被沿用。

图27

几乎所有对发达文明必不可少的事物都从苏美尔人那里发源。虽然如此，仍有许多人在听到"苏美尔人"这个名词时，只会茫然地反问一句："他们是谁？"

对苏美尔和苏美尔人的兴趣，也引起了考古工作在时间和地理上的重心转变：从公元前2000—前1000年转向公元前4000—前3000年，从美索不达米亚地区的中北部转向南部。许多坟冢散布在平坦泥土地面上，告诉我们这里的地下掩埋着古老的人类定居点。此外我们还有其他线索：早先的人类栖居地的遗址上，又建立起了新的一层栖居地，如此层层叠叠，最后形成坟冢。因为考古工作者们长达150年的辛勤劳作，我们现在才能够不同程度地了解古代苏美尔主要的中心地点（图28），大约共有十四个，几乎所有这些地方都能在古典文本中找到。

* * *

直到1877年才有人针对苏美尔的现场进行系统性考古，这位考古学家是欧内斯特·德·萨尔泽克[①]。他当时是法国驻巴士拉的副领事。巴士拉

---

① 欧内斯特·德·萨尔泽克，法国考古学家，他被认为是古代苏美尔文明的发现者。

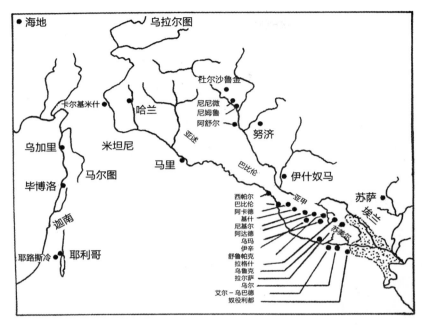

图 28

是伊拉克的一个港口城市，位于波斯湾南部。德·萨尔泽克最初在当地一
个名为铁罗（意为"坟丘"）的地方开始挖掘，并且收获颇丰——这些文
物最后都收藏在巴黎的卢浮宫博物馆。那里的文物仿佛取之不尽，在之后
长达半个世纪的时间里，法国考古团队每年都回到这个地方继续发掘，直
到 1933 年才停止。

原来，铁罗是苏美尔的大型城市拉格什① 的一块圣地，又名吉尔苏。
通过对地层进行考古，发现大约从公元前 3800 年开始就一直有人类定居在
那里。那些墙壁上的浮雕可以追溯到传说中的"早期王朝时期"。石雕上
刻有保存完好的苏美尔楔形文字铭文（图 29），还有一个精美的银质花瓶，

---

① 拉格什（Lagash），苏美尔城邦，在幼发拉底河与底格里斯河交汇处的西北，在乌鲁
   克城以东。

是国王恩美特那①献给神的礼物（图30）。这些遗迹都证明，几千年前的苏美尔文明已经达到很高的水平。最重要的是，在这座城市的图书馆遗迹中还发现了一万多块泥版，上面全都刻有铭文。我们之后会继续讨论这些泥版的重要性。

在一些铭文和其他文本中，列出了一连串拉格什国王的名字，他们的统治时间大约从公元前 2900 年一直到公元前 2250 年——几乎延续了七个世纪。在泥版和纪念石匾上，记录着大型的建筑工程、灌溉和修建运河工程，还有发起这些工程的国王名字。从记录中还能看到，这里与远方的国度曾有贸易往来，甚至曾与附近的城邦发生冲突。

图29

图30

---

① 恩美特那（Enmetena，公元前 2400 年前后在位），拉格什国王。他因下令修建连接幼发拉底河与底格里斯河的运河而闻名，其事迹被记录于一个银雕花瓶上，此文物被献给城市的守护神宁吉尔苏。

这些文物中，关于一位名叫古迪亚①的国王的雕像和铭文最令人震惊（图31）。这位国王在铭文中描述了一些奇迹般的境遇，引领他建造了一座结构复杂的神庙，献给天神宁吉尔苏②和他的妻子巴乌。后文给出了这项建筑任务的许多细节，包括古迪亚在"迷离状态"之中接收到的神圣指示，当时的天象排

图31

列、建筑的精致程度、从远方进口的稀有建筑材料、历法诀窍和确切的仪式——所有这些都发生在大约4300年前。

从拉格什这些墓地往西北方向行走几英里，能看到一个当地人称为泰尔－艾玛迪涅的坟冢。曾经屹立于此的古城已在某个时候被大火完全烧毁。然而，有一些发现帮助人们确定了这座古城的名字：巴德·提比拉③。这

① 古迪亚（Gudea，公元前2144年至公元前2124年），是苏美尔城邦拉格什的统治者，他可能不是在这个城市出生的，不过他与统治者乌尔巴巴（Urbaba）的女儿结婚，因此成为拉格什的统治者。

② 宁吉尔苏（Ningirsu）又称为尼努尔塔（Ninurta）。尼努尔塔的配偶在尼普尔是"乌伽尔鲁"，当他被称为"宁吉尔苏"时，他的配偶则是"巴乌"。

③ 巴德·提比拉（Bad-Tibira），伊拉克古城，位于今伊拉克南部，出现于苏美尔时期，亦见于古希腊学者著述。20世纪30年代起考古学家对该城遗址进行了勘察与发掘，出土的楔形文字铭文为研究苏美尔神话提供了极为重要的资料来源。

座古城的苏美尔语名字"Bad-Tibira"意为"加工金属的城堡"，后来人们证实巴德·提比拉是一个金属加工中心。

之后，又有一支重要的考古团队加入了发现苏美尔的行动之中。这时，距离德·萨尔泽克在拉格什的考古挖掘已经十年了。这支新团队来自费城的宾夕法尼亚大学。

从之前在美索不达米亚的考古发现中可以知道，一座名为尼普尔的城市是苏美尔最重要的宗教中心。1887 年，宾夕法尼亚大学的希伯来语教授约翰·彼得斯组织了一次前往伊拉克的"考古探险"，此行的目的就是寻找尼普尔。

尼普尔的位置很容易猜到：就在美索不达米亚南部的中心地段，有一个高出泥泞平原大约 65 英尺的巨大土丘，任何人都会注意到。当地人称之为尼法尔。这个地点符合文献中对古代尼普尔的描述："地球之脐。"1888 年至 1900 年，宾夕法尼亚大学的探险队在这里展开了四次挖掘。

考古学家认为，公元前 6000 年到公元 8 世纪一直有人定居在尼普尔。初期的出土工作集中在城内的圣地。一块巨大的泥版上刻着数千年前的城市地图（图 32），标明了这块区域的所在地。就在那儿，在这座城市神圣区域有一座高耸的金字塔遗址，这是一座顶部有神殿的阶梯状金字塔（图 33）。

这座金字塔被称为 E.Kur（意为"像山一样的房子"），反映出这片区域的重要地位。这里供奉着苏美尔的主神恩利尔（Enlil,意为"统帅之主"），还有他的妻子宁利尔①。根据铭文，这座寺庙内有一个内室，收藏着"命运之碑"。根据一些文本，该房间是杜兰基（Dur.An.Ki）（意为"连接天地"）

---

① 宁利尔（Ninlil）在神话中的基本形象为恩利尔的妻子，具体的故事在不同时代有着不同的版本，她往往被称为"旷野女主"或"风之女主"。

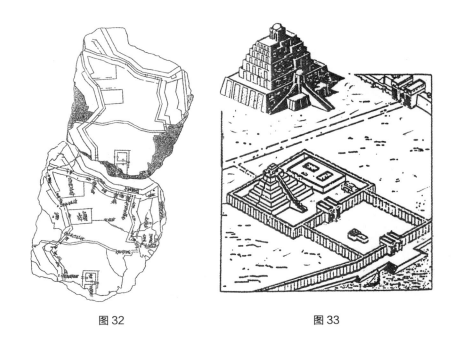

图 32   图 33

的地点——主神恩利尔发号施令的中心，将地球和天堂连接起来。

　　有些人认为，这支探险队在尼普尔的发现"具有无与伦比的重要性"，包括在一个图书馆发现的近 30000 块刻有文字的泥版（或碎片）。通过已被转录、翻译和出版的尼普尔铭文，我们能够整理出苏美尔最早的大洪水故事，这个故事里的"诺亚"名为朱苏德拉[①]——阿卡德语版本里的乌特纳匹什提姆。

　　在一块资料编号为 CBS-10673 的苏美尔泥版中：恩基向他忠实的追随者朱苏德拉透露了"众神的秘密"——是恩利尔在盛怒中怂恿了众神，导致众神决定用一场"即将来临的洪水从根本上摧毁人类"。恩基指示朱苏德拉造船，以备逃生之用。（恩基就相当于"贝罗索斯碎片"中的克洛诺斯，

---

① 朱苏德拉（Ziusudra，原意是"长寿者"），或者译为祖苏德拉、赛苏陀罗，是苏美尔神话中的人物，也是上古西亚文化中大洪水传说的英雄。

朱苏德拉就相当于西西特鲁斯。)

但是,探险队的各项计划因各种原因被打断了。直到第二次世界大战结束后,宾夕法尼亚大学的考古博物馆才组织团队返回尼普尔。

＊＊＊

考古学家们一直在拉格什和尼普尔努力工作,一年又一年。在这个过程中,人们发现了苏美尔主要城市中心的存在,规模可与北部的巴比伦和亚述遗址相媲美。不过苏美尔的这些城市历史更加悠久,比巴比伦和亚述要早一万年。苏美尔的圣域建有围墙,每一处圣域都有一座高耸入云的金字塔形神庙,说明苏美尔的古代建筑技术较高,为巴比伦人和亚述人树立了典范。这种阶梯状神庙的字面意思是"高高耸立的建筑",分设几级阶梯(通常是七级),便可以达到 90 米的高度。神庙一般由两种泥砖建造——高层的内核部分用的是太阳晒干的泥砖,用于楼梯、外墙和悬垂部分的泥砖则经过了更高强度的窑烧。砖块的大小、形状和曲线各不相同,因此具有不同的功能。用沥青制作的砂浆把砖块黏合固定在一起。

这些出土的金字塔形神庙切实地印证了《创世记》中的文字内容。《圣经》中曾这样描述大洪水后示拿地居民的建造方法:

那时,天下人的口音言语都是一样。

他们往东边迁移的时候,

在示拿地遇见一片平原,

就住在那里。

他们彼此商量说:

"来吧,我们要作砖,

把砖烧透了。"

他们就拿砖当石头，又拿石漆当灰泥。

他们说：

"来吧，我们要建造一座城

和一座塔，塔顶通天。"

上文提到的砖块、制砖技术（"把砖烧透了"）和沥青（在美索不达米亚南部区域才能出产沥青）都是对苏美尔既往事件的描述，细节翔实，令人惊讶，而且符合苏美尔没有石头的特征。考古学家发掘出的早期苏美尔遗迹是对《圣经》内容的证实。

在幼发拉底河和底格里斯河之间的这片平原上，这里的居民在各种制造技术上开创先河，其中包括车轮和马车、窑炉、金器、药品、纺织品、五彩服装、乐器。此外，他们还获得了其他数不胜数的"第一名"。时至今日，这些仍被视为先进文明的重要特征。他们还发明了一个称为六十进制位值记数法的数学系统，它以一个圆形为360度。他们创造了计算时间的方式，将白天和黑夜分为12个"时辰"来计时，设立了12个月组成的阴阳月历，并且恰当加入了第13个闰月。他们还首创了几何学，提出了距离、重量和容量的测量单位，创立了包含行星、恒星、星座和黄道知识的高级天文学。苏美尔人拥有法律法规和法院系统、灌溉系统、呈网络状的交通、海关站点、舞蹈和音乐（音符），甚至还有税收制度。他们的社会里有基于王权和宗教的组织，专门规定了节日，组织中心是配备有专职祭司的神庙。此外，他们还有书写学校、神庙和皇家图书馆，这表明了苏美尔人的智力发展和文学成就都处于较高水平。

苏美尔学家萨缪尔·诺亚·克莱默在其著作《历史始于苏美尔》中，

描述了苏美尔人的 27 个首次发明，包括最早的法律判例、最早的道德理想、最早的历史学家、最早的情歌、最早的"工作岗位"等——所有这些内容，都来自苏美尔人铭刻的泥版内容。

在欧洲各国和美国，越来越多的人意识到了这些关于苏美尔的事实。这有助于我们加快步调，进一步发掘苏美尔。考古学家挖掘得越多，他们就越是发现苏美尔的历史能追溯到更早的时代。

芝加哥大学的一支考察团队在比斯玛雅发掘了一处遗址。这是一个古老的苏美尔城市，名叫阿达卜 ①。这里发现了寺庙和宫殿的遗迹，文物上有还愿的铭文，确认了阿达卜的一位国王名字，他就是达鲁国王（Lugal-Dalu，Lugal 在苏美尔语中意为"伟大的人，国王"），他的统治时间为公元前 2400 年左右。

法国考古学家在一片坟丘周围发现了古老的苏美尔城市基什 ②。那里有两座金字塔状神塔的遗迹，是用不寻常的凸形砖块建造的：一块刻有早期苏美尔文字的泥版表明，这座神庙供奉的是尼努尔塔，他是恩利尔之子，也是一名战士。更古老的遗址还包括一座"非常庞大"的宫殿，可以追溯到非常早期的王。这座建筑是圆柱形的——这在苏美尔并不多见。在基什还发现了其他文物，比如轮式马车和金属物品。人们已经通过铭文确定了两位国王的身份和名字：Mes-alim 和 Lugal-Mu，后来确定他们的统治时间为公元前 3000 年初期。

第一次世界大战后，基什的挖掘工作继续展开，在发现的文物中，有

---

① 阿达卜（Adab）位于今亚洲伊拉克境内伊马拉与尼普尔两地之间，为史前古苏美尔城。建造时期约为史前时代的古乌尔纳统王朝（公元前 2112—前 2095 年）。阿达卜城被发现于 1903 年。
② 基什（Kich），在苏美尔时代有着重要的意义。它位于幼发拉底河与底格里斯河交汇点附近，所以控制了基什就控制了两河流域的咽喉。

一些最古老的圆筒形印章的样本。

＊＊＊

19 世纪 80 年代，大英博物馆的伦纳德·威廉·金①注意到了一个名为阿布哈巴的遗址。当地偷盗者在这个遗址挖出了"有意思的泥版"，想要售卖出去。考古学家认出这座城市就是古代的西帕尔，而泥版上的就是贝罗索斯在大洪水故事中提到的沙玛什！

前面提到的发现了亚述古城尼尼微和王城卡胡的英国人 A. 亨利·莱亚德，他的助手赫尔穆兹德·拉萨姆也曾短期挖掘过这个遗址。那里最重要的发现之一是一块大石板，画中只有沙玛什这一位神，他坐在带顶篷的宝座上（图 34）。根据旁边的铭文，这位拜见沙玛什的国王名叫"Nabu-apla-iddin"。在公元前 9 世纪，他翻新了西帕尔的沙玛什神庙。

19 世纪 90 年代，德国东方学会和奥斯曼古文物管理局组成了一支联合探险队，将这座古城的一对坟冢挖掘得更为彻底。他们发现了大量刻有文字的泥版，全都尘封已久，最后由柏林和君士坦丁堡共享。此外，他们还发现了收藏这些泥版的图书馆，很古老也很奇特：这些泥版都被保存在嵌入泥砖墙的隔间中，类似"鸽巢"，而不像后期的泥版那样保存在货架上。图书馆里，有部分刻有文本的泥版在末页明确说明，其文字内容是从尼普尔、阿卡德和巴比伦的早期泥版文本抄写而来，或是在西帕尔当地发现的；其中有一些泥版的内容属于苏美尔的阿特拉－哈西斯文本！

这是否表明，西帕尔是早期的"文字"宝库？我们还无法找到确定的

---

① 伦纳德·威廉·金（1869 年 12 月 8 日—1919 年 8 月 20 日）是英国的一位考古学家和亚述学家，毕业于剑桥大学。他曾在大英博物馆工作，翻译过《汉谟拉比法典》等古代著作。

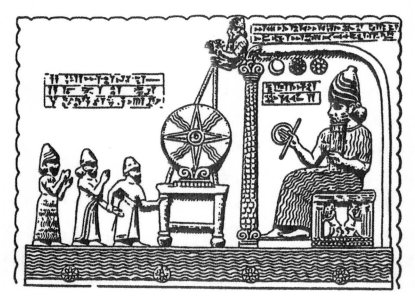

图 34

答案，只能再次引用贝罗索斯的话："首先，'克洛诺斯'命令西西特鲁斯去太阳神（沙玛什）的城市西帕尔挖一个洞，把所有文字资料藏在里面，这些著作描述了世界的开端、中间阶段和世界的结束。"然后，大洪水的幸存者们"回到巴比伦，他们从西帕尔把著作挖出，重建了许多城市，建造了神殿，并且恢复了巴比伦"。镂空隔间这种独树一帜的存储方式，是否正是贝罗索斯描述的，用"挖洞"来保存最古老的泥版？

在西帕尔，大洪水的故事开始逐步对应到现实中的证据。但是，一切才刚刚开始。

在第一次世界大战之前的十年中，一些德国考古学家开始在一处名为法拉的遗址展开挖掘。这遗址本是苏美尔的一座重要城市，名为舒鲁帕克①。早在公元前 3000 年之前，就有人在此定居。那里发现了刻有大量内容的泥版，反映了日常生活、法律管理、房屋和田地的私有制——勾勒出五千年前的城市生活。泥版上的文字告诉我们，这座苏美尔城市在大洪水前就存在，而且这个地点还在大洪水事件中发挥了关键作用。

那里发现的文物中，有大量不同寻常的圆筒形印章。这些印章及印记是最引人注目的——这是一项独特的苏美尔发明，就像楔形文字一样，曾经在这片古老大地上广泛使用。这些圆柱印章都是从石头上切割下来的，大部分长度为一两英寸。工匠在上面雕刻图画，有的会附有文字（图35）。印章上的图案全部反向雕刻，当印章印在湿黏土上时，就会留下正向的效果——这项发明可以看作是早期的"轮转印刷机"。根据这些圆柱形的艺术品的用途，它们被称为"印章"：主人把印章印在一块湿黏土上，然后密封在装着油或酒的容器中；印章也可以用在黏土信封上，将泥版信件密封在内。在拉格什，人们已经发现了一些印章的印记，上面印有印章主人的名字；而在法拉和舒鲁帕克，发现的印记数量超过了 1300 个，而且其中某些是最早期的。

关于舒鲁帕克还有另一个惊奇的故事——根据《吉尔伽美什史诗》阿卡德语版的第十一块泥版，舒鲁帕克是乌特纳匹什提姆的故乡，乌特纳匹什提姆也就是这个版本的大洪水故事中的"诺亚"！正是在那里，恩基向乌特纳匹什提姆透露了洪水即将到来的秘密，并指示他建造逃命的大船：

舒鲁帕克之人，乌巴－图图的儿子：

---

① 舒鲁帕克（Shuruppak），伊拉克古城，即今法拉赫丘，位于今伊拉克中南部的尼普尔附近。原址建于幼发拉底河畔。20 世纪初期经过考古发掘证明该遗址的年代为史前后期至乌尔第三王朝，在当时存在着一个高度发达的社会。苏美尔神话中的大洪水即发生于此地。

图 35

拆掉房子，建一艘船！

放弃领地，但求生存！

舍弃财物，凝心聚神！

你要带上所有活物之种上船；

你要修建的那艘船

——一定要量好它的尺寸。

（回想一下，在前面提到的苏美尔文本里，也是恩基泄露了众神的秘密决定。）

这些考古发现发生在舒鲁帕克和西帕尔，将大洪水的故事从传说和神话转变为具象的事实。

第一次世界大战打断了近东地区的这些考古探索。奥斯曼帝国在第一次世界大战后瓦解，在此之前近东地区都是帝国的一部分。当地人开始挖掘美索不达米亚地区，有官方人员，但主要是私下的盗墓者。

***

第一次世界大战结束后，考古学家们怀着坚定的信念，在苏美尔南部遗址展开一系列持久的挖掘，直到1939年第二次世界大战爆发才被打断，之后又于1954年重新开始。他们主要在当地人称为瓦尔卡的地方工作，这就是《吉尔伽美什史诗》中的乌鲁克，也就是《圣经》中的以力[①]！

德国东方学会派出的德国考古学家采用了一种挖掘技术，在所有地层中切割出一条垂直轴线，能够一目了然地看到该遗址的定居情况和文化历史——距离我们时间最近的部落汇集在顶部，而底部的部落最早，可追溯到公元前4000年。从苏美尔人、阿卡德人、巴比伦人、亚述人、波斯人、希腊人到塞琉古人，每个王朝都想要在乌鲁克留下足迹。显然，乌鲁克是一个特别的地方。

德国考古学家在乌鲁克发现了好几个"世界第一"——第一批在窑中烘烤制成的彩色陶器、第一批陶制的轮子、第一批金属合金制品、第一批圆柱形印章，以及第一批楔形文字的图形铭文。另外一个首创发明是用石灰块制成的人行道，他们没有用泥砖来制造，而是使用了一种特殊的石头。不寻常之处在于，这些石头必须从往东50多英里的山上运来。

[①] 见《创世记》第10章第10节："他王国的开始是在巴别、以力、亚甲、甲尼，都在示拿地。"在考古学中，两河流域有个著名城市叫 Uruk（或 Warka），在中国，该城市后来被译为乌鲁克或瓦尔卡、瓦尔克，而中文《圣经》在当时是根据英文《圣经》Erech 译为"以力"。

这座城市被巨大的城墙环绕着，延伸了 10 公里以上。城墙内的市区被分为两个部分：居民区和圣域。考古学家们正是在这个圣域发现了最早的"金字塔状神庙"——顶上是一个天台，底下分为几个层级，作为神庙的地基。刚刚出土的时候，这座神庙更像是一座重建过至少七层的人造坟墓。在最顶端的人造平台上矗立着一座寺庙，被称为 E. Anna（意为"阿努神[①]的住所"）。考古学家也称它为白庙，因为这座建筑有另一个不寻常的特征——它被漆成了白色（图 36）。在这座神庙旁边还有另外两座寺庙的遗迹，一座涂成红色，献给"阿努心爱之人"伊南娜[②]，她更广为人知的名字是后来的阿卡德语名字伊什塔尔。另一座寺庙遗迹供奉的是宁胡尔萨格女神[③]。

　　我们可以肯定的是，考古学家的铁锹让吉尔伽美什的城市重见天日。吉尔伽美什的统治时间大约在公元前 2750 年，根据其他年表也可能更早。

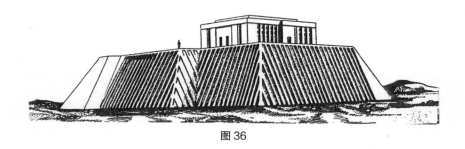

图 36

[①]　阿努是美索不达米亚神话中的天神。他通常被视为诸神之中最古老的一代神，常常与王权相联系，与恩利尔、恩基同为三大神。阿努的象征物是有角的王冠，象征动物为公牛，阿努最主要的崇拜中心是乌鲁克。

[②]　伊南娜（Inanna）亦称作伊什塔尔（Ishtar）、阿斯塔蒂（Astarte），是苏美尔神话系统里面的"圣女""天之女主人"，主管性爱、繁殖和战争。

[③]　宁胡尔萨格（Ninharsag），苏美尔神话中的山之神母，苏美尔七大神之一。

考古学家的发现在字面上呼应了《吉尔伽美什史诗》的内容——

他 [吉尔伽美什] 所有的辛劳

都被刻在石柱上：

因他建造的城墙，乌鲁克固若金汤，

阿努的神圣住处，是纯粹的圣所。

看那铜墙铁壁的外墙，

看那无人能及的内壁！

凝视古老的石头天台；

朝着阿努和伊什塔尔的住所，

去乌鲁克的城墙上徜徉！

在公元前 3200 年至公元前 2900 年的地层中，还有一些"小发现"——一尊女性头颅的大理石雕塑，和真人大小相仿（图 37）。她的别称是"来自乌鲁克的女士"，雕塑上曾经戴着金色的头饰，眼睛部位是宝石制成的。此外还有一个超过 3 英尺高的巨大花瓶，是用条纹大理石雕刻而成，上面的图画是一群崇拜者向女神献礼。就这

图 37

样，这些 5000 多年前的苏美尔艺术品可以与 2500 年后的希腊雕塑之美相提并论！

在苏美尔最南端是一片与波斯湾接壤的沼泽地，底格里斯河和幼发拉底河在那里汇合。那里有一处遗址，在当地名为阿布沙林。两位法国亚述学家根据这里发现的砖块确定，该遗址就是古代埃利都①，这个地名的意思是"建在远方的房子"，这是苏美尔最早的城市。

两次世界大战之后，这片遗址的考古工作终于继续展开。考古工作者从顶层最接近现代的内容开始，逐层开探到最古老的底层，一共发现了至少十七层文物。在不断挖掘的过程中，他们向历史更深处数着时间：公元前 2500 年、公元前 2800 年、公元前 3000 年、公元前 3500 年。当他们的铲子触碰到埃利都第一座神庙的地基时，时间数到大约公元前 4000 年。考古学家在这一层之下已经挖掘到原始的泥土。

埃利都那座神庙最初是用烧制的泥砖建造的，耸立在人工筑起的一块平面之上。神庙的中央大厅呈长方形，较长的两侧均是一系列小房间——这为之后数千年的寺庙设计树立了典范。在神庙的一端有一个基座，也许曾经放着一尊雕像。在另一端，是一个平面较高的讲台区域。挖掘队震惊地发现，在第六层和第八层发现了大量混合着灰烬的鱼骨——他们由此猜测，那里的人们把鱼作为给神的献祭品。

挖掘队其实不必震惊，这座寺庙供奉的是苏美尔神话中的伊亚②，他的名字意为"以水为居所"。在他的自传和许多其他文本中，我们可以明确看到，当五十名阿努纳奇从他们的星球着陆地球，正是伊亚领头从波斯

---

① 埃利都（Eridu），"有力之地；护卫之地"，是美索不达米亚南部最早的城市，亦被认为是世界上最早的城市，位于苏美尔的最南端。
② 伊亚（Ea），就是恩基。他是苏美尔人的水神、知识神和创造神。他在阿卡德语中被称为"Ea"或"Ae"，并且在迦南宗教中被一些学者认定为"Ia"。

湾上岸。他的图像通常都画着倾泻而下的水流（图38），他就是传说中的欧南涅斯。正如《阿特拉·哈西斯》史诗的序言中所说，伊亚还被赋予一个别名"恩基"——"地球之主"。

图38

正是恩基将大洪水将至的消息告诉了乌特纳匹什提姆（或朱苏德拉），他才受命建造防水的大船，最后幸免于难。

＊＊＊

虽然一切都出人意料，但重见天日的埃利都为考古学的发展开辟了道路，证实了苏美尔最基本的"神话"之———阿努纳奇登陆地球，且在大洪水之前建立了众神的城市。

1914年，一位早期苏美尔学家阿诺·波贝尔公布了一盒泥版碎片的惊人内容。这盒文物收藏于费城大学博物馆，编码为"CBS-10673"。这是"原始的苏美尔洪水记录"的碎片，仅有不到一半的内容保留了下来（图39）。

在这部分现存的几行中，我们可以看到朱苏德拉如何被恩基预先警告，他得知大洪水将要来临后如何按照指示建造了大船，大洪水如何肆虐了七天七夜，以及由恩利尔领导的众神如何赐予朱苏德拉"神一样的生命"——

图39

因此，他的名字是"长寿者"。

泥版正面的第一至三列的内容进一步拓展了这个故事。文本不仅描述了大洪水的情况，还有洪水之前的事件。事实上，这段文本可以追溯到阿努纳奇初临地球，并定居于伊甸①的时代——正是因为这个故事，有人将这段文本称为"埃利都创世记"。正是在这个远古时代，阿努纳奇带着"王权"从天上降临，一共建立了五座众神之城：

王权从天国降临地球之后，

在高贵的王冠和王权的宝座

从天国降下之后

……完善了……，

……找到了……城市，

为它们命名，

---

① 根据作者所著《第十二个天体》第十章，《圣经》中"伊甸"这个名字源于美索不达米亚，它的原文是阿卡德语"edinu"，意思是"平原"。古代诸神的"神圣"称号丁基尔（DIN.GIR），意为"火箭中的正直/公正的人"。而苏美尔人叫这个众神的住所为E.DIN，意思是"这些正直者的家"——十分相符的描述。

分配了地点：

第一座众神之城是埃利都，

分配给了努迪穆德来领导。

第二是巴德·提比拉①，他给了努济格。

第三是拉勒克②，他给了帕比尔萨格。

第四是西帕尔，他给了英雄乌图③。

第五是舒鲁帕克，他给了苏德④。

  阿努纳奇在大洪水发生的很久之前就抵达地球，并在一段时间后建立了五大定居点，泥版上透露的这些内容是一个重大启示；这些城市的名字和相应统治神的名字都被陈列出来，让人大受震惊。但是，这份名单更让人称奇的是，已经有四处遗址被现代考古学家发现并且挖掘出来！其中只有拉勒克的遗址尚不知道在哪，但大致位置已被确定。埃利都、巴德·提比拉、西帕尔和舒鲁帕克都已经被发现。因此，苏美尔的各个城邦和文明已经重见光明，不仅大洪水已经找到历史现实的证据，大洪水之前的事件和地点也逐步作为历史事实浮出水面。

  因为美索不达米亚的文献宣称大洪水摧毁了地球上的一切，人们很可

---

① 巴德·提比拉（Bad-Tibira），伊拉克古城，位于今伊拉克南部。
② 拉勒克（Larak），苏美尔的一座城市，在某些版本的苏美尔国王列表中，它在上古时代行使王权的五个城市中排名第三。这座城市的位置尚未在考古学上被确定。
③ 乌图（Utu），是苏美尔神话中的太阳神，月神南纳和宁伽勒女神的儿子，是太阳、正义和审判之神，公正和真理的维护者。
④ 苏德（Sud），宁利尔（Ninlil，又称作宁利勒）的别名，丈夫是恩利尔。一份新亚述时代的文献将她与北风联系在一起，诠释其名字为"风之女主"；文献亦将恩利尔的名字与东风联系在一起，诠释其名字为"万物之主"。另一份文献指出她又名苏德（Sud），苏德是她在嫁给恩利尔之前作为少女的名字。一般认为苏德是城邦舒鲁帕克的守护神之一。

能会提问：大洪水之后，这些城市的遗迹为什么仍然存在？答案也同样可以在美索不达米亚文献中找到——我们必须拉开时间的混沌序幕，才能看到阿努纳奇故事的完整版，"那些从天国来到地球的人"。

一如从前，古老的文献自身就是最好的故事讲述者。

"伊甸"之地

"苏美尔"这一名称源自关于"苏美尔和阿卡德"王国的阿卡德语碑文。该王国是约于公元前 2370 年形成的地缘政治体，即在说闪米特语的萨尔贡一世（即 Sharru-kin，意为"正义的国王"）成为苏美尔的统治者后。

苏美尔这个名字源自阿卡德语，原意为动词"守望 / 守护"。顾名思义，这个王国也就被视作"守望者的土地"或"守护者的土地"——属于看守和保护人类的神灵们。相对应地，古埃及语中的"神"这个词——Neteru，它源于动词 NTR，意思是"守护，看守"。根据埃及的传说，Neteru 从 Ur-Ta（"古老的地方"）来到埃及，指代他们的象形文字符号是一把矿工的斧头：

NETERU

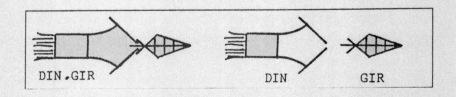

在苏美尔和阿卡德之前，这片土地上只存在众神之城。当时这里被称为 E.din——"义人之家 / 栖息之地"，即《圣经》中的伊甸园。该词源于

定语 Din.gir，即苏美尔语中神的名字，意思是"正义／正直的人"，其象形文字看上去像是一艘两段式的火箭飞船。

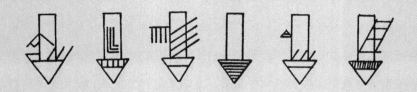

第五章

当王权从天而降

　　城市是人口聚集的中心，也是先进文明的标志。苏美尔的泥版讲述了地球上前五个城市的故事，记录了地球上先进文明的开端。

　　城市标志着农业到工业的转变。城市里有建筑物、街道和市场，有发展商业和贸易的地方，城市需要交通和通信，也需要被记录，因而有了阅读、写作和算术。城市也需要有社会秩序和法律，有行政等级制度，还要任命行政长官。在苏美尔以及之后几乎所有地方，社会都需要一个被称为"Lu.gal"——"国王"的人。苏美尔人用"Nam.lugal.la"一词来概括所有这些先进知识的元素，用来形容文明的总和。这个词通常译作"王权"。苏美尔人宣称，王权是从天而降，被带到地球上的。

　　王权将国家作为一个神圣的机构，因而要求国王拥有合法的身份，必须由众神选择。因此，国王的登基顺序都被仔细记录在国王列表，远古世界的各个朝代都是如此。在埃及，我们能见到的是各个朝代的分隔。在巴比伦帝国和亚述帝国，在埃兰①、哈梯②和波斯，甚至更远的地方，以及在《圣经》中的两卷《列王纪》里，都有历代国王的名单，列出了历任统治者的名字，

----

① 埃兰，又译以拦、厄蓝或伊勒姆，是亚洲西南部的古老君主制城邦国家，现为伊朗的胡齐斯坦及伊拉姆省。埃兰是伊朗的最早文明，起源于伊朗高原以外的埃兰地区。
② 哈梯发源于阿纳托利亚中部，今土耳其中部。

给出了在位的时间长短，有的还附上了简短的传记。

在苏美尔，众多城邦都由国王统治，主要名单是通过皇家城邦来排列的，因为这些地点一直都是苏美尔土地上的中心或"城邦"首都。苏美尔最著名以及保存最完好的列王表上，第一句话是"当王权从天而降"——这句话能够与大洪水前诸神之城传说的开头诗句对应，我们在上一章刚引用过："[...] 王权从天国降临地球之后，在高贵的王冠和王权的宝座从天国降下之后。"

这些宣言不只是为了将王权奉上神坛而已。苏美尔历史和教义中存在一项基本信条，即王权不只是象征性地从天堂降落地球，而是实际上就是如此。如泥版 CBS-10673 上的文字所述，阿努纳奇人（意为"那些从天国来到地球的人"）确实在地球上的五个定居点开启了他们的文明生活。虽然这块泥版上没有提及主导这件事的神是谁，但我们几乎可以肯定是恩利尔。他是跟随恩基来到地球的——文献也证实了这个细节，因为"第一座众神之城是埃利都，分配给了努迪穆德（即伊亚 / 恩基）来领导"。此外，其他每个被授予城市的神——努济格（即月神南纳 / 辛）、帕比尔萨格（即尼努尔塔①）、乌图（即沙玛什）和苏德（即宁利尔）——他们不仅仅是苏美尔万神殿中排位较高的成员，还与恩利尔沾亲带故。恩利尔抵达后，恩基的根据地已经从最初的埃利都扩散，聚集点的数目已经增至五个，之后扩展到了八个成熟的聚集点。

还有其他一些苏美尔文献，其中也提及了第一批诸神之城和从天堂降落地球的文明，以及两者之间的联系。另外两份重要文件收藏在英国的阿什莫林艺术与考古博物馆，对人类和我们星球的历史都至关重要，这两件

_____

① 尼努尔塔是苏美尔－巴比伦里的神，他是战神，代表土星，同时也是时间神之一，象征时间的循环。

藏品都记录了大洪水。这两件藏品或其抄本，很可能是贝罗索斯著作的资料来源。

这两件苏美尔黏土文物编号为 WB-62 和 WB-444。其中 WB-444 更加广为人知，因为 WB-62 制作工艺寻常，而 WB-444 则是一种罕见又美丽的四棱柱烤黏土（图 40），被称为《苏美尔王表》。根据泥版上的详细描述，苏美尔的首都最早是在基什，然后迁到乌鲁克，再到乌尔，随后变成阿万，再次回到基什，再转移到哈玛兹，又回到乌鲁克，然后到乌尔，如此辗转迁徙。最后，在一座名为伊辛（Isin）的城市收尾。（最后一项条目记载了一位名叫乌图－赫加尔①的国王，他大约在公元前 2120 年统治过乌鲁克，距今已有 4100 多年。）

但是，四棱柱上的文字明确记录了这些国王的统治时间，均在大洪水发生之后，也就是"王权 [再次] 从天而降"。四棱柱的开端部分列出了五位国王的名字，他们都曾在大洪水之前统治众神之城。但是，每个统治者对应的在位时长却让学者感到困惑。以下就是四棱柱所记载的内容：

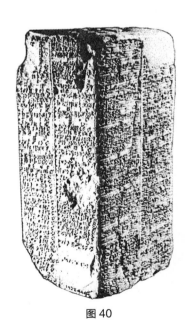

图 40

Nam.lugal an.ta e.de.a.ba

[当] 天上的王权降下，

Erida.ki nam.lugal.la

来到埃利都。

---

① 乌图－赫加尔，约公元前 2123—前 2113 年在位，乌鲁克国王。他击败游牧民族古提人，成为乌鲁克第五王朝的建立者，后败于乌尔纳姆。

Erida.ki A.lu.lim Lugal

阿鲁利姆是埃利都的国王，

Mu 28,800 i.a

他统治了 28800 年。

A.lal.gar mu 36,000 i.a

阿拉加尔统治了 36000 年；

2 Lugal

两位国王

Mu.bi 64,800 ib.a

一共统治了 64800 年。

后续内容的译文如下：

埃利都被弃之不顾，

巴德·提比拉的王权得到发展。

恩门卢安纳在巴德·提比拉统治了 43200 年；

恩门加兰纳统治了 28800 年；

牧羊人杜木兹在位 36000 年。

共三位国王，共统治 108000 年。

巴德·提比拉被弃之不顾，

王权转移到了拉勒克。

恩西帕齐丹纳在拉勒克统治了 28800 年。

共一位国王，共统治 28800 年。

拉勒克被弃之不顾，

王权转移到了西帕尔。

恩门杜兰纳在西帕尔登上王位,

统治了 21000 年。

共一位国王,共统治 21000 年。

西帕尔被弃之不顾,

王权转移到了舒鲁帕克。

乌巴图图在舒鲁帕克成为国王

并统治了 18600 年。

共有五座城市;

共有八位国王,在位共 241200 年。

然后大洪水席卷了一切。

洪水退去,

当王权 [再次] 从天而降,

王权在基什扎根。

诸如此类。

泥版 WB-444 第一行流传较广的译文有一个关键错误:在原始的黏土文本中,统治长度的数字以 Sar 为单位给出(使用的数字符号表示 3600):阿鲁利姆在埃利都的统治并没有写作" 28800 年",而是"8 个 Sar";阿拉加尔的统治则是"10 个 Sar"。在大洪水之前的统治者名单中也是如此表述。这个四棱柱文物上的单位"Sar"就是贝罗索斯笔下的"Saro",也就是"SHAR"。重要的是,Sar 这个表示时间长度的单位,仅适用于大洪水之前的众神之城统治者,在记录大洪水之后的文档中,计算单位更改为常规的数字。

同样重要的是，这份列王名单上，前五个城市的名字顺序和泥版 CBS-10673 完全相同。但是，WB-444 并没有列出每位天神的"崇拜中心"是哪一城，而是列出了每座城市的"国王"，也就是行政上的管理者。威廉·W. 哈洛所著的《上古之城》确认这两份文件都记录了地球上的文明（王权）最早的经典传统：始于埃利都，在大洪水时期的舒鲁帕克告终。

每个人都会注意到这样一个事实：泥版 WB-444 列出了八位国王的名字，但从未提及大洪水的英雄朱苏德拉（诺亚／西西特鲁斯／阿特拉-哈西斯／乌特纳匹什提姆）。它记录了城市的兴衰和王权的更迭，以埃利都为始，以舒鲁帕克的大洪水作为结局，名单上压轴的是乌巴图图，而不是朱苏德拉，但《吉尔伽美什史诗》的第十一块泥版明确指出，大洪水的英雄乌特纳匹什提姆是舒鲁帕克的最后一位统治者，他是乌巴图图之子，也是他的继承人。

后来陆续发现了其他各种泥版，零碎或完整的都有。这些发现打消了人们的疑惑，说明曾经有一份经典文本记载着大洪水之前的众神之城及其统治者，文本内容曾被反复抄写；而且，就在这些抄写过程中产生了一些错误和遗漏。在加利福尼亚州的圣巴巴拉市，有一座卡佩勒斯手稿图书博物馆。那里藏有一块鲜为人知的泥版，上面也给出了五座城市的八位国王的列表，但各个国王的统治时长之和是"60 个伟大的 Sar + 1 个 Sar + 600 × 5"，加起来只有 222600 年。

在另一块泥版的内容中，朱苏德拉的明显缺席得到了修正。这是藏于大英博物馆的 K-11624 石板。一些学者将之称为《王朝编年史》，它列出了最早五个城市的九位国王，Sar 数值也有所不同——阿鲁利姆对应 10 个 Sar（36000 年），阿拉加尔对应 3 个 Sar（10800 年）而不是 28800 年，诸如此类。但关于舒鲁帕克的两位国王的结尾是正确的：乌巴图图对应 8

个 Sar（28800 年）和朱苏德拉对应 18 个 Sar（64800 年）。这块泥版最后总结出"五城九王"，即一共 98 个 Sar（352800 年），然后对大洪水做了简要说明："恩利尔不喜欢人类，他们的喧闹声打扰了他的睡眠……"

有一块泥版给出的十位统治者名单最为准确，和贝罗索斯版本中的名单也相符。这就是阿什莫林博物馆的泥版 WB-62。这块泥版上，大洪水之前列表中的单位 Sar 和贝罗索斯的单位 Saro 是平行的，但具体的个人统治时期则不尽相同。它和 WB-444 的不同之处在于，它列出了六个城市，而不是五个。它将拉尔萨市①（及其两个统治者）归入了大洪水前的列表中——因而有了完整的十个统治者名单，并以朱苏德拉的大洪水时期作为结尾。如果把 WB-62 与希腊文的"贝罗索斯碎片"相对比，我们可以明显看到这个版本应该是贝罗索斯的主要资料来源，不过他将 Sar/Saro 转换为了年数。

WB-62	贝罗索斯
阿鲁利姆 67200	阿洛斯 36000
阿拉加尔 72000	阿拉普鲁斯 10800
恩基敦奴 72000	阿美伦 46800
[……] 阿里玛 21600	阿门侬 43200
杜木兹 28800	美加路努斯 64800
恩门卢安纳 21600	道诺斯 36000
恩西帕齐丹纳 36000	尤多雷舒斯 64800
恩门杜兰纳 72000	阿诺达弗斯 36000
苏苦拉姆 28800	安德慈 28800
朱苏德拉 36000	西西特鲁斯 64800
十位首领 456000	十位国王 120*SHAR=432000

---

① 拉尔萨（Larsa）是苏美尔重要的城邦之一，位于乌鲁克东南方 25 公里的区域，历史可以追溯到公元前 2900 年前。

我们仔细阅读了这么多形形色色的泥版，哪一块泥版的内容最为准确？以舒鲁帕克结尾，并提到了朱苏德拉和他的父亲的那个版本应该是最可靠的，如果将他们二人计算在内，列王名单应该一共有十位大洪水前的统治者，曾经统治六座众神之城。《圣经》也曾列出十位大洪水前的先祖，虽然他们都是亚当的孙子以挪士（希伯来语意为"人类"）的后代，因而不被视为神，但他们共有十人，其中大洪水的英雄诺亚（朱苏德拉）就是第十位。这一切都为一共有十位统治者的这个版本增加了可信度。

　　尽管每位统治者的在位时间长短不一，但各个泥版都一致显示，他们的统治时间从"王权从天而降"开始，一直到"大洪水席卷所有"才终结。假设贝罗索斯记录下的版本是最可信的，那我们也要假定他计算出的大洪水前统治时长总和是正确的，即 120 个 Shar＝ 432000 年，也就是"王权从天而降"到大洪水之间的时间长度。因此，如果我们能确定大洪水发生的时间，我们也就能够知道阿努纳奇人是在何时抵达地球的。

　　因此，数字 120 出现在《圣经》序言的大洪水故事中，可能不只是巧合那么简单。这一般被解释为，这个数字代表了上帝在大洪水时期对人类寿命设定的限制。这是一个疑点较多的解释，因为根据《圣经》本身，诺亚的长子闪就在大洪水之后活到 600 岁。他的儿子亚法撒活到 438 岁，亚法撒的儿子沙拉活到 433 岁，寿命逐步变短。亚伯拉罕的父亲他拉的寿命已经减少到 205 岁。亚伯拉罕自己则活了 175 年。此外，仔细阅读《希伯来圣经》会发现，《创世记》第 6 章第 3 节中"他的年龄是 120 岁"。这里用的是过去式而不是将来式，加上"他的"这个表述，可以理解为神在描述自己在地球上的寿命，即从抵达地球一直到大洪水泛滥的时间（以 Sar 为单位）。用地球的时间计算方式来计算，这对应的是 432000 年（120×3600 年）——这个说法和贝罗索斯关于十位国王共在位 120Sar 的列王记录是一致的。

432000 这个数字与神的在位时间有关，在不同文化中皆是如此，远远超出了美索不达米亚。

例如，在印度教的传统中，这个数字组成了地球、人类和众神的宇迦[①]核心：大宇迦（Caturyuga，Great Yuga）指的是 4320000 年，也可以被分为 10 个争斗时宇迦，其长度递减的过程中都是按照 432000 年来表达——四重宇迦是黄金时代（432000 × 4），三重宇迦是知识时代（432000 ×3），双重宇迦是献祭时代（432000 × 2），最后则是纷争时代（432000 × 1），即我们现在所处的时代。此外，根据前面讲述过的埃及祭司曼涅托的记载，"世界的持续时间"是 2160000 年，这就等于 432000 的 5 倍时长。

印度教的创造之神"梵天"的一天等于 43.2 亿年，也就是 1000 个大宇迦。这让我们想起了《圣经》中的一句话：在你看来，千年如已过的昨日，又如夜间的一更。

***

在《重读〈创世记〉》和《神圣的邂逅》中，我详细介绍了一些现代科学的发现，以及我从中得出的结论，即大洪水是由南极洲的大冰原滑移而引起的巨大潮汐波。我曾经提出，大约在 13000 年前，那个"冰盒"的消失导致最后一个冰河时代戛然而止。

南极洲大陆直到公元 1820 年才被发现。但是，早在公元 1513 年，土

[①] 宇迦，印度古代天文学名词。印度古代历法中一种日、月运动的共同周期，是印度教中的时代单位，共有圆满时、三分时、二分时、争斗时四个宇迦。1 圆满时（Krita Yuga）= 4800 天年 = 1728000 年；1 三分时（Treta Yuga）= 3600 天年 = 1296000 年；1 二分时（Dvapara Yuga）= 2400 天年 = 864000 年；1 争斗时（Kali Yuga）= 1200 天年 = 432000 年。

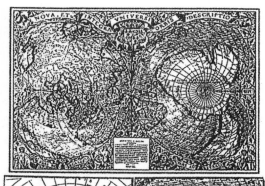

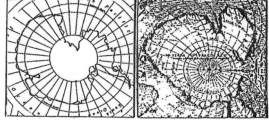

图 41

耳其的海军上将皮尔·雷里斯的地图上就已经显示了这块大陆。这次滑移也能解释之前发现的世界地图中的谜团，例如 1531 年沃朗塔斯·费纳乌斯的地图（图 41）。这幅地图显示了空中俯瞰的南极洲（右侧框），也显示了没有被冰层覆盖的版本（左侧框）。一直到 1958 年才通过雷达和其他现代手段确定了南极洲大陆在冰雪覆盖下的轮廓。

最后的冰河时代突然结束，这一直是许多研究的主题，包括在 1958 年的国际地球物理年，人们也开展了深入调查。这些研究证实了冰河时代在南极洲结束得很突然，时间大约在 13000 年前，但未能解释这一现象的原因。根据一项对古代气温的研究（2009 年 2 月 26 日发表于《自然》），大约 13000 年前，虽然最后的冰河时代末期的气候变暖在北大西洋的格陵兰岛是相对缓慢的，但在南大西洋的南极洲却"迅速而突然"。还有另一项关于古代海平面的研究（2009 年 2 月 6 日发表于《科学》），证实了南极洲的冰原突然崩塌。这篇文章还得出结论，崩塌的原因是当时"潮汐波比目前曾计算过的高度要至少高出三倍"，最远可以影响到 2000 英里外的区域，而这是大陆及周围海床的地形导致的。这篇论文随附的图表也显示了潮汐波最远能影响到的范围，从波斯湾一直延伸到地中海，并从那里继续向东北延伸——直到抵达《圣经》里记载的土地，亚拉腊山。

这场大约在公元前 10950 年发生的大洪水，距离我们已有约 13000 年之久。

这个时间也与楔形文字的记载相吻合，即大洪水发生在狮子时代，这个黄道时代确实约于公元前 11000 年开启。

我们把 432000 和 13000 相加，便可以自信地说，"王权从天而降 [到地球]"大概是在 445000 年前。

就在那时，来自另一个星球的飞行者们到达地球。苏美尔人称他们为阿努纳奇人，他们也就是《圣经》中的亚衲族人 [①]——《创世记》第 6 章中的利乏音族。

***

大洪水前的列王名单虽有不同版本，但都一致同意地球上的第一个城市是埃利都。这个名字"E.ri.du"的字面意思是"建在远方的房子"。这个词在各个时代的许多语言中都能找到根源，用来指代地球本身：德语中的"Erde"（来自古高地德语的 Erda）、冰岛语的"Jordh"、丹麦语的"Jord"、哥特语的"Airtha"和中古英语的"Erthe"都意为"地球"。在阿拉姆语中，"地球"被称为"Ereds"，在库尔德语中被称为"Ertzin"。还有今天的希伯来语，"地球"被称为" Eretz"。

同样重要的是，最初众神之城各个版本的国王列表，只写出了历任的

---

① 亚衲（Anak），古迦南地一个巨人族的祖先。以色列人首次抵达迦南时，亚衲族人早已在希伯仑定居。

"首席长官"名单，而不是那些把这些城市作为崇拜中心的诸神。

所有的名单上，阿鲁利姆和阿拉加尔都是第一座城市埃利都最早的统治者。但泥版 CBS-10673 上明确记载的是，埃利都被永远地赐予了努迪穆德（伊亚／恩基），意思是"制造文物的人"；无论谁是埃利都的"首席长官"（也就是国王），这里永远都是努迪穆德的"崇拜中心"。[就像，西帕尔永远是乌图神（沙玛什）的"崇拜中心"；舒鲁帕克也总是和苏德（宁利尔）联系在一起。类似的例子还有很多。]

在航天器的着陆设施发明之前，美国宇航局的第一批宇航员的着陆方式只能是从指挥舱跳到海水中，第一批来到地球的阿努纳奇人也是如此。他们在"浅海区域"（波斯湾）降落，溅起水花，穿着类似"鱼人"的潜水服（图 21）。他们就这样涉水上岸，在离家万里的地方再建家园——这就是埃利都，位于沼泽地的边缘，底格里斯河和幼发拉底河一同汇入海湾，形成了这片三角洲。

第一批来地球的有五十人。他们的领袖就是伊亚（E.a），所有版本都如此记载。他的名字意思是"以水为居所"，是水瓶座的原型。"欧南涅斯"就这样抵达地球。

有一些苏美尔文本描述了首次登陆，其中一本叫《恩基与地球的神话》《恩基和世界的秩序》，或是《恩基与大地的秩序》，内容其实就包含伊亚／恩基的自传。这本书的文本篇幅很长，是从散落在两个博物馆之间的泥版和碎片中恢复的内容。其中包括以下第一人称的叙述：

> 我是阿努纳奇人的领袖。
> 强大的种子孕育了我，
> 我是安神的长子，

也是众神的长兄。

当我从天而降，

天空下起滂沱大雨。

当我接近地球，潮汐汹涌。

当我接近这里的翠绿草场，

我命令山丘和土堆积聚起来。

首要任务之一是建立一个指挥中心，类似总部大楼，他们选择建在芦苇丛生的沼泽边缘：

我择一处干净之地建立住所，

给它取了一个好听的名字，

预示着此地的好运。

它的阴影笼罩着沼泽，

它的 [...] 有一条"胡须"（？）到达 [...]

有一些最古老的圆柱印章描绘了苏美尔最早的时代，其中还描绘了芦苇小屋，阿努纳奇人可以在沼泽边随手采芦苇来建造这种小屋。画中的那些芦苇小屋都从屋顶伸出类似天线的装置（图 42），这个现象仍然无法解释。

恩基的前哨基地需要建在一个人工土丘上，需要高于河流和沼泽的水位，他将任务分配给一位叫恩基杜[①]的下属：

在他把目光投向那个地点之后，

___

① 恩基杜（Enkimdu），苏美尔人的农业之神，掌管运河和沟渠。

图 42

恩基把那里的海拔抬高到幼发拉底河之上……

掌管沟渠和堤坝的是恩基杜，

是恩基任命他做这项工作。

在文本的后续内容中，恩基随后在他的指挥地点召集了他的下属们，包括"运载武器的 [...]""首席飞行员""补给主管""磨坊女神""净化水源的 [...]"。恩基写道，他们除了要有栖息之地，还必须找到食物，而沼泽供应了既充足又新鲜的食物："鲤鱼在芦苇丛中摆尾，鸟儿在……那里向我鸣叫。"文本的后续部分是以第三人称撰写的，记录了恩基对下属们的命令：

在沼泽地里

他将有鱼之地标记。

恩比卢卢 ①，负责检查运河，

他也被安排去掌管沼泽地。

_____

① 恩比卢卢（Enbilulu），美索不达米亚神话中的河流和运河神。在创世神话中，他被大神恩基安排负责底格里斯河和幼发拉底河。此外，他还是灌溉和农业之神。

他标记了一处藤条丛，

在里面种下了 [...] 的芦苇和绿色的芦苇，

并把这里标记。

他发布了一项命令给 [...]

要求他设网，不让鱼逃跑

他做的陷阱没有 [...] 能够逃脱，

他设的圈套没有鸟儿能够飞过，

[...]，爱鱼之神的儿子，

恩基安排他掌管鱼和鸟。

这些事情发生的地点曾被多次提到，是在底格里斯河和幼发拉底河逐渐靠近之处，足以让恩基使它们两相交汇，然后可以"共饮纯净的水源"。

这个文本还有几个附加部分，涉及他们抵达地球后与水有关的活动。恩基被认为是影响了两条河流的关键，其他下属的名字也来源于那些与水有关的任务："他用亮晶晶的水填满了底格里斯河……为了让底格里斯河和幼发拉底河交汇……恩基作为深水之主，指派恩比卢卢来主管运河的治理。"但是，因为部分泥版已被损坏，而且有一些术语未能译出，这些与水有关的活动仍存在不确定之处。其中还提到将海水分配给一位女性下属来管辖，她的别名是西拉拉①，这个名字意为"光亮金属的女神"，这也暗示她的职责和贵金属相关。

出人意料的是，文中还有其他部分提到了金属，具体来说就是黄金。这些内容出现在恩基抵达后的部分，是关于他对自己的水上仙境进行的检

---

① 西拉拉（Sirara）是苏美尔、巴比伦和阿卡德神话中的波斯湾女神。在创世神话中，她被恩基任命，掌管海湾的水域。

图 43

查工作。他乘坐划艇巡视周围环境，划艇驾驶员手握一根"用于探测黄金"的棍子；他又名宁吉思格，这个名字的意思是"决定光泽的主要因素"。早期圆柱印章上的图案（图 43）显示，恩基乘坐一艘芦苇船，在芦苇之间穿行，他的副手拿着一个棒子形状的物品。船的两端都装着杆子，杆子上又有圆环状的装置，和安装在芦苇棚顶上的装置很像。

所有这些有趣的细节意味着什么呢？

讨论到这里，我们必须问出一个关于阿努纳奇人来到地球的关键问题：他们来到地球是否只是偶然？他们乘坐宇宙飞船旅行时，是不是发生了什么事故，才必须在紧急情况下寻找一片稳固的地面着陆，然后他们找到了这块名为"地球"的坚硬土地？又或许，他们在太空漫游只是为了观光或研究，但他们看到了一处水草丰茂又青翠的地方，才决定停下来看看？

如果是这类情况，那他们对我们星球的造访只是一次性事件而已。但这些来自远古的证据一边倒地表明，他们的"造访"持续了很长时间。在这个过程中，他们建造了长期定居点，并且不断地往返。即使大洪水这场灾难摧毁了一切，他们仍然没有离开，一切从头开始。这是一种有计划的殖民模式——而且带着特定的目的。

我认为，恩基和他的五十名下属来到地球，是为了获得黄金。

如果把这些有趣的细节和后续故事相联系，连点成面之后，阿努纳奇人的目的也浮出了水面。他们的计划是从波斯湾水域获取黄金。

但是，当计划受阻，他们就必须改变深处的开采计划。直到阿努纳奇人在地球上活动的第二阶段，其他神灵也来了："统帅之主"恩利尔带领着他们。新的众神之城尼普尔就是为他而建。这座城市的核心位置是一个指挥和通信中心，控制轨道的"命运泥版"在那里嗡嗡作响地旋转着，这里就是至圣所，也是"天国和地球的连接之处"。

恩利尔掌管伊甸及其定居点，每个定居点功能各异。与此同时，恩基的任务则转移到一个名为阿勃祖的新地点——这个地名通常被翻译为"深处"，字面意思就是"闪亮金属之地"。

我曾在《第十二个天体》中指出这种两个音节组合的含义。在苏美尔语中可以逆向读作"Zu.ab"，词语的内涵不会发生变化。这个词在希伯来语中也被保留下来，对应的词是"Za.ab"，意思就是"黄金"。因此，不论是"Ab.zu"还是"Zu.ab"，意思都是能够从深处获得闪亮黄金的地方。这个词蕴含着"深处"之意，因为黄金是通过开采而获得的。根据所有相关的苏美尔文献，阿勃祖在一个遥远地方，那里也被称作"A.ra.li"，意思是"水边闪闪发光的矿藏"，位于"下层世界"（Lower Land）。这是一个地理上的专有术语，用来指代非洲的南部地区。这个术语在各种文本中均有出现，包括一些涉及大洪水的文本。我曾经写过，阿拉利（阿勃祖）位于非洲东南部，直到今天仍是一个金矿开采区。

阿努纳奇人在展开第二阶段的活动时，开始做出改变：他们本来试图从海水中轻松提取黄金，变成了通过艰苦的深部开采来获取。他们的工作也伴随着其他的改变，涉及任务的政策变化和指挥官的更替，以及从母星尼比鲁意外移居地球之后发生的个体或氏族冲突。有许多不同文本详细描述了随后发生的事件，《阿特拉－哈西斯史诗》也有相关内容。我们将会看到，他们是创造人类的先驱，能够帮我们解释大洪水的成因，也是解开半神之谜的关键。

恩基在他的自传文本中写道，抵达地球并不是一系列重大事件的开端。至于一切的真正开始，我们必须先从创造世界的故事本身入手。我们必须反复阅读并理解美索不达米亚的《埃努玛·埃利什》①和《圣经》中的创世故事。这些文本不仅能解释我们太阳系内外的许多现象，还对我们阐明：生命如何起源？我们究竟是谁？我们如何来到地球？

---

① 《埃努玛·埃利什》是巴比伦的创世史诗，名字取于史诗首句。"埃努玛·埃利什"是阿卡德语，可译作"天之高兮"或"当在最高之处时"。

黄金和流水之乡

一份苏美尔文本指出，阿勃祖位于"Ut.tu"，意为"西部"。这里指的是苏美尔的西部（即非洲东南部的方位），航行穿越"遥远的海"即可到达。它的阿拉利（Arali，意为矿区），在一个文本中被记载"距离幼发拉底河的码头有120个贝鲁①的水面距离"，这段距离在海上需要行驶120个"时辰"，也就是十天之久。开采的矿石由货船运往伊甸，这艘船被称为"Magur Urnu Abzu"，意为"下层世界的矿石船"。矿石在熔炼和精炼之后，被打造成可携带的铸块，也就是Zag（意为"被净化的贵重物"）。

有一首苏美尔诗歌这样赞美阿勃祖，并将恩基建立的新总部描述为有激流或大瀑布的地方：

> 献给你，阿勃祖，纯净之土
> 宏伟的水流在这里畅涌，
> 到"流水之乡"去
> 主人[恩基]主动做出决定。
> "流水之乡"
> 恩基在纯净的水中建立。
> 在阿勃祖的正中央
> 他建立了一个伟大的圣所。

苏美尔－阿卡德语的音节表中，"阿勃祖（Abzu）"即"尼克布（Nikbu）"——一个有隧道的深矿井。"阿勃祖"的象形文字最初是一

---

① 这里的贝鲁（Beru）是苏美尔的时间和直线距离单位。

个井筒，其楔形文字符号由此演变而来，其变体象征着黄金和其他开采的矿物，包括宝石：

当阿勃祖淘金的工作全面展开，恩基在自传中就将该地区称颂为美鲁哈①，"黑土地上长着高大的树木……其满载的船运送着金银。"后来的亚述碑文中，美鲁哈被认为就是库施②，意为"黑皮肤人的土地"（即现在的埃塞俄比亚／努比亚）。这个词的苏美尔语音节成分意思是"有许多鱼的水"。因此，这个词可能解释了圆柱印章描绘的画面：恩基身旁流过的水中，有许多鱼在游动；他身边站着的工人手里握着典型的金锭。

---

① 美鲁哈（Meluhha 或 Melukhkha），青铜时代中期苏美尔一个重要贸易伙伴的名称。它的具体所指仍然是一个悬而未决的问题，但大多数学者认为它与印度河流域文明有联系。

② 库施（Kush 或 Cush），是古代北非地区的一个王国，其地域大致位于今日苏丹共和国。这里是早期的文明摇篮，产生了从事贸易和工业的复杂社会。

第六章

行星尼比鲁

太空旅行的概念已经不再是科幻小说的专属。正经的科学家也不排除这种可能性：未来某天，我们地球人能把宇航员送去更远的其他行星。一些学者甚至接受这个假设：在浩瀚宇宙的"某处"，存在像人类一样的生命。那里有无数的星系、星座和数十亿恒星，这些恒星像太阳一样，被称作"行星"的星球环绕着。长久以来的争议是，这些生物即使智慧高到足以拥有自己的太空计划，也从未造访地球。因为太空中可能存在这种生物的地方，最近的也在几光年之外。

但是，假如一颗这样的行星其实距离我们并不遥远，就在太阳系与我们共存呢？假如地球和它之间的距离只需要寻常的几年时间就可到达，而不是几光年的距离呢？

其实上面的并不是假设，因为这正是古代文献展示给我们的信息，前提是我们要把它们当作对于事实的回忆和真实事件的记录，而不只是神话或想象。正因如此，《第十二个天体》这本具有开创性的书籍才得以问世。

根据逻辑，因为位于美索不达米亚平原的"埃利都"是恩基的"第二家园"，那他在来这里之前无疑有一个家乡。因此，太空中必定有一个地球之旅的起始站，那里居住的智慧生物大约在四十五万年前就有能力开展太空旅行。我们可以称其为"X星球"或者"阿努纳奇的星球"。它在古时的美索不达米亚被称为尼比鲁，它的标志 "有翼圆盘"（图9）在远古世界随处可见，人们极其虔诚地追踪并观测它的轨道。毫无争议的是，自创世史诗开始，无数的文本就反复提及它的名字。

19世纪末，人们在美索不达米亚发现了天文学内容的泥版，并对其进行破译，当时的学者弗朗兹·库勒格和恩斯特·韦德纳曾经争论，尼比鲁是否只是火星或木星的另一个名字。大家认定，古人并不能察觉到其他比土星更远的行星的存在。在某个深夜，我恍然大悟，尼比鲁既不是火星也不是木星，而是太阳系中另一颗行星的名字。这是一个突破性的重大时刻。

这些证据的线索始于希伯来语的《圣经》。《创世记》的第一章第一节写道："起初神创造天地。"几乎所有《希伯来圣经》的前三个词的翻译都是这样。《希伯来圣经》接下来仅用了31节的篇幅来概括创世过程，从上面的"小行星带"的天空和下面的地球是如何形成的，再到地球上的生命的形成——经过了由植被到海洋生物，脊椎动物再到哺乳动物，最后人类出现的过程。《圣经》中生物的形成顺序也符合现代科学在进化方面的发现，包括恐龙阶段。因此，若说《圣经》和科学互相冲突，这个观点失之偏颇。

我们在前一章已经提到过那些刻有美索不达米亚"创世史诗"的泥版。这批泥版的出土明确告诉我们，写下《圣经》的人很了解《埃努玛·埃利什》的故事。他将六块泥版的内容浓缩为创世的六个阶段（"六天"），将第七块中的赞美浓缩为第七天——"神的满足"。 第七天也被定为圣日。

《埃努玛·埃利什》的巴比伦版本被认为是最完整的创世史诗，这部史诗篇幅很长，细节详尽。它的核心是宗教科学方面的内容，讲述了女神"提亚玛特"和天国复仇者及救世神之间的战争。——正因如此，这个文本被现代学者当作了神话故事。

我曾在《第十二个天体》中大胆提出,《创世史诗》的核心文本具有很强的科学性。它从宇宙的产生开始说起,包含了整个太阳系,解释了地球、月亮和小行星带的起源,揭示了行星尼比鲁的存在,接下来就是阿努纳奇众神降临地球,并描述了人类的诞生和文明的兴起。史诗也出于宗教或政治目的进行了一些改编,在附加的结尾里对相关国家的神(苏美尔的恩利尔、巴比伦的马尔杜克和亚述的阿舒尔)获得的至高无上的胜利表示祝贺。

在不管是什么版本的初始事件中,"上面的天堂"和"下面坚实的地球"都还没有形成:

Enuma elish la nabu sbamamu

当上方天空还没有名字,

Sbaplitu ammatum sbuma la zakrat

下方也尚未被称为地。

据古代文献记载,原始时期的太阳系刚刚开始成形,当时只有三个天体:原始天体阿普苏①、伴星穆木②和一个名为提亚玛特的女性天体。

天神出现,行星产生,并开始被赋予性别,就像提亚玛特那样。这是一颗水域广阔的行星,其与雄性星球阿普苏(太阳)的水域开始"不断交汇"。在它们之间,先是形成了拉哈姆和拉赫姆这一对行星;随后安沙尔和基沙

---

① 阿普苏(Apsu),巴比伦创世史诗《埃努玛·埃利什》中的一位神。在该故事中,阿普苏是世界海洋和原始创造力的人格化,一位淡水创造的原始神。

② 穆木(Mummu),美索不达米亚的神灵。在古代苏美尔语中,他的名字被翻译为"被唤醒的"。他出现在巴比伦创世史诗《埃努玛·埃利什》中,作为原始之神——阿普苏和提亚玛特的傧神。

尔这一对也诞生了，其个头比其他星球更大；最后，阿努和伊亚这一对星球在更远的地方成形。除阿努外，其他都是苏美尔人的名字（这也证明史诗的源头是在苏美尔的）。阿努在巴比伦语中等同于苏美尔人的安（An），意为"来自天国的一位"。

由此形成的太阳系（图44）大体符合我们现在的太阳系及其行星的准确布局（提亚玛特除外，其很快就会出现）：

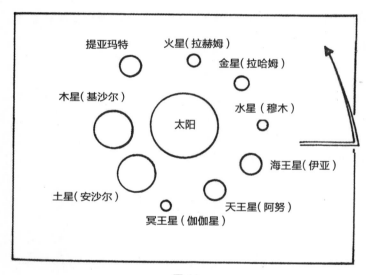

图44

太阳——阿普苏，"一开始就存在的"。

水星——穆木，"诞生的，陪伴太阳出现"。

金星——拉哈姆，"战斗女神"。

火星——拉赫姆，"战争之神"。

-？？——提亚玛特，"给予生命的少女"。

木星——基沙尔，"最坚实的土地"。

土星——安沙尔，"最高的天国"。

伽伽星（Gaga）——安沙尔的信使，未来的冥王星。

天王星——阿努，"天国之神"。

海王星——伊亚，"巧妙的造物主"。

现代科学认为，我们的太阳系大约在 45 亿年前形成，当时一团围绕太阳的旋涡状宇宙尘埃开始凝聚，形成了围绕着它运行的行星——这些行星分布在同一轨道平面（称为黄道），并朝着同一方向逆时针旋转。这些现代的发现和古代的美索不达米亚史诗中的描述基本吻合，但史诗提供了一个不同（可能更准确！）的行星形成顺序。行星的苏美尔名字含义深远，准确描述了这些天体。

史诗中提到，由此产生的太阳系一开始并不稳定，运行混乱，行星轨道也尚未稳定下来："这些神圣的兄弟们聚集在一起"——阻碍彼此路线。他们在未定的轨道上来回移动，总是妨碍提亚玛特的路线，时不时向她挤去。甚至连太阳的引力和磁力都无济于事——"阿普苏也无法减轻他们的喧闹。"现代科学也再一次抛弃了长期以来的观念，不再认为太阳系一旦形成就固定了，人们现在发现，它在形成后很长一段时间内都不稳定，挪动和碰撞仍旧时有发生。

根据《埃努玛·埃利什》记载，"躁动的行星天神在穹苍中哗众取宠"，"让提亚玛特的腹部不安起来"。这导致提亚玛特繁衍出了她自己的盛大"集会"——一群属于她的卫星。这反而让局面更加混乱，危害到了其他天神。在这个危险的阶段，最外层的天神努迪穆德（海王星）决定不再袖手旁观，他"聪明过人，技艺高超，足智多谋"，通过邀请一位局外人——一个更大的天神来平衡动荡的太阳系。

新来的这一位并不是和其他天体同时形成的，他是远方来的陌生人，源于遥远的"宇宙中心"，"充满了威严"——

他外形诱人，

目光闪烁。

他步态高贵，

从一开始就发号施令。

令人费解的是，他将他的成员们

匠心独具地安置——

难以理解，难以直视……

这个来自外太空的陌生行星，受到"努迪穆德"的引力作用和其他行星的影响，沿着曲线走向太阳系的中心（图45）。当它过于靠近阿努（天王星），渐增的引力把它的大块物质撕成碎片，这个入侵者便会产生四股环绕自身的"风"——它的卫星。

谁也无法确定，在苏美尔的原始文本里，这个来自外太空的陌生人此时是否已被命名为"尼比鲁"。但可以肯定的是，它在巴比伦版本中被改成了马尔杜克，也就是巴比伦国神的名字。通过将尼比鲁重命名为马尔杜克，它由一个地球上的神转变为一个天神。在巴比伦的文本中，这一转变伴随着另一个启示：邀请新来者并赋予其姓名的"努迪穆德"不是别人，正是伊亚 / 恩基，即巴比伦神马尔杜克的真正父亲，而阿努则是伊亚 / 恩基的父亲。因此，通过巧妙而隐蔽的手法，这个神话变成了一个王朝在宗教政治上的合法化过程：阿努 > 伊亚 / 恩基 > 马尔杜克……

古代文献描述了这颗行星入侵的过程，很明显，它是沿顺时针方向移

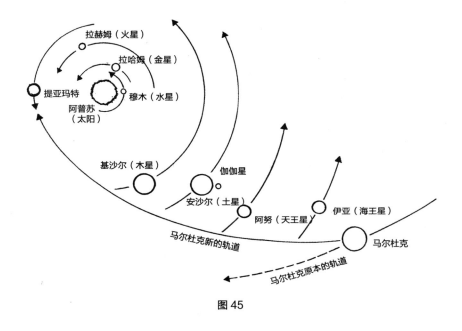

图 45

动的——与其他行星的逆时针轨道方向相反，或者可以说它是在"逆行"。这一发现为我们太阳系中各种难以解释的现象提供了解释。

由于尼比鲁的"逆行"轨道，它与提亚玛特之间的最终碰撞是不可避免的；随后发生的"天体大战"在古代文本中又称为碰撞，多次反映在《圣经》的《诗篇》《约伯记》《先知书》等文献里。

提亚玛特受到新引力的干扰，"心烦意乱地踱来踱去"，形成了 11颗卫星作为自我防御；巴比伦的文本将他们描述为"披着恐怖外衣的怒龙"。金古在这些卫星中是最大的，处于领袖地位。"她（提亚玛特）擢升金古，尊他为首领"，而他的任务就是准备与即将到来的马尔杜克战斗。作为奖励，提亚玛特准备让金古加入"众神大会"，通过授予他天体的"命运"（星球运行轨道），让他自身成为一颗行星。仅此一点就足以让苏美尔人（及其后代）把这颗特殊的卫星算作太阳系的一员。

随着天体大战的舞台搭建起来，《埃努玛·埃利什》第一块泥版上的记载也告一段落；抄写员纳布－穆什蒂克－乌米，在泥版末尾刻下惯常的末页记录："《埃努玛·埃利什》的第一块泥版，就像原件一样 [...]，是来自巴比伦的副本。"他还辨认了他抄写的这块泥版的抄写员—— 这块泥版"由纳伊德－马尔杜克的儿子纳布－巴拉茨－伊克比书写和校对"。这位抄写员随后刻下日期：大流士二十七年以珥月①九日。

＊＊＊

根据《埃努玛·埃利什》第二块泥版的记载，出现了两个对立的行星阵营，随后它们无可避免地撞到了一起。

这份文本把天神视为有生命的实体。根据记载，提亚玛特正在形成她猛烈旋转的卫星系统，而在太阳系的外围，伊亚／恩基请求他的"祖父"安沙尔把各方行星组织起来，让他们奉旨选定马尔杜克，尊其为领袖，迎战提亚玛特和由她变成的怪兽："他实力强劲，应该成为我们的复仇者，……在战斗中，马尔杜克是英雄。"

战斗到达关键阶段，马尔杜克靠近了巨大的安沙尔。安沙尔（土星）体型巨大是因为有"嘴唇"，也就是土星庄严的七层光环，环绕在安沙尔的表面。马尔杜克不断靠近，与这些光环相碰，"亲吻安沙尔的嘴唇（土星的光环）"。安沙尔表示"认可"，这让马尔杜克受到鼓舞，吐露他的愿望："让我成为你的复仇者，诛杀提亚玛特……召开集会，宣布我的至高地位！"马尔杜克要求拥有比其他所有行星都要庞大的天体"命运"轨迹，

---

① 以珥月（和合本常译作"二月"，或称作"西弗月"），是希伯来历的一个月份。

也就是星球的运行轨道。

现在让我们读到第三块泥版。根据苏美尔人的宇宙进化论，未来的冥王星就这样确立了它的行星地位和独特的轨道。安沙尔（土星）有一个卫星，名为伽伽。马尔杜克不断靠近，通过自己的力量让伽伽脱离土星的引力，派遣其作为使者，前去拜访拉赫姆和拉哈姆。据说，马尔杜克此举是为了游说他们支持自己的领导地位。伽伽回来的时候，一路绕到伊亚（海王星）的最外层；在那里，它变成了我们所说的冥王星，沿着自身古怪的倾斜轨道运转，有时在海王星的轨道之外，有时在海王星的轨道之内。[苏美尔人意识到这条轨道非常奇特，于是把这颗行星描述成一位有两张面孔的天神，在往返之间都能看到它的主人伊亚／恩基（海王星），图46。]

在第四块泥版的记载中，所有行星都反对提亚玛特，并同意了马尔杜克对领导地位的要求。巨大的基沙尔（木星）给马尔杜克的武器库带来了更多的武器：除了他从阿努（天王星）那里获得的四颗卫星，即"南风、北风、东风、西风"，还增加了三颗新的卫星，分别名为"邪风、旋风、无与伦

图46

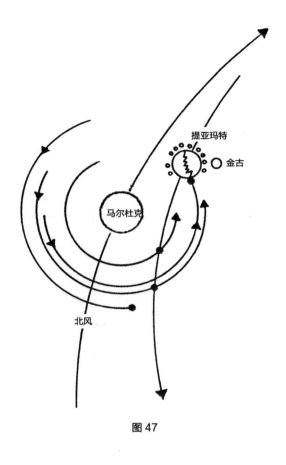

提亚玛特

金古

马尔杜克

北风

图47

比的飓风"，他们形成了了不起的旋风随从战队——"七种风"。

这加强了马尔杜克的力量，他变得"充满炽烈的火焰"，能够以闪电为箭，拥有一个电场"将提亚玛特诱捕入网"，"他将他的脸朝向狂怒的提亚玛特"。与此同时，提亚玛特正沿着轨道运行，方向正对着不断靠近的尼比鲁（马尔杜克）；这场天体大战中，行星相撞即将发生（图47）：

提亚玛特和马尔杜克，最有智慧的天神，
向前互相逼近。
单场战斗中，他们奋力前进，
靠近彼此，准备战斗。
他让四道风驻守四个方位，
使她无处可逃，
南风、北风、

112

东风、西风。

他将网放在身旁，

这是他祖父阿努的礼物。

他放出邪风、旋风和

无与伦比的飓风。

七种风都在他背后奔腾而上。

他在前方设置闪电，

体内充满炽烈的火焰。

头顶戴着可怕的光环，

可怕的恐惧像斗篷一样包裹着他。

这两颗行星飞驰着互相靠近，马尔杜克继续发起攻击：

首领抛出他的网困住她，

匿于他身后的狂风现于她面前。

提亚玛特张大嘴想要吞噬，

马尔杜克使狂风进入她体内，使她无法闭嘴。

根据对这场战斗进展的详细描述，提亚玛特先被马尔杜克的七个卫星之一击中了"嘴"。然后马尔杜克把其他卫星充当武器：

狂怒的风充满她的腹部；

她的腹部鼓胀，她张大嘴。

马尔杜克紧握长矛，将她开膛破肚。

他把她的内脏划破，心脏刺穿。

他让她归为虚无，摧毁了她的生命。

因此，根据保留在《埃努玛·埃利什》中苏美尔人的宇宙进化论，马尔杜克和提亚玛特在第一次相遇时，两颗行星并没有相撞：是马尔杜克的"风"（卫星）撞到了提亚玛特，刺穿她的心脏，"摧毁了她的生命"。我们在图 47 中描绘了第一次相遇。

提亚玛特伤痕累累，虽然是第二次相遇给了她最后一击，但在第一轮中，马尔杜克和他的"风"攻击了"怪兽"，这些是提亚玛特轨道卫星的化身。体型较小的卫星们"被震得粉碎，害怕得发抖，为了保命而转身离去……他们被重重包围，无法逃脱"。"转身"一词，意味着小卫星闯入马尔杜克前进的方向，它们因而变成了奇怪的逆行彗星。

他们的领袖金古"变得毫无生气"，被捆绑起来，沦为俘虏；他被剥夺了"命运泥版"——这本来能让其成为一个独立的行星。泥版被马尔杜克夺得——"从他身上取下这块本不该属于他的命运泥版"，并把拥有轨道的能力转移给了自己。因为缺乏大气，金古变成一个 Dug.ga.e，这是一个苏美尔术语，翻译成"无生命的圆弧"最为恰当，因为它注定永远绕着地球运转。

现在马尔杜克可以拥有轨道，他绕回来再访安沙尔和伊亚，向他们报捷。他运行完首圈太阳回归轨道，就回到了天体大战的地点：马尔杜克"回到了他曾经征服提亚玛特那里"。这一次，马尔杜克自己撞上了受伤的提亚玛特，将她撞裂：

空中领主停下来，检查提亚玛特的尸体。

他匠心独具地将她切开，

像一只蚌一样分作两半。

这两部分的命运记录是至关重要的，古老文献中的每一个字都意义重
大。因为这让我们得以见证，阿努纳奇人对地球、月球和小行星带形成过
程的理解是很成熟的：

空中首领践踏着提亚玛特的残躯，

用手中威严的棍棒击碎了她的头盖骨；

他割开她的血管动脉。

让北风卷起她的血液

去了不知名的地方。

她的另一半残躯

被他作为天空的屏障。

他弯曲提亚玛特的尾巴，

做成手镯，形成了小行星带；

他把碎片锁在一起，

安排守卫看守。

在《第十二个天体》中，我曾经提到提亚玛特的上半部分（头骨）被
扔进太阳系的另一个地方，在一条新轨道上成为地球；金古注定成为"无
生命的圆弧"，被沿路拉了过去，随之成为地球的卫星——月球；提亚玛
特的下半部分被撞得粉碎，碎片变成了小行星带，也被称为"伟大的绸缎"
或"打造出的手镯"，如图 48 所示。提亚玛特的破碎小卫星变成了奇怪的

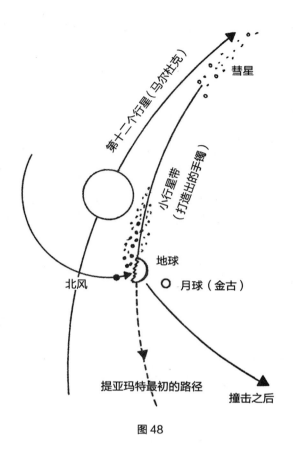

图 48

逆行彗星，它们"掉头"，继续在马尔杜克的逆行轨道上运行。下面这句记录让人们进一步确信这个假设："马尔杜克""把它们绑在自己的尾巴上"，也就是把它们拉向自己逆行轨道的方向。

这种对于创世故事的理解曾屡次在各种苏美尔文本中出现，也为《创世记》中有关这一事件和地球生命起源的段落提供了唯一可信的解释：

· 第一次相遇，"马尔杜克"的卫星攻击提亚玛特并使其停止运行。

· 第二次决定性的相遇，"马尔杜克"自己"踩在"提亚玛特身上，攻击她，接触她，将她一分为二；因此，马尔杜克现在的"生命种子"被转移到未来的地球上，并与之共享。提亚玛特的水被保留下来，使之在未来成为一颗多水的行星。

- 提亚玛特的上半部分("头骨")被推进一个新的轨道位置，成为地球，现在植入了马尔杜克的 DNA。

- 下半部分被撞得粉碎，像手镯一样串联在一起，就形成了小行星带。

- 在这里发生过天体大战，提亚玛特曾经环绕轨道运行，它在阿卡德语中被称为 Shamamu，在希伯来语中被称为 Shamay'im，两者都可以翻译成"天堂"，但它起源于 Ma'yim 这个词，意思是"水域"，那是提亚玛特这颗多水的星球曾经所在的地方。

美索不达米亚的文本佐证了这一系列事件，并反复出现以下陈述：

在天堂与地球分离之后

在地球被撤出天堂之后

* * *

马尔杜克重塑天堂，创造地球，还塑造了小行星带，他"越过天空，勘察这些地区……他丈量了他的巨大住所"，美索不达米亚的文本记载，他喜欢自己看到的景象，"他（马尔杜克）建立了尼比鲁站。"

在天空中，马尔杜克把我们的太阳系变成他的住所，他化身为了行星尼比鲁，作为第十颗行星、第十二个成员加入太阳系（太阳、月亮和十颗行星）。这一说法和公元前 2500 年的圆柱印章上描写的内容完全一致。这件文物现存于柏林西亚细亚博物馆，索引号为 VA-243，放大版的草图如图 49 所示。我们可以直观地看到，这与《埃努玛·埃利什》记录的行星形成顺序十分相似。（顺序如图 44 所示。）

这颗新行星的轨道"从阿普苏的区域延伸到伊亚的住所",即从靠近太阳的近日点到远远超出海王星的远日点,如图50所示。在这个巨大的椭圆形轨道上,马尔杜克在天空中的"地位"变得至高无上,正如当初他被

图49

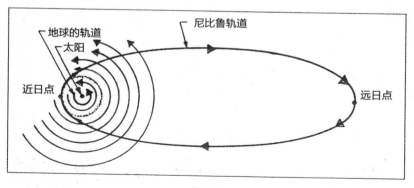

图50

许诺的那样。

史诗说，这条轨道就是我们太阳系新成员的名字，因为"尼比鲁"的意思是"通道"：

行星尼比鲁：

他将占据天地的十字路口。

上下的众神都不可穿越，

他们必须等待着他的到来。

行星尼比鲁：

在天空中闪闪发光的行星。

他占据中心位置，

诸神都将向他致敬。

行星尼比鲁：

永不知疲倦

在提亚玛特中间不断横跨。

他的名字叫"通道"！

这条轨道被称为 SHAR，意为"诸位国王"，也代表着数字 3600，表明马尔杜克／尼比鲁的公转周期是 3600 个地球年。提亚玛特曾经所在的位置就是如今尼比鲁的近日点，尼比鲁绕轨道一圈的时间就是它的一年周期。每次返回近日点时，它就会与黄道相交；这里是它的过境点；人类观测到这种情况发生时，就将尼比鲁描绘成一颗发光发热的行星，以十字图案为象征（图 51）。

图 51

根据在地球、月球、小行星和陨石上收集到的地质学、地球物理学和生物学的多方面证据，现代科学家确信，大约 39 亿年前，即太阳系形成后约 60 万年，发生过一场大灾难。这场"灾难性的碰撞事件"影响到了太阳系中我们生活的部分。我认为这个"事件"就是马尔杜克和提亚玛特之间上演的天体大战。

* * *

迄今为止，在记载《埃努玛·埃利什》的七块泥版中，创世故事占了四块泥版。而《希伯来圣经》则用了八小节、两个神圣日来记录《创世记》。

《圣经》的詹姆斯国王译本广为人知，我们从其中的第 1—5 节了解到，神创造天地之初，地"空虚混沌"，"深渊"一片黑暗。随后"神的灵运行在水面上"。神命令道，"要有光，就有了光"，神"把光暗分开了"，"称光为昼，称暗为夜"；"有晚上，有早晨，这是头一日"。

如果参照希伯来语的《圣经》原文来看，要识别这些词的美索不达米亚地区的词源就更加容易了。原文中，黑暗不是在"渊面上"（upon the face of the Deep），而是在提荷姆（Tehom）上，这个词在希伯来语中就是提亚玛特（Tiamat）。马尔杜克的卫星是 Ru'ah，意思是风（wind），而不是"灵魂"（spirit）。这颗卫星向提荷姆／提亚玛特进击，这时不仅仅是"光线"，而是他的闪电击中了她。

《希伯来圣经》的第 6—8 小节记录了创世第二日的事件，译本中使用了"Firmament"（天空／空气）这个词来描述小行星带，而在希伯来语和巴比伦语的经文中，它分别被表述为"Raki'a"和"Rakish"，字面意思是"捶打出的手镯"。Sham-Mayim 位于 "诸水之间"，将其"以上的水"和"以下的水"分开了，这里 Sham-Mayim 说的就是 "水域之地"，它在詹姆斯王译本中被译为"天"（Heaven）。

《创世记》的作者和编辑选择性地略过了关于多神家谱、敌对关系的讨论，只重申了这一事实：由于天体碰撞，提亚玛特裂开后，它的一部分形成了地球。古代人将打造出的手镯／小行星带看作是分开天空区域的"空气"或"天"；在希伯来语中，描述该区域的词为"Shama'yim"，意思是"天"，这显然是直接借用了《埃努玛·埃利什》的开篇章节中的词："elish, la nabu shamamu."意为："在上方，天还没有被命名。"实际上，通篇《圣经》中关于天空"以上"和天空"以下"的概念，都源于《埃努玛·埃利什》的两节经文："以上"一词出自刚刚引用的第一节经文，而"以下"出自第二节经文，即"Shaplitu, ammatum shuma la zakrat"，意思是"在下方，坚实的地还没有被命名"。

这样将空气／天空划分为"以上"和"以下"，乍一看似乎很让人困惑；但是，当我们考虑尼比鲁到达过位于提亚玛特轨迹的"中间"的十字路口时，这种划分就显得中肯而清晰：

尼比鲁

水星 金星 地球 月亮 火星 >< 木星 土星 天王星 海王星 冥王星

小行星带

尼比鲁在经过火星与木星之间的近日点时，确实会经过太阳系所有其他行星之间的中点。正如《圣经》的术语解释的那样，Shama'yim 的字面意思是"水域之地"，但在英文中翻译成了"Heaven"，即"天"；这个词也被译为"空气"（Firmament）之地，词义与 Raki'a 和 Rakish 一致。尼比鲁"穿过"的地方确实将行星系统分为"上"和"下"两部分，太阳系的外行星属于"上方"，而在太阳附近的内行星属于"下方"。

现代天文学证实了《埃努玛·埃利什》和《圣经》中的说法，即以小行星带为界，将其"下方"和"上方"的行星分别称为"类地行星"和"外行星"。

以色列耶路撒冷的圣经地博物馆中，展出了一个苏美尔时期的圆柱印章，上面的图画甚至证实了古代宇宙学和天文学的基本原则，形象地展示了这种天体之间的划分（图52）。它将喝啤酒的吸管比作分隔的小行星带：左边是"下方"的行星（先是第八颗行星金星，然后是地球和它的新月，以及最靠近小行星带的火星）；在它的另一边，是"上方"带着行星环的木星和土星。

图52

* * *

接下来看第五块泥版，开头记载了《埃努玛·埃利什》的内容。它认为马尔杜克确立了"黑夜和白昼的范围"，把夜晚和月亮配对，把白天和太阳相配。文中还将苏美尔的所有天文学成就都归功于马尔杜克，认为正是他创立了月亮－太阳历法，把天穹的顶点确定下来，将天空分成三个区域，并将星星分成黄道十二星座，赋予它们各自的"形象"。

我们发现这段话也出现在《创世记》第 1 章的第 14 至 19 节中，几乎一字不差。在这段话中，是上帝负责"区分昼夜"，让太阳和月亮掌管"日子、季节和年份"，并"形成多个星座及其标志"。

神在处理好所有的天体事务后，也开始关注地球本身，设法让这里变得宜居。在美索不达米亚的文字材料中，直到 20 世纪 50 年代末，我们才在土耳其的苏丹特佩找到了第五块泥版。从中可以得知，马尔杜克给太阳和月亮指派了任务之后，就把注意力和创造精力转向地球的塑造，将这个原本属于提亚玛特上半部分的地方变得适合生存：

使用提亚玛特的唾液

马尔杜克创造 [...]；

他变出云，让云中充满 [水分]，

升起风，带来雨水和寒冷。

他把提亚玛特的头摆放在合适的位置

在上面形成山脉。

他让幼发拉底河和底格里斯河

从她的眼睛里流出来。

他堵住她的鼻孔，[...].

在她的乳房里，他构建出高山，

让那里涌出泉水，

把［水］蓄满井中。

显然，地球刚刚从提亚玛特中分离出来，需要创造者对其进行再次加工和重塑，才可以成为一个有山川河流的可居住行星。我认为这里的"唾液"指的是火山喷出的熔岩。

让我们说回《圣经》。我们发现在《创世记》的记录中，神完成天体的安排之后，就把注意力转向了地球。其中描述了神为了使地球适宜居住而采取的步骤：

神说，

天下的水

要聚在一处，

使旱地露出来。

事就这样成了。

神称旱地为地，

称水的聚处为海。

《圣经》上的描述与我们在现代的发现一致：地球上所有的水聚集成一个巨大的"泛海"时，陆地以一个超级大陆的形式开始出现。泛大陆随着时间的推移而分裂，各个部分各自漂远，从而形成了数个大陆（图53）。"大陆漂移"这一现代学说是所有地球科学的基础，它居然在《圣经》

中就已经被清楚地阐明了，而且第五块泥版缺失的文本中可能也包含相应内容，这真是相当神奇！

在这里，希伯来语和巴比伦语的文本精确地描绘了一个过程：提亚玛特这颗多水的行星受了伤，受伤部分开始呈现行星的形状；海

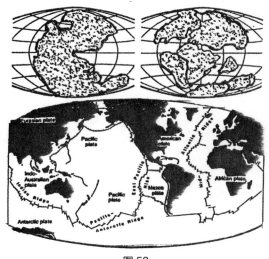

图 53

水聚集在凹陷的部分，其中要数太平洋最广最深，随后陆地露出水面； 大陆出现，山脉拔地而起；火山喷出熔岩和气体，促进大气的形成；云雨涌动，河水开始奔流。地球已经做好准备，将要孕育生命。

根据《埃努玛·埃利什》第五块泥版的第 65 行记载："因此，他（马尔杜克）创造了天地。"

《圣经》在《创世记》第 2 章第 1 节中说："因此，天地和其上一切的万象都完成了。"

这里不再将《埃努玛·埃利什》这部史诗当作讲述善恶相争的寓言故事，善的一方是天主——马尔杜克，恶的一方是怪物——提亚玛特。通过将其看作一个复杂的宇宙起源史，我们就可以条理清晰地解答许多关于太阳系的谜题，也能够解释为什么地球上迅速出现了生命，还可以对阿努纳奇人和人类女性的繁衍进行比较。我认为，《圣经》的文本也可以被这样解读。

贝罗索斯版本

我们必须承认，当贝罗索斯编纂三卷本的《巴比伦尼亚史》时，他一定掌握着关于马尔杜克、提亚玛特和天空大战故事的某个版本。

根据历史学家亚历山大·玻里希斯托所说，在《贝罗索斯断章》的第一册，作者曾经写道：

曾几何时，除了黑暗和水的深渊，这里一无所有，住着最丑恶的生物……

一位名叫塔拉斯（Thallath）的女性掌管着一切。在迦勒底语里，她的名字的意思是"海"……

贝鲁斯（Belus，意为"主"）来到这里，把女人切开；

让她一半形成了地球，

另一半则形成了天空；

与此同时，他还毁灭了深渊里的生物……

人们称这位贝鲁斯为"神"（Deus），

他划分了黑暗，将天堂与地球分开，

还让宇宙秩序井然……

他还创造了星星、太阳和月亮，

以及五颗行星。

贝罗索斯是否有机会看到《埃努玛·埃利什》第五块泥版的完整抄本？这个有趣的问题把我们引向一个更根本的问题：在哪个图书馆的哪一区泥版收藏中，贝罗索斯参照泥版上的内容写下他的三卷作品？

答案可能就藏在 20 世纪 50 年代出土的一个墓区中。那里名为苏尔坦特佩①，在哈兰②以北几英里处。其实，那里曾有一所重要的文书学校和图书馆。人们在那里找到了之前一直散佚的许多泥版。

---

① 苏尔坦特佩（Sultantepe）是一片古代建筑群，是亚述考古遗址，位于现在土耳其的尚勒乌尔法省。考古发掘中，在这里发现了一座亚述城市，还发现大量的楔形文字泥版，包括《吉尔伽美什史诗》的不同版本。
② 哈兰（Harran），也作赫伦，旧称卡雷（Carrhae），是土耳其东南部的一座古城，位于尚勒乌尔法省首府尚勒乌尔法东南 38 公里，在幼发拉底河上游的支流拜利赫河的东岸，距交汇之河口约 10 公里，水陆路均甚便利。哈兰在历史上曾经是重要的经济、文化和宗教中心。

第七章

关于阿努纳奇和伊吉吉

当大众读者阅读《埃努玛·埃利什》中马尔杜克完成创造天地的工作时，可能已是接近午夜的时间。现在，他在天上的至高地位也转化到了阿努纳奇之中——他们是从天上来到地球的众神。

恩利尔的名字与阿努和伊亚／恩基的名字被同时提及，其中蕴含着一种微妙。这位名叫恩利尔的神，在苏美尔原创的创世故事中可能是英雄的身份。这个名字出现在四号泥版的最后一行。然后，随着故事在五号泥版上继续，其他神灵开始登上舞台，其中包括马尔杜克的亲生母亲达姆金娜。在伊亚被命名为"恩基"（意为"地球之王"）之后，她被重新命名为宁基。而读者则发现，不仅是阿努纳奇众神见证了马尔杜克的登基加冕礼，还有另一组神灵也见证了这个过程，他们就是伊吉吉（意为"观察者和见证者"）。

这是所有主神的一次盛大聚会。马尔杜克坐在宝座上，他的父亲伊亚／恩基和他的母亲达姆金娜非常骄傲地"开口向伟大的众神发言"。他们这样说道："从前，马尔杜克（只是）我们心爱的儿子。现在，他是你们的国王。他被授予'天地神王'的称号！"众神都这样遵守这个要求：

> 所有伊吉吉聚在一起鞠躬，
>
> 每个阿努纳奇都亲吻了马尔杜克的脚。

他们一起服从命令，

他们站在他面前，弯腰说道：

"这一位就是国王！"

他们将统治权授予马尔杜克；

他们宣布支持他，并给他设定一组

关于好运和成功的仪式用词：

"您的一切指示，我们都将照办！"

　　文中并没有说明这次大型集会是在哪里召开。从叙述的方式可以看出，马尔杜克的加冕典礼应该是在尼比鲁举行的，随后便是另一个集会，把众神分配到地球。

　　作为刚刚当选的新首领，马尔杜克也抓紧时间描绘他的神圣计划：他告诉聚在一起的众神，他们迄今为止住在"E.sharra"，也就是阿努在尼比鲁的"伟大居所"；现在，"我即将在下面建造对应的居所"，他们将会去那里居住。"在下面"的意思就是"在地球上"。马尔杜克说，他创造了坚固的地面，适合建造新的家园：

我让土地变得坚硬，为日后的建筑做准备，

我要建立家园，建起宏伟的居所。

其中会有我的圣殿，

那里的神龛将会证实，我拥有最高统治权……

我将它命名为巴比利（Bab-li）[意为"众神之门"]。

　　马尔杜克计划建立巴比伦，众神听到这个消息后欢欣鼓舞。他继续分配职责给他们：

马尔杜克，众神之王，

把阿努纳奇分为两队，上天或者入地。

按照他的指示，

三百个阿努纳奇被分配到天空，

被指派为守望者。

他以同样的方式确立了地上的据点，

他派遣了六百个阿努纳奇到地球定居。

他把所有指令发出，

他分别安排了任务，

给天上和地下的阿努纳奇。

就这样，接到"地球任务"的众神直接被分成两组：其中的三百名有"天上的职责"，他们名为伊吉吉（意为"观察者"），将驻扎在"地球的上空"（其实是在火星上，我们之后会解释）。另外六百名"天地之阿努纳奇"将驻扎在地球上；根据上层指示，他们的第一项任务是建立巴比伦，并在那里建造马尔杜克的阶梯塔，即埃萨吉拉神庙，意为"顶部高耸的房子"。（有关阿努纳奇和伊吉吉在他们各自站点的图案，参见图62。）

在六号泥版《巴比利（巴比伦）》的结尾处，"众神之门"以及"通天之塔"都已经建造完成，天上的马尔杜克现在也是地球上的王者；对《埃努玛·埃利什》的复述延续到了七号泥版，这是一个表达赞颂的列表，含有五十个名字和五十个表示权力的别称。

"以'五十'为名，诸神尊他（马尔杜克）为至高无上的那一位"，史诗这样总结。

＊＊＊

　　显然，史诗的巴比伦文本在这里按下了"快进键"。地球上尚未有生命出现或进化；恩基和他带领的第一批五十名阿努纳奇还没有跳入海中；众神之城还没有建立起来；人类还没有出现；大洪水仍然将会横扫一切——因为只有在大洪水的余波影响之下，巴比伦塔的情节才会发生。不论遗漏这些内容是有意还是无意，事实是其中所有情节仍会发生——不仅《圣经》的内容如此，各种楔形文字写成的文本也是如此。

　　其实，甚至在我们考虑地球上的事件之前，就应该先解析尼比鲁上的种种谜团。马尔杜克的加冕典礼可能就是在那里举行，齐聚一堂的诸神有哪些？谁是马尔杜克提及的"祖先"？他计划在地球上建立神圣的皇家居所，对应阿努在尼比鲁的神圣居所"E.sharra"。阿努曾经统治哪个王国？被分配到"地球任务"的阿努纳奇和伊吉吉又是谁？他们是如何出现并定居在尼比鲁星球上的？为什么他们其中有五十个成员，跟随伊亚／恩基去地球寻找黄金？为什么巅峰时期共需要派遣六百名阿努纳奇和三百名伊吉吉？

　　虽然《埃努玛·埃利什》没有提供这些问题的答案，但我们并非完全一无所知。各种来自远古的文本给我们填充了数据和细节。我们还会发掘出更多文本，有些甚至不是用苏美尔语或阿卡德语写就的。把这些文本拼凑在一起，就可以连点成面，变成一个上下连贯的长篇故事。在这个语境中，最重要的是从中找到关于我们自己的故事——人类是如何来到地球的。

　　我们可以把阿努作为切入点，把这个谜团抽丝剥茧。他曾经是尼比鲁的统治者，当时马尔杜克被确立为阿努纳奇和伊吉吉的最高领袖。在阿努纳奇们首次登陆地球时，他依然统治着尼比鲁，因为伊亚／恩基在其自传中提到了自己作为"阿努之长子"的地位。我们可以假设，阿努王权的象征跟随阿努纳奇一起"从天而降",而王权的传统徽章正是来源于他的宫廷之中:神圣的皇冠和冠冕,象征权力的权杖,以及代表公义的量绳。这些符号一直在授予神圣王权的图画中出现,往往画着某位男神或女神将这些物品授予新任国王(图54)。

"AN"或者"Anu"的词义是"天堂"。若作为一个名字或称号,则是指代"天上的那一位"。它的象形图案是一颗星星。来自不同文本的参考资料为我们提供了一些信息,关于阿努的宫殿、朝廷及其严密程序。我

图54

们从中得知，阿努在正式配偶安图（Antu）之外，还有6个妃子；他共有80个子女，其中只有14人拥有尊号，儿子的尊号为"恩"（En），女儿的尊号为"宁"（Nin）（图55）。他有许多宫廷助手，其中包括一名首席大臣、三名掌管火箭的指挥官、两名主管武器的指挥官、一名财政大臣、两名首席法官、两名"文书大师"、两名首席抄写员和五名助理抄写员。阿努下属的级别和档案被称为"Anunna"，意思是"阿努在天上的下属"。

阿努的宫殿位于"清净之地"，入口处有两位皇室王子时刻守卫着。他们的职位是"武器指挥官"，控制着两种神器：沙鲁尔（意为"皇家猎手"）和沙加克斯（意为"皇家打手"）。据说一幅来自亚述的图画（图56）描

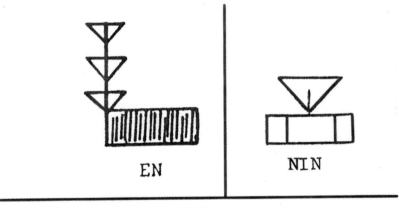

图55

绘了通往阿努宫殿的大门，图中展现了两座塔楼，建筑两侧是"鹰人"（也就是穿制服的阿努纳奇，即"宇航员"），画面中央是尼比鲁的带翼圆盘标志。图中还包含其他的天体符号——太阳系的十二个成员、一个新月（代表月球）和七个点（代表地球）。

众神大会的召集地点一般选在宫殿内王座所在的厅。阿努坐在宝座上，

图 56

右边坐着他的儿子恩利尔，左边坐着另一个儿子恩基。根据记录会议程序的文本，几乎在场的每一位都可以发言，一些话题引发了激烈的辩论。但是，阿努最后的总结才算一锤定音——"他的决定具有约束效力。"他还有一个代号是"神圣的60"——在六十进制（Base 60）的数字系统中，授予阿努最高等级。

苏美尔人及其后代不仅保留了详细的列王表，还保存着精心制作的神明列表——列表中的神明按照重要性、等级和家族进行了分组。在更详细的列表中，众神的主要名称后面还有他们的其他称号（数目可能很多）。在一些被奉为经典的名单中，众神是按照宗谱排列的——可以说，这显示了他们的皇室血统。

众神列表有的是地方性的，有的是全国性的，有的短，有的长。其中，最全面的一份名单被学者们称为"An"系列，因为"阿努"是名单第一行的内容。这份名单也被认为是主神榜，内容共占了七块泥版，包含了2100多个神的名字或代号。这个数字大得让人难以置信。如果人们意识到，有时一个或多个名字其实指代的是同一个神，这个数字某种程度上也具有误导性。例如，恩利尔的小儿子在苏美尔语中被称为"伊什库尔"，在阿卡德语中被称为"阿达德"，在赫梯人中被称为"忒舒勃"，还有另外 38 个代称。主神榜还载有诸神的配偶后代，也包括诸神的首席"大臣"和其他私人侍从。

正是这些列表让我们了解到，在《埃努玛·埃利什》中各个行星的命名并非偶然。这些名字都是从众神名单中借用而来，为了让马尔杜克宣称的宗谱显得更加至高无上——他的父亲是伊亚/恩基，是阿努的长子，而阿努又是尼比鲁皇室的后裔，家族里共有二十一位祖先！

按照夫妻关系排列的名单中，除了安沙尔和基沙尔、拉赫姆和拉哈姆这些《埃努玛·埃利什》中耳熟能详的天体名称，还有其他一些陌生的名字。还有另外一对很显眼的夫妇，他们的名字很奇怪，是阿拉拉和贝利利。这份阿努的祖先名单的结尾附言是"21 en ama aa"——"二十一位尊贵的父亲母亲"（列表上有十对夫妇，外加一名未婚男性）。主神榜之后也列出了阿努的孩子和下属的名字，但是略过了他重要的两个儿子和女儿（伊亚/恩基、恩利尔和宁玛）。他们的名字和自己的家人及下属在别处列在一起。

无论从哪一个角度研究这份诸神名单，我们都能明确这一点：众神之王阿努具有最重要的统治地位。但是，在赫梯版本中有一篇完好无损的文本名为《天上王权》，内容揭露了阿努曾是篡位者的故事，他强行废黜了当时的国王，夺取了尼比鲁的统治权！

文中如是叙述：

很久以前，上古时代，

阿拉鲁是天上的王。

阿拉鲁坐在宝座上。

位居众神之首的强大阿努，

站在他面前，臣服在他脚下，

将酒杯递到他手中。

持续九个计算周期的时间，

阿拉鲁一直是天上的王。

第九个周期，阿努与阿拉鲁交战。

阿拉鲁战败，他逃出了阿努的追赶。

他降临到黑暗的地球——

黑暗的地球是他的终点。

宝座之上的是阿努。

　　持有皇家酒杯本意味着极高的忠诚度，而阿努却辜负了国王的信任，在一场血腥政变中夺取王位。阿努为什么要这么做？文本并未揭示阿努与国王是什么关系。但在阿努看来，他显然比阿拉鲁更有资格继承王位。

　　我们从中得出结论：这种充满矛盾的主张早在阿努／阿拉鲁事件之前就存在，并且正如我们将要看到的，矛盾在那之后依然延续。诸神列表的某些特定方面为我们提供了线索，让我们能解答一个关于尼比鲁王权的问题。这个问题由来已久，并且积重难返，还对地球上的事件走向有影响。主神榜现存版本很可能是在巴比伦编纂的，其中阿努家族之后是恩基家族，恩利尔的家族紧随其后，然后是宁胡尔萨格的家族。但在其他名单中，阿努家族之后出现的是恩利尔家族，包括较短的苏美尔版本也是如此。这些不同的排序反映出了一种权力的拔河，需要我们再仔细求证。

　　主神表的内容还有另一个令人费解的地方：谈到恩基时，他的列表中还插入了祖先夫妇的名字，和阿努祖先的名字不同。而恩利尔的部分则没有加入这些内容。恩基祖先的名字有恩努和宁努、恩穆尔和宁穆尔、恩路和宁路、恩度和宁度，等等。这些都是恩基神圣的祖先的名字，在阿努的家族中并没有找到。直到我们看到列表上的第十对夫妇，名为恩沙尔和基沙尔，和阿努家族列表中的安沙尔和吉沙尔明显能够对上。因为阿努是恩基的父亲，那么在阿努家族找不到的那对独立出来的夫妇应该是来自恩基母亲那方的亲缘关系，而她肯定不是安图——换言之，她应该是一个妾室。随着真相被逐步揭开，我们发现这是家族中存在的一个严重的污点。

恩基在他的自传中略微绝望地宣称："我是阿努纳奇的领袖，生于丰饶之种——我是安神的长子，众神的兄长。"他的确是长子，也的确源自"丰饶之种"——但只有他父亲那方的血缘才是。当阿努坐在皇位之上，坐在他右手边的是恩利尔。在十二精英主神的数字排名中，恩利尔为 50 号，仅次于阿努；恩基以 40 号位居第三。虽然恩基是长子，但他不是王储太子；这个具有继承权的头衔授予了年轻的恩利尔，因为他的母亲是安图，而安图不仅是阿努的正式配偶，也是阿努同父异母的姐妹，为恩利尔提供了双倍纯正的基因之源。

于是出现了两个古老氏族的相持局面，他们竞相争夺尼比鲁的王权。双方有时交战不断，有时通过联姻来求和。两个氏族轮流占领王位——有时通过暴力的方式，就像阿努对阿拉鲁发动政变的情况一样。显然，这位被废黜的国王的名字不同于"恩"氏家族的名字。但实际上，他的名字与阿努家族名单中那个奇怪的名字"阿拉拉"相近。这也暗示了不同氏族之间的关联，说明可以通过联姻来获得王位。

在《圣经》的先祖故事中，我们也可以读到对人物的家族血脉和继承规则的强调。

＊＊＊

　　阿努暴力推翻阿拉鲁的统治，是否导致阿拉鲁逃离自己的星球？这是一个孤立的事件，还是两个氏族之间战争史上的一个插曲？这也许发生在尼比鲁的全球范围内，也可能是在两个国家之间。众神名单中的资料显示，这次推翻王位是在延续尼比鲁的氏族之间悬而未决的纷争。这种暴力的"政权更迭"既不是第一次，也不是最后一次：根据某些文本，阿拉鲁本人是篡位者，后来又有势力想要推翻阿努……

　　阿努王宫的人员组成有一个细节，为尼比鲁发生的事件提供了线索：三名"负责火箭舰 Mu 的指挥官"和两名"武器指挥官"的名单。这么一算，在十一名内阁长官中五名军备人员几乎占了人数的一半。这相当于是一个军队政府。他们明显强调武器的地位：五名将军中，有两名专门管理武器。至于王宫本身则被两套很厉害的武器系统保护着，两名王子负责监督。

　　这是保护王宫免受什么危险，免受谁的破坏呢？

　　让我提前剧透：在公元前 2024 年，当时地球上的阿努纳奇人已经将核武器应用于持续不断的氏族冲突中。一些古老的文本指出，他们一共使用了七个核武器装置；显然，这些设备是他们从尼比鲁带到地球的。不论保护阿努王宫的沙鲁尔和沙尔加兹是否就是这样的武器，但很明显，核武器是尼比鲁军械库的组成部分。他们曾经在尼比鲁上使用过核武器吗？如果没有，又是为什么呢？如果核武器能被应用于一个叫作地球的遥远星球上，而且在高峰期也只有 900 尼比鲁居民（600 名阿努纳奇和 300 名伊吉吉）驻扎在那里，为什么会没有在尼比鲁使用过？尼比鲁本身就有更多事物处于危险关头！

　　太空时代的天文学家曾经将我们的太阳系视为一经创造就保持稳定的

系统，各个行星组合都围绕着一个中央核能大锅（太阳）运行。现在他们意识到，这些行星都有着活跃的自然现象，甚至它们的卫星也是如此。它们有自己的内核，产生并散发热量，维持火山活动，有大气层，也有气候变化；有一些行星显示出的表面是冻结的，有一些则显示出类似地球的特征；有许多行星上有水，有些则只有充满化学物质的湖泊；有些行星看上去一片死寂，有些则发现了复杂化合物，可能与生命有关。在其他遥远的恒星，甚至也发现了季节。

几十年前，我们还认为邻居火星自诞生以来就是一颗没有生命的行星。多亏了从 20 世纪 70 年代开始的无人驾驶太空探索，现在我们已经知道火星拥有合适的大气层（大气充足，仍然偶发沙尘暴）、河流和广阔的海洋湖泊——直到今天，还有冰冻的湖泊、水结成的冰，甚至还有泥泞的土壤（图 57，一份科学报告的样本）。值得注意的是，在《第十二个天体》（1976年）这本书中，我们已经给出证据，表明宜居的火星曾为阿努纳奇们服务，作为他们坐飞船往返于行星之间的中转站；伊吉吉们正是在那里驻扎，他们的任务是驾驶较小的穿梭飞船，往返于地球和火星之间。

在地球上，伊吉吉们把穿梭飞船降落在一个巨大的平台上，发射塔被称为"着陆点"，由巨大的石块建造而成。我们在《通往天国的阶梯》中已经确定，这里就是黎巴嫩山脉中被称为巴勒贝克①的地点。巨大的石块平台和发射塔遗迹现在仍然存在，由单块就重 600 至 900 吨的巨石砌成。在平台的西北角，有三块重 1100 多吨的巨型石块加固发射塔，被称为"三巨石牌坊"（图 58），根据当地传说，这些都是"巨人"建造的。

地球是我们的家园，这个星球在诞生之初就经历了一系列剧烈的变化：

---

① 巴勒贝克（希腊语意为"太阳之城"）位于黎巴嫩贝鲁特东北约 85 公里处的贝卡谷地之上。巴勒贝克镇是黎巴嫩最重要的考古遗址，保存着罗马时代的神庙等重要遗迹。

Signs of Ancient Rain May Stretch Mars's Balmy Past

In the evolving debate over water on Mars, the Hesperian epoch of middle martian histo- ... show up in images from the Thermal Emis- ... were cut. And the northern end of one

When water gushed on Mars

Were the northern plains of Mars submerged in a vast flood as recently as 20,000 years ago? Geologists claim to have found evidence of a recent volcanic eruption under the ice cap that could have crea...

high and 35 kil...**IES, TUESDAY, NOVEMBER 4, 2008**

Signs of volc...

water have be...

study links the...

logical evidence...

was the chief s...

the northern n...

researchers sa...

past 10 million...

20,000 years ag...

has not been a...

and warm peric...

Conditions...

flood — sulphu...

water, an ice ca...

light...

re Recent Presence of Water

ONAL FRIDAY, AUGUST 1, 2008

Test of Mars Soil Sample Confirms Presence of Ice

By KENNETH CHANG

Heated to 32 degrees Fahrenheit, a sample of soil being analyzed by NASA's Phoenix Mars lander let out a puff of vapor, providing final confirmation that the lander is sitting over a large chunk of ice.

sure and wind speeds.

The lander has had some difficulty shaking the clumpier-than-expected soil out of its scoop into the instruments for analysis.

One sample of soil...

Mars spacecraft traces a watery tale

A Mars-orbiting spacecraft is providing new details about when and where liquid water, an essentia... the planet detected a water-bea... have pro... Red Plan... Over th... rovers ha... that liqui... on Mars...

Scientists: Fresh signs of water on Red Planet

John Johnson Jr.
LOS ANGELES TIM...

NASA scientists announced Wednesday that they had found evidence that water still flows over the surface of Mars — sporadic gushers th...

Mars lander confirms water ice

Phoenix also samples unexpected chemical compound

By Ashley Yenger

The Phoenix Mars Lander has finally confirmed the presence of water ice on ...sion scientists have

tasted ice on Mars," said Boynton, a Phoenix coinvestigator and the lead TEGA scientist. "And I can say it tastes very fine."

One of the lander's instruments has also "tasted" an unexpected chemical com-... The com-...

...ow a...channel...finally...surface (...and t... mark of...altered

A Wetter, Younger Mars Emerging

rs seemed a liv-...

rs thought they...

huge areas each...

rough planet-...

iges...

off M...

barrel...

Alth...

ually...

in...

r 2...

caught everyone's attention. Other, perhaps more persuasive, signs also suggest that water may even now flow on or beneath the frigid surface.

...been seeing more and more evidence ...running

splashing on the Rains may have c... lion years ago mosphere: an ocea... northern lowlands an... and water may have...

Evidence for Recent Groundwater Seepage and Surface Runoff on Mars

Relatively young landforms on Mars...

by the Mars Global Surve...

the presence of...

...n in high-resolution images acquired ...Camera since March 1999, suggest hallow depths benea... f a very small num... ger martian valleys ocesses associated... ive youth of the ... otherwise geolog... ndforms or cross-... and eolian dunes. ... argue for constrai...

An Early, Muddy Mars Just Right for Life

When the Opportunity rover found the salty sedimentary remains of standing water on Mars, the prospects for early life on another planet brightened considerably. Although ...laden, those early waters were nothing ...have adapted to.

PLANETARY SCIENCE

Martian Lake View

Mars seems to have a frozen lake on its surface, according to images obtained by the European Space Agency's Mars Ex-

First hard evidence found of a lake on Mars

Wed Jun 17, 2009 7:29pm EDT

WASHINGTON (Reuters) - A long, deep canyon and the remains of beaches are perhaps the clearest evidence yet of a standing lake on surface of Mars -- one that apparently contained water when the pl...

图 57

海洋和海洋汇集到一起，各个大陆上升并移动，火山爆发，潮汐汹涌，经历冰河时代，气候发生变化，以及出现许多大气问题。大气问题总是因为一些"或多或少"的原因，比如碳排放过量，或保护性臭氧缺乏。如果说尼比鲁行星也经历过类似的自然事件，我们的这个假设就是合乎逻辑的。

图 58

　　《第十二个天体》的一部分读者已经接受书中关于尼比鲁的结论，但他们仍然想知道阿努纳奇是如何在一颗轨道远离太阳的行星上生存的，所有在那颗行星上的生命体不会马上冻死吗？我的回答是，即使地球与太阳处于假定的"宜居距离"，我们和地球上的其他生命也面临着同样的问题；哪怕只是从地球表面离开一会儿，我们就会冻死。地球和其他行星一样，有一个能产生热量的内核——如果矿工们深入地下，温度会变得越来越高。但是，因为我们的岩石地幔非常厚实，所以我们依赖来自太阳的热量。地球的大气层在保护我们：它就像是一个温室，将我们从太阳那里得到的温暖保存起来。

　　尼比鲁的情况也是如此，是大气层在提供保护。但那里主要需要大气层把来自行星内核的热量保持住，防止其散发到太空中。因为尼比鲁的轨道为椭圆形（图 50），所以在"一年"（绕太阳一周的时间）中，仅有较短的时间是温暖的"夏天"，在漫长的"冬天"中，这颗星球依靠其内核的热量来维持生命。

和所有其他行星一样，尼比鲁一定也经历过自然气候和大气层的变化。在它的居民实现载人航天飞行并研发出了核技术之后，核武器的使用让大气问题变得严峻起来。正因此，我在《第十二个天体》中提出，尼比鲁的科学家们曾经想出一个办法，即造出黄金颗粒的护盾，来修复并保护星球受损的大气层。但是，黄金是尼比鲁的一种稀有金属，为了拯救星球而对黄金的使用或误用，都只会让原本潜在的冲突进一步激化。

正是在这样的环境和事件背景之下，阿努从阿拉鲁手中夺走了王位。阿拉鲁乘坐火箭逃生，他抵达了一个遥远而无人居住的陌生星球，想要避避风头。尼比鲁的居民将这个星球称作行星 Ki；古老的赫梯文本清楚地表明："阿拉鲁降临到黑暗的地球。"他偶然发现地球的水域中含有黄金，这可以成为他的有力筹码，要求重获王权。在《恩基失落之书》（*The Lost Book of Enki*）中，我曾经假设，是阿拉鲁示意让恩基来验证这个发现，因为恩基是他的女婿，出于政治原因迎娶了阿拉鲁的女儿达姆金娜。在夺权发生之后，四周充斥着怀疑和敌意，恩基作为阿努的儿子，同时又是阿拉鲁的女婿，他可能是双方唯一信任的人，因此被指派了登陆地球的任务。就这样，伊亚和他的五十名下属来到地球，获取宝贵的金属并运送回尼比鲁。

从这时起，此后的惊人事件都主要发生在地球这个大舞台上。

* * *

尽管恩基是一位了不起的科学家，但从我们现在称为波斯湾的水域中，他至多也只能提取出水中原本就含有的黄金，而且提取微量的黄金需要处理大量的水。他追溯到了距离自己最近的黄金主要来源：阿勃祖岩石深处的黄金矿脉。如果必须运送黄金回到尼比鲁,阿努纳奇就必须转向采矿工作,于是他们建立了阿拉利(意为矿藏之地)。

地球任务的性质发生了改变,并且需要更多劳动力、新设备、两块大陆上的定居点、新的交通和通信设施。这都需要另一种类型的领导者才能完成——一位不那么有科学家气质的领导者,并且要有更丰富的组织、管理和指挥的经验才可以。王储恩利尔被选中来担此重任,随后的事件也表明,他是一个纪律严明的领导者,一个"按部就班"的指挥官。

恩基来到地球的经历记录在他的自传中,而恩利尔的旅程则以另一种形式的文件记录下来。这是一块不同寻常的圆形泥版,呈圆盘形,用特殊的黏土制成。这份文物出土于尼尼微的废墟中(图 59),现在由伦敦的大英博物馆保管,被作为古代文字的样本展示给观众——这个行为匪夷所思,完全弄错了重点,因为这件文物用独特的方式描写了天国的景象,并且画出了从恩利尔的星球到地球的路线,可谓图文并茂!

这块泥版共有八块碎片。其中一个部分包含关于恩利尔的行迹信息,幸运的是,这一块碎片大部分都是完好的。在这个部分的边缘处写着星星和星座的命名方式,说明天外的空间的确存在。两侧的文字是着陆说明(译文见图 60)。在这块碎片的中心画着一条路线,将

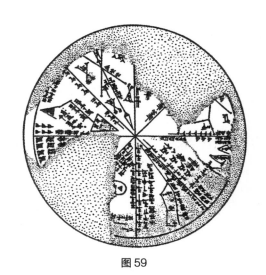

图 59

143

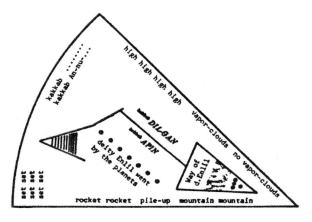

图 60

"多山的行星"的象形文字和一块天空连接起来，和苏美尔天文学中标记的地球位置很类似。这条路线的轨迹在两颗行星之间转了个弯，这两颗行星在苏美尔语中的名字分别是木星和火星。路线下方是一则声明（阿卡德语），清楚地写道："恩利尔神在星星之间穿行。"如果准确计算的话，一共有七颗——任何人从外围宇宙进入太阳系的话，冥王星将是遇到的第一颗行星，海王星和天王星是第二和第三，然后则是土星和木星，火星第六，地球位列第七。

***

不论如何，改变权力结构都不是一件容易的事。将恩基的王位争夺对手恩利尔送到地球，并以此来削弱恩基的君权，更是加倍困难。恩基一直强调着自己的长子地位，他作为"丰饶之种"的地位降低了。这反映出这对同父异母的兄弟之间有不少争吵。恩利尔则在他的记录中写下对恩基的控诉：他认为恩基向他隐瞒了"ME"——通常被翻译成"神圣仪式"，是一个重要的"记忆芯片"。情况越来越糟糕，以至于阿努亲自前往地球，让两个儿子通过抽签来决定谁继承王位。我们能在《阿特拉－哈西斯史诗》

144

中读到这个故事，而且我们基本知道接下来事情如何演变。

> 二神双手紧扣，
>
> 抽签，然后分开：
>
> 他们的父亲是国王阿努；
>
> 恩利尔是一位战士，众神的统帅。
>
> 阿努 [回到] 天国，
>
> 把地球 [留给] 他的下属。
>
> 大海，形成一个圆形闭环，
>
> 恩基得到了太子之位。
>
> 阿努回到天国之后，
>
> 恩基就去了阿勃祖。

　　文本随后的十四行内容一定记录着恩利尔的领地范围和各项任务，由于已经损毁，无法完全阅读和翻译。但是其他几行仍有清晰的部分，我们从中得知：作为安慰，伊亚后来更名为恩基（意为"地球之主"），虽然他被分配去了阿勃祖监督采矿。恩利尔负责伊甸，文中清楚指出，那里有两条河流，即幼发拉底河和底格里斯河。我们从其他文本中得知，恩利尔在那里增加了几个阿努纳奇定居点，最早仅有属于伊亚的埃利都，然后增加到五座著名的众神之城，而后又增加了三座城市——拉尔萨、尼普尔和拉格什。

　　尼普尔的原名"Nippur"是阿卡德语，来自苏美尔语中的"Ni.ibru"，意为"壮丽的交界之地"。这里被恩利尔作为任务的指挥中心。阿努纳奇在那里建造了E.kur，意为"像山一样的房子"，一座朝着天空"抬起头"的塔状神庙。它最里面的房间安置着"命运泥版",与其他发出蓝光的乐器一起嗡嗡作响。这里就是杜兰基(Dur.an.ki),即"天地的连接之处"。恩基曾经被迫向恩利尔提供最关键的"Me",恩基在自传中说"在恩利尔的居所 E.kur 装满了财产","Meluhha 的船只,载着黄金和白银,为恩利尔运送到尼普尔"。

若你在地图上标出八个定居点的位置,就会出现一个精心规划的布局图(图 61)。尼普尔就位于正中心;其他城市则在同心圆中形成了一个飞行路径。飞机会飞往西帕尔(太空港城),并会降落在亚拉腊山的山峰上,这是近东地形中的最高峰。医疗设施设立在舒鲁帕克,巴德·提比拉则是冶炼中心,阿勃祖是矿石的加工地,铸造的金砖从西帕尔定期以小批量运输的方式送到火星——火星因为引力较小,就被作为阿努纳奇的太空基地,他们把更大更重的金砖从这里运往尼比鲁星球。

阿努纳奇以五十名为一组到达地球,然后分成两类不同的角色。六百名此后被称为阿努纳奇(意为"从天国到地球来的人"),他们的工作都在地球上进行,任务包括在阿勃祖

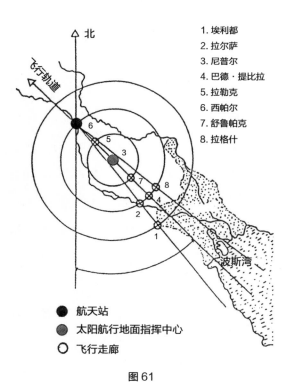

北
飞行轨道

1. 埃利都
2. 拉尔萨
3. 尼普尔
4. 巴德·提比拉
5. 拉勒克
6. 西帕尔
7. 舒鲁帕克
8. 拉格什

波斯湾

● 航天站
● 太阳航行地面指挥中心
○ 飞行走廊

图61

开矿和在伊甸的任务。另外三百名被命名为伊吉吉（意为"观察者/目击者"），他们操作往返于地球和火星的穿梭飞船，主要工作在火星上开展。

在一个圆柱形的印章上，可以找到对这些布局的描写。这个印章已有 4500 年历史，现在保存在俄罗斯圣彼得堡的艾尔米塔什博物馆[①]（图62）。它描画了一名地球上的"鹰人"阿努纳奇（宇航员），向火星上一名戴着面具的"鱼人"伊吉吉打招呼。地球以七个点和一轮新月作为象征，火星的象征则对应六角行星。在它们之间的天空上，是一个带有扩展仪表板的圆形航空飞船。

"地球任务"开展得如火如荼，尼比鲁得救了。但对地球自身而言，更大的麻烦还在后头。

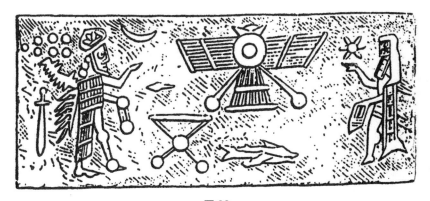

图62

---

① 艾尔米塔什博物馆与伦敦的大英博物馆、巴黎的卢浮宫、纽约的大都会艺术博物馆一起，称为世界四大博物馆。

邪恶之神"祖"的故事

关于恩利尔的杜兰基，还有伊吉吉和阿努纳奇的武器，苏美尔文本《祖的传说》（*The Myth of Zu*）能够为我们提供信息。文中提到了一次失败的政变，是由一个名叫祖的伊吉吉首领对恩利尔发起的。新近发现的泥版上，有文本表明他的另一个称呼是安祖（An.zu），意为"天国的知情人"。

火星是伊吉吉的基地，他们在那里必须穿着带有呼吸面罩的宇航服（见图62）。在地球上，他们则被限制在雪松山上的"登陆点"。"伊吉吉一个个都很沮丧"——他们抱怨连天，焦躁不安。他们的领袖祖被邀请到恩利尔的总部商谈事宜。由于祖获取了足够的信任，可以自由通过守卫的入口。"邪恶的祖想要废除恩利尔的地位"——那要怎样获得统治权呢？他"在心中构想：取得写着命运的神圣泥版，统领诸神的法令……并统领所有的伊吉吉"。

于是有一天，恩利尔正在沐浴，"祖抓住了他手中的命运泥版，夺走了恩利尔的统治权"，并带着泥版飞到了山上的藏身处。命运泥版被夺，引发了一阵"刺眼的亮光"，使得杜兰基陷入了停滞状态：

神圣的仪式被暂停，

圣所的光芒被熄灭，

整个世界被笼罩在寂静之中，只剩沉默。

"恩利尔不发一言。这片土地上的众神听到这个消息后聚集在了一起。"阿努对这次篡位感到震惊，他问众神，是否有谁自告奋勇去向祖发起挑战，并取回命运泥版。但所有的挑战者都失败了，因为泥版的神秘力量抵挡了所有射向祖的攻击。最后,恩利尔的长子尼努尔塔,使用他"七股飓风的武器"(见插图)制造了一场沙尘暴,迫使祖"像鸟一样"飞窜而逃。尼努尔塔驾驶飞行器追赶他,随后发生了一场空战。尼努尔塔喊道:"瞄准翅膀!"然后向祖的"翅膀外侧"发射了一枚 Til.lum(意为"投射物"),祖中弹后坠落在地。他被尼努尔塔俘获,然后受到审判,被判处死刑。命运泥版再次被保管在杜兰基。

其他民族的传说也涉及神的空中决斗,与祖的故事相呼应。古埃及象形文字的文本 "荷鲁斯和塞特之争"中,描述了荷鲁斯在西奈半岛上空的空战中击败塞特的情景。在希腊诸神的故事中,宙斯和巨大又丑陋的堤丰① 之间发生了激烈战斗,最后也是这样收尾——宙斯驾驶着他的有翼战车,向对手有魔力的空中装置射出了一道雷电。印度教的梵文典籍中,也描述了诸神乘坐"云端战车"和使用投射物进行空战的故事。

---

① 堤丰:希腊神话中象征风暴的妖魔巨人。

149

第八章

定制的奴隶

　　伊吉吉之中的动乱导致了祖事件的发生。但是这只是一个前奏，后来还有更多涉及他们的麻烦接踵而来——长时间在星际中穿行的任务本身就有很多不便，最后发现，队伍中缺乏女性是主要问题之一。

　　至于驻留在地球的阿努纳奇人，他们的问题则不那么严重。因为，登陆的第一队阿努纳奇人中就有一些女性，恩基在自传中提到了其中一些人员的名字和任务。此外，还有一群女护士在阿努女儿的带领之下被派往地球（图63）。阿努女儿的名字是宁玛（意为"强大的女士"），她在地球上的任务和苏德一样。苏德的名字意为"一个给予救助的人"，所以她担

图63

150

任阿努纳奇的首席医疗长官，这决定了她在后来的许多事件中都将扮演重要角色。

但是，地球上的阿努纳奇人之间也有其他麻烦，尤其是那些被分配采矿任务的成员。事实上，《阿特拉－哈西斯史诗》就讲述了阿努纳奇人叛变的故事，一些成员拒绝在金矿工作，一系列意外后果也随之而来：

当众神像人类一样，

承担工作，忍受辛劳——

诸神的辛勤劳动很了不起，

负荷重，烦恼多。

其讽刺之处在于，众神之所以像人类一样辛勤劳作，是因为当时人类还尚未在地球出现。史诗实际讲述的是创造人类来代替众神劳作的故事。事实上，阿卡德语中"Awilu"一词的意思正是做苦工的人。最后，是恩基和宁玛的一项成就改变了一切。但在恩利尔看来，这个故事的结局并不圆满。

正如阿努纳奇矿工们"在深山里辛勤劳作，他们计算着做了多少个阶段的苦力"。"他们辛苦劳动了 10 个阶段，20 个阶段，30 个阶段，40 个阶段"：

他们辛劳了 40 个阶段，

[...] 夜以继日地工作。

他们怨声载道，在背后指指点点。

在挖掘的声音中，（他们）抱怨说：

"让我们去找 [...]，那位指挥官，

他可能会将我们从繁重的工作中解放出来。

让我们打破枷锁吧！"

恩利尔有一次访问矿区，这为兵变带来了契机。"来吧，我们去他的住所，给他点颜色看看！"一名头目这样催促愤怒的矿工们，他的名字在泥版上已无法辨认。"让我们宣布兵变，让我们发泄愤怒，展开战斗吧！"

他的话语引起了诸神注意。

诸神放火烧掉他们的工具，

把他们的挖土机点燃，

并向他们的研磨机开火。

把他们驱逐出去，他们走到了

英雄恩利尔的门口。

那是在夜晚时分，叛乱者到达恩利尔的住处，守卫卡尔卡挡住了大门，并通知了恩利尔的助手努斯库去唤醒他的主人。当恩利尔听到"杀死恩利尔！"之类的吵嚷声时，他感到难以置信："这是要对我不利吗？我看到的一切是真的吗？"他通过努斯库传话质问："谁是这场冲突的煽动者？"叛乱者高呼："我们每一个都已经宣战了……我们做着繁重的工作，承受巨大的苦难，过度的辛劳会要了我们的命！"

"恩利尔听到这些，泪如泉涌。"他联系阿努，提出辞去指挥官的职位，返回尼比鲁。但是，他要求"将煽动叛乱的头目处死"。阿努召集了大会，他们发现阿努纳奇们的抱怨并非毫无根据。但供应黄金的任务至关重要，怎能就此放弃呢？

就在这时，"恩基开口说话，将众神称作兄弟"。他说，有一个办法可以让他们摆脱困境。他们有宁玛，她是"Belet-ili"，也就是"生育女神"——

让工人来承担诸神的辛劳吧！

让她创造一个混合而成的工人，

让他负轭劳作！

他建议创造一个"混合体"（Lulu），即一个混血儿；再让他成为一个工人（Amelu），来接管阿努纳奇们的辛勤劳动。

当其他神问如何创造这样一个混合而成的工人时，恩基回答说："只要你说出这个生物的名字，它就存在！"我们只需要"在它身上显示出众神的形象"。

在这个回应中，我们找到了"缺失的一环"的谜底——现代智人，现代人类，如何在大约30万年前从类人猿进化到原始人，现身于非洲东南部。用人类学的术语来说，这种变化是一夜之间发生的。而在人类物种中，从南方古猿①到能人②，再到直立人③，以此类推，这个过程是否需要数百万年的时间呢？

众神对此感到震惊，而恩基告诉他们，有一种生物在很多方面类似阿努纳奇的存在，早已存在于阿勃祖的荒野中。"我们需要做的，就是将其

① 南方古猿属是人科动物一个已灭绝的属，是猿类和人类的中间类型。南方古猿这个属之中最著名的是阿法南方古猿与非洲南方古猿，因为在未发现比南方古猿更古老的人属化石以前，非洲曾被视为整个人属（特别是直立人）的祖先。

② 能人是灵长目动物里第一种被认为属于人类的生物，是人科人属中的一个种。生存在大约180万年前，是介于南方古猿和直立人的中间类型。

③ 直立人又称为直立猿人，其生存年代为更新世早期至中期。直立人已经能够直立行走并且制造石器，是旧石器时代早期的人类。北京猿人、蓝田人、元谋人、巫山人、澎湖原人等都属于直立人。

和众神形象联系起来"——用一些阿努纳奇的基因来升级,然后创建一个可以承接采矿工作的"混合体"。

恩基的领地总部位于非洲东南部,他在那里发现了一类在基因上与阿努纳奇非常相似的人科生物,通过对基因的小修小补——在人科动物(比如直立人)的基因组中添加一些阿努纳奇的基因,就可以将人科生物升级为智人,具有理解能力、语言能力、运用工具的能力。这一切都有可能发生,因为地球上的 DNA 本来就是从尼比鲁转移而来的。读者应该会记得,尼比鲁曾经撞到提亚玛特!

然后,恩基向会议上的领袖们大致描绘了如何完成这项工作,以及如何借助宁玛的生物医学专业知识。大家听完后,

在大会上
掌管命运的
伟大的阿努纳奇
大声宣布:"赞成!"

创造人类的决定带来了严重后果,这在《圣经》中也有对应体现。《创世记》把这些聚集起来的阿努纳奇人称作埃洛希姆①,即"高处来者"。《创世记》第一章第二十六节指出:

---

① 埃洛希姆(Elohim),是 eloha 的复数形态,指向以色列的神。希伯来语中,以此来表达"神"的概念。当与复数动词并用时,埃洛希姆意为"众神"。有些学者主张这个词是代表"天外来客",因为它又源于拉丁语 deus,而 deus 的词根是印欧词 deywós,意为"天上的"。

神①说：

"我们要照着我们的形象

按着我们的样式造人"

毫无疑问，《圣经》的表述使用的是复数形式，最早是复数的埃洛希姆，之后是"让我们制造""照着我们的形象""和我们的肖像"。这时，距离阿努纳奇最初抵达地球已过去了 40 个 SHAR。如果他们抵达地球（详见前几章的内容）大约发生在 445000 年之前，那么亚当的创造则发生在 301000 年前（用 445000 减去 144000 可以得出这个结果），这正好是直立人突然变成智人的时间点。

＊＊＊

在后来的《阿特拉－哈西斯史诗》以及其他一些文本中，也描述了"早期工人"的形成过程。要先从一位神的血液中获取他的"Te'ema"（译为"人格"或"生命的本质"），并将其与"阿勃祖的 Ti-it"相混合。一般假定"Ti-it"一词来自阿卡德语单词"Tit"，即黏土。因此，"亚当"是由泥土或地球上的"尘土"塑造而成的，这个概念在《圣经》中也有对应内容。但是若从苏美尔语的起源来考察，"Ti-it"的意思是"有生命的事物"——即生物的"本质"。

"Te'ema"原本指代神的"生命的本质"或者"人格"，我们现在将其定义为神的基因。根据文本所说，是将"Te'ema"和已经存在的物种的基因"混合"在一起。这个物种就是在阿勃祖以北的地区发现的。从神的血液中提取出基因，将之与现有地球生物的"生命的本质"混合，"亚

---

① 原文这里是 Elohim，此处引用中文和合本《圣经》的经文，译作"神"。

当"就通过这种方法被进行了基因的改造。

我们从直立人到智人的飞跃过程中，并没有"缺失的环节"，因为阿努纳奇以基因工程的方式使进化"跳级"了。

恩基描述的这个任务说起来容易，做起来难。除了《阿特拉－哈西斯史诗》，其他文本也详细介绍了创造的过程。在《第十二个天体》和《重访〈创世记〉》中都对此做了许多描述，比如反复试验和试错，导致生成缺少四肢的生物、有奇怪器官的缺陷生物，或是视力或其他感官有障碍的生物。随着试验的推进，宁玛弄明白了不同基因分别会造成的生命影响，并宣称她已可以按照自己的意愿生产出无缺陷的生物。

有一段文字说，恩基"准备了一个净化浴"，在里面"有一位神血流不止"。宁玛"把血肉凝聚"，为了"将新生儿塑造成众神的形象"。恩基"坐在她面前提供指示和建议"。这个基因工程是在毕世密进行的，这是一个类似实验室的地方，苏美尔语中称其为"Shi.im.ti"，字面意思是"吹来生命之风的地方"——《圣经》中也有"将生命之气吹进亚当的鼻孔"的细节（《创世记》），它很可能就来源于这个词语。

宁玛将基因混合的时候会"背诵咒语"，她会侧耳等待听到一声Uppu——心跳。当"完美的模型"终于做成，宁玛将之高高举起，喊道："我创造出来了！我的双手造物成功了！"（图64）

当她向诸位主神宣告这一功绩时，她说了如下话语：

你交付给我一项任务，

我已经完成了……

我已经卸下了你的繁重工作。

我把你的辛劳施与"工人"。

图64

你为"人类"悲泣——

我卸下了你的枷锁,我开启了你的自由!

"众神听到她的这番话,就集体跑来亲吻她的脚。"他们称她为"Mami"(母亲),并将她的名字命名为"Nin.ti"(意为"生命的女神")。恩基提出的解决方案得到了实现。

我们得到的基因来自男性阿努纳奇,但是,实际上创造我们的是一位女性天神。

***

要塑造一个女性的对等生物,则需要额外的基因工程,甚至有一些麻醉状态下实施的手术,这些在苏美尔语的文本和《圣经》中都有记录。但是它们无法繁殖,就像今天的杂交生物种类一样,比如骡子,就是马和驴的"混血儿"。基因工程的下一步是使"混合体"拥有生育能力,这是由恩基负责的工作,他就像是《圣经》版本的伊甸园故事中的"蛇"。

在《圣经》故事里，亚当被派遣到众神的果园里耕种照料，上帝警告他不要吃知识树上的果实，"因为你吃的日子必定死"。实际上，希伯来语版本中，这里说的是耶和华神。神使亚当进入深度睡眠，对他进行手术，用他的肋骨塑造了一个对等的女性。亚当和"女人"赤身裸体地走来走去，"并不羞耻"。

此时，狡猾的蛇就接近女人，对她提起那棵被禁止的树。她提起耶和华神所说的内容，但是"蛇对女人说，你们不一定死"。女人见树上的果子可以吃，"就摘下果子来吃了，又给她丈夫，她丈夫也吃了"。他们立刻有了自己的性意识，发现自己赤身露体，就用无花果树叶为自己编裙子。

正是这些围裙泄露了他们的秘密。当耶和华神再次看见他们，发现他们已不再赤身露体，遂向亚当询问此事。神马上知道发生了什么事，对女人怒道："你做的是什么事呢！"神又大吼：因为你们的所作所为，"你生产儿女必多受苦楚"。神由此警觉起来，他对一位不具名的同伴说："那人已经与我们相似，能知道善恶；现在恐怕他伸手又摘生命树的果子吃，就永远活着。"上帝便将亚当和夏娃逐出了伊甸园。①

显然，这个故事解释了亚当和夏娃如何具备生育能力——这一进步在《圣经》中被归咎于"蛇"。"蛇"的希伯来词"Nachash"也可以指"解决谜题的人"。这个词在苏美尔语中对应一个词"Buzur"，这是恩基的一个代号，意思是"解决秘密的人"。他的埃及名字是普塔（Ptah），象形文字是一条盘绕的蛇。

在美索不达米亚文献中，恩基的儿子名为宁吉什兹达，意为"生命之树的王子"，他帮助父亲获得了这一秘密知识。他的标志是两条盘绕的蛇，

---

① 这一段的引文全引自和合本《圣经》。——译者注

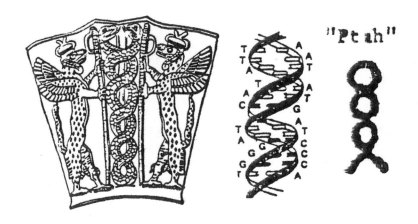

图 65

至今仍是医学的象征。这些名字的含义以及盘绕的蛇的标志，毫无疑问都呼应着《圣经》的伊甸园故事，尤其是关于蛇和两棵特殊树的部分。既然现代科学已经发现了 DNA 链条的结构，那人们就有可能意识到，宁吉什兹达的两条缠绕的蛇的标志实际正类似缠绕的双螺旋 DNA。在图 65 中，可以看出二者的相似之处。

古代文献一再反映："他们用神的血创造了人类。他们将任务强加给人类，目的是让众神自由。这项工作简直超乎想象。"事实也确实如此。这一切发生在大约 30 万年前——智人突然在非洲东南部出现的时候。阿努纳奇就在那时使用基因工程将原始人升级为一种具有智慧的、会使用工具的智人，并让智人成为他们的奴隶。这发生在"阿勃祖上方"的区域，化石遗迹表明了确切位置：就在非洲东南部的东非大裂谷地带，也就是黄金矿区的北部。

***

从《阿特拉–哈西斯史诗》的后续内容以及其他详细的文本中,我们可以得知,原始工人被安排去矿井中争分夺秒地工作。来自伊甸定居点的阿努纳奇席卷了矿井,并强行将部分工人带到伊甸为他们服务,他们在那里"用镐和锹修建神殿,筑起运河堤岸,种植食物来供养居民和众神"。

《圣经》也有同样的记载,不过更为简短:"(造人之后,)耶和华神将那人安置在伊甸园,使他修理看守。"(在"亚当"这个称呼出现之前,《圣经》在此处特别说明是"地球上的他",即一个地球人,且使用表示特指的定冠词"The"开头,指明这是一个物种,而不只是在指代那个名为"亚当"的人。夏娃的丈夫亚当的故事从《创世记》第四章才开始。)

"使他修理看守",即成为一名工人。《圣经》中也有类似的说法:"你必终身劳苦。"希伯来语"Avod"翻译为"崇拜",实际意思是"工作"。

人类是众神专门塑造而成的奴隶。

***

时光如梭,"(定居的)土地扩大,人类繁衍"。就这样,《阿特拉–哈西斯史诗》开启了兵变和创造亚当之后的下一个阶段,直到最后的大洪水事件。

根据文本记录,事实是,人类繁殖得如此之多,以至于"这片土地像公牛一样在咆哮"。恩利尔感到不悦:"他们吵吵闹闹,打扰了众神。"文中他也表达了不满:"恩利尔听到了人类的喧嚣,对主要的几位众神说:'人类的吵闹让我不堪重负;他们的吵嚷声让我无法入睡。'"之后的几行内容损坏了,清晰可辨的只有恩利尔的一句"让瘟疫来袭";但是,我们从《圣经》的相应叙述中可以知道："耶和华就后悔造人在地上，心中忧伤。耶和华说：我要将所造的人和走兽，并昆虫，以及空中的飞鸟，都从地上除灭。"

在以上两个文本中，大洪水的故事以及其中出现的英雄（诺亚／乌特纳匹什提姆／朱苏德拉）都有相似的叙述。不同之处在于，在一神教的《圣经》中，是同一位神先决定毁灭人类，而后又通过诺亚拯救人类。美索不达米亚的故事版本则指明，发怒的神是恩利尔，而恩基则是违抗恩利尔并拯救"人类之源"的神。另外，《圣经》将所有神祇精简成一位独一无二的神，在叙述内容中也提供了更为深刻的对人类不满的理由，而不只是"吵闹"或"骚动"。用《创世记》第六章的话来说，事情是这样的：

当人在世上多起来，

又生女儿的时候，

神的儿子们看见人的女子美貌，

就随意挑选，

娶来为妻。

《创世记》告诉我们，耶和华对发生的一切感到愤怒。"耶和华见人在地上罪恶很大……耶和华就后悔造人在地上，心中忧伤。耶和华说：我要将所造的人和走兽，并昆虫，以及空中的飞鸟，都从地上除灭。"毁灭的方式就是即将到来的洪水。

那么，困扰恩利尔的"罪恶"就是这个：众神之子与女性的地球人通婚——这不是发生在同一物种的不同种族之间，而是发生在两个不同星球物种之间——恩利尔向来循规蹈矩，信奉严格纪律，这种做法在他眼中是绝对的禁忌。而最先打破禁忌并与地球上的女性发生性关系的，正是恩基。这更让恩利尔感到恼火。更加激怒他的是，恩基的儿子马尔杜克更进一步，甚至娶了一个地球人为妻。在恩利尔看来，这是为其他阿努纳奇树立了一个堕落的典型。

更糟糕的事还在后头：这在不被允许的婚姻中，又有后代出生。让我们继续阅读《创世记》的第六章：

> 那时候有伟人在地上，
> 后来神的儿子们
> 和人的女子们交合生子。

难怪信奉严格纪律的那一位说："我要将所造的人……都从地上除灭。"

* * *

星球之间的互访应有一些道德准则或者行为规则，但我们暂且撇开这些不谈。在这些关于人类起源的美索不达米亚和《圣经》故事中，摆在我们面前的基本问题是：男性阿努纳奇和地球上的女性人类通婚后，如何能够生儿育女——这个交配的结果需要基因组合具有惊人的兼容性，特别是在 X（女性）和 Y（男性）染色体中？其实，如果回到谜题的开头来讨论——阿勃祖的野生原始人怎么可能拥有与阿努纳奇相同的 DNA？而且相似程度颇高，以至于仅仅轻微的基因混合，就产生了一种和神非常相似的生物，这种相似性是由内到外的，只是缺少了长寿这个特点。这些内容都可以在苏美尔人的记录和《圣经》中找到。

事实上，地球上的所有生命都具有相同结构的 DNA，即四个核酸字母[①]组成的所有基因和基因组。不仅是人类、哺乳动物，而且是从鸟类到鱼类，从植被到藻类，甚至扩展到细菌和病毒，都是如此。这个事实进一步加深了我们的困惑。这意味着阿努纳奇的 DNA 与地球上所有生命的 DNA 都可以匹配。那么我们可以合理假设，如果阿努纳奇的 DNA 与尼比鲁星球上所有生命的 DNA 都相同，那就必然会指向这个结论：地球上的 DNA 和行星尼比鲁上的 DNA 是相同构造的。

如果按照现代科学的主流理论，地球的海洋就像一个搅拌碗，化学分子在一些随机的原始"汤汤水水"中随机碰撞，直到第一个随机的活细胞生成，然后才有了结合形成 DNA 的核酸。但如果真是这样，那么此处的随机结果必然不同于别处的随机结果，因为在我们独一无二的太阳系中，没有两颗行星甚至卫星是完全相同的。如果说在不同星球上仍然出现相同的随机结果，这个可能性几乎为零；那么，地球上的生命与尼比鲁的如此相似，生命是如何在地球上开始存在的呢？

天界之战的故事早已给出答案，当尼比鲁／马尔杜克（在第二轮中）"踩踏"，并与提亚玛特发生实际接触时，就已经切断了她的"血管"，并扯开了她的"头骨"——未来的地球。就在那时，尼比鲁上生命的 DNA 已经作为"生命的种子"被转移到了地球。

不论科学中的"原始汤"理论是否适用于其他的行星环境，大家已经公认，当这个假设应用到地球时会遇到额外的问题。人们曾经认为太阳系在大约 45 亿年前开始形成，之后没有经历过任何改变。现在这个观念已被摒弃。现代科学已经承认，在大约 39 亿年前，有一些不同寻常的事件发生。我们来看看《纽约时报》怎么说（2009 年 6 月 16 日的"科学时报"版块）：

---

① DNA 的碱基有腺嘌呤（Adenine）、鸟嘌呤（guanine）、胞嘧啶（cytosine）、胸腺嘧啶（thymine）四种，分别以 A、G、C、T 来代称。

约在 39 亿年前，太阳外的行星轨道发生变化，导致大量彗星和小行星涌入太阳系内部。它们的猛烈冲力在月球表面凿出了巨大的陨石坑，现在仍然可见。它们也让地球表面温度升高，加热生成熔岩，被煮沸的海洋上形成了炽热的薄雾。

而就在轰击刚刚停止后，也就是 38 亿年前，当时在地球形成的岩石中可能就包含着生物发展进程的证据。

《纽约时报》称，生命不太可能在这种情况下始于地球，这个结论使相关研究大大受挫，以至于

一些科学家已在不动声色地暗示，可能生命在播种于地球之前就已在其他地方形成。分子生物学领域杰出的首席理论家弗朗西斯·克里克就是其中一员。

地球上的生命是"从其他地方播种"而来，这个理论被称为胚种论①。在 1990 年出版的《重访〈创世记〉》一书中，我对此进行了充分讨论，当然也在其中指出：39 亿年前"无法解释的灾难性事件"，其实就是尼比鲁的故事以及天界之战。"胚种论"的解释并不是毫无根据的，尽管未被科学机构采用，但已经有许多科学家支持这个理论。这也不是一个全新的理论，因为在几千年前刻有楔形文字的泥版上就已被提出。地球上的生命和尼比鲁上的生命——地球上的 DNA 和尼比鲁上的 DNA，其实是一样的。因为在天界之战中尼比鲁就把"生命的种子"传递给了地球。 获得这种现

---

① 英文为 Panspermia Theory，也被称作胚种说、胚种假说。这是一种假说，猜想各种形态的微生物存在于全宇宙，并借着流星、小行星与彗星散播、繁衍。

成的生命种子也解释了为何在突然降临的大灾难之后，地球上的生命还能在相对直接的灾难余波中出现。

由于尼比鲁在碰撞发生时就已有形成的 DNA，那里的生物进化要先于地球很多。我们无法说明领先了多少，但就 45 亿年而言，哪怕只是早了百分之一，也意味着领先了 4500 万个地球年。相对尼比鲁的宇航员在地球上遇到直立人的时间来说，进化时间绰绰有余。

＊＊＊

在"生命的种子"的实际概念中，地球上的生命来自尼比鲁的"播种"这个古老的观念得到更详尽的解释。"生命的种子"在苏美尔语中是"Numun"，在阿卡德语中是 "Zeru"，在希伯来语中是"Zera"。这个基本的科学设想不仅解释了生命在地球上如何起源，还指出了起源于何处。

值得注意的是，《圣经》的《创世记》中把"生命之物" 的进化描述为从水到陆地的过程，那在造物的第五日。进化过程被描述为从水到旱地，从"水中所滋生各样有生命的动物"进化为两栖动物，再到"大蜥蜴"（恐龙），然后是鸟类，然后是"各从其类"的其他生物。这是一种名副其实的古老进化论，顺序与现代进化论惊人相似，还包括了鸟类是从恐龙进化而来的最新发现。

但是，当《圣经》谈到地球上的生命的起源之处，有一个先于海洋生物的更早阶段：在《圣经》中的第三天，地上长出了植物，世界从这里开始有了生命。在陆地抬起和海水聚拢之后，

神说，地要发生青草，和结种子的菜蔬，

并结果子的树木，各从其类，

果子都包着核。事就这样成了。

于是地发生了青草，

和结种子的菜蔬，各从其类，

并结果子的树木，各从其类，

果子都包着核。

神看着是好的。

有晚上，有早晨，

是第三日。

（《创世记》第一章第十一至十三节，和合本译文）

因此，虽然在《圣经》的其他章节中描述了我们现在知道的进化，从原始海洋到鱼类，再到两栖动物、爬行动物、鸟类和哺乳动物，《圣经》同时也说明，在"所有爬行动物"在水中滋生之前，地球上生命的第一阶段是草本植物和源于种子的生物。

生命进化与地球上生命的开端之间存在着这个区别，长期以来这一直被认为是与现代科学相矛盾的——直到 2009 年 7 月，《自然》的第 460 期发表了一项革命性研究。根据研究内容，"进行光合作用的生物像一层厚厚的绿色地毯，在地球上飞速蔓延开来"，数亿年后，才有"耗氧细胞"生命在水中出现。这份科学刊物声明，"植被生物的厚地毯"把地球"覆盖成绿色"，当这些沉积物被冲入海洋，可能对水生生物有滋养作用。

这些革命性的新发现，相当于是对几千年前《圣经》所说的内容进行重申。

《圣经》明确指出，这个序列是通过草的"种子"来实现的。在引用的两节经文中，"种子""核""包着核"等词重复出现，以确保读者不会忽视重点：地球上的生命始于现成的 DNA 种子。

截至目前尚未发现具体的美索不达米亚对应文本，但已有其他线索表明，苏美尔人曾经注意到这种始于植被种子的生物顺序。在马尔杜克获得至高无上的统治权时，他被授予了五十个神圣的名字，我们在这些文字和术语中找到了证据。甚至在巴比伦文本中，也能找到这些词语原始的苏美尔语形式。每个名称后面都有几行文本，对其含义做出详细说明。以下的七个称呼或名号与我们的主题直接相关。我们以泥版中出现的形式将它们列出，并附上相应的文字说明：

Maru'ukka，名副其实的万物创造神。

Namtillaku，维持生命的神。

Asaru，种植之神，草本和谷物的创造者，使植物发芽。

Epadun，在田野上洒水的主人……播下一行行的种子。

Sirsir，他在提亚玛特上堆积起一座山……他的"头发"是一片稻田。

Gil，他把谷物堆成大垛，带来了大麦和小米，为地球提供种子。

Gishnumunab，原始种子的创造者，全人类的种子。

上述属性的顺序和阿努纳奇的理论相符，不仅关于地球生命起源，也关于进化的各个阶段。根据这个理论，天上的尼比鲁的角色有几种不同的可能性：第一是"原始种子的创造者"；第二，他从发芽的草本植物开始"提供了地球的种子"；第三，他"提供全人类的种子"。这个概念是，所有生命都源自同一个"种子"（即同一个 DNA）——这是一条发展链条，从尼比鲁的"原始种子"再到"全人类的种子"。

这个概念是阿努纳奇人得出的科学结论，其中的核心在于他们对"种子"投入了全部注意力，将其作为生命的本质。恩利尔寄希望于借助大洪水来灭亡人类，他真正想要摧毁的是"全人类的种子"。当恩基将洪水的秘密透露给朱苏德拉时，他说："一场大洪水将会摧毁人类的种子。"诺亚／乌特纳匹什提姆带上方舟的，并不是所有动物的真正配对；在一些绵羊和鸟类之外，带上船的还有"有生之物的种子"，是由恩基提供的。根据《吉尔伽美什史诗》所述，这些都是神对乌特纳匹什提姆的指示：

> 舒鲁帕克之人，乌巴－图图的儿子：
>
> 拆掉房子，建一艘船！
>
> 放弃领地，求生存吧！
>
> 舍弃财物，凝心聚神！
>
> 你要带上所有活物之种上船。

在五十个名字的清单中，马尔杜克有很多别名都带有"种子"这个词，比如"播下一行行的种子""为地球提供种子""原始种子的创造者""全人类的种子"。我们仍然可以听到伊亚／恩基的呼喊声在回荡："我是阿努纳奇的领袖，生于丰饶之种——我是安神的长子！"我们也肯定记得恩利尔想要取得继承权的要求：因为他的母亲安图是阿努同父异母的姐妹，这让恩利尔的"种子"更加纯正。

那么，人类究竟是谁播下的"种子"呢？

在《圣经》相关的研究中，我们的基因起源问题曾是一个不被重视的主题，现在情况已经发生了变化。《圣经》研究已经从信仰和哲学领域转向复杂的科学领域，因为最新的研究聚焦于看似永生的癌细胞以及干细胞，这显然具有重大意义，因为身体上其他的所有细胞都是从胚胎细胞进化而来的。

　　根据《圣经》的叙述，人类的直接血统来自唯一幸存的家庭，即诺亚和他的三个已婚儿子。源头则在亚当（和夏娃），以及他们的儿子赛斯。但即使是《圣经》也承认人类存在另一支该隐的血统，在遥远的挪得之地繁衍生息。从苏美尔语和阿卡德语的资料来看，故事实际上更为复杂——它涉及生命、长寿和死亡的必然性。最重要的是，故事涉及半神人——他们是众神娶人类女子为妻之后生下的子孙后代。

亚当的外来基因

在一项突破历史的研究中，两个科研团队于 2001 年 2 月发布了人类基因组的完整排序。按照以往的预期，我们的基因组预期包含的基因是 10 万—14 万个（这里的基因指的是直接生产氨基酸和蛋白质的那些 DNA 片段）。而这项研究的主要发现是，我们的基因组包含的基因不到 3 万个——大约只有果蝇 13601 个基因的两倍，比蛔虫的 19098 个基因只多了不到 50%。此外，人类的基因几乎没有任何独特性，和黑猩猩的基因相似度高达 99%，与老鼠的相似度则是 70%。人类的基因也被发现与其他有脊椎或无脊椎动物、植物、真菌甚至酵母的基因相同，且具有类似的功能。

这些发现证实，地球上所有生命的 DNA 都是同一个源头。科学家们还可以根据这些结论来追踪进化过程——简单的生物体如何在基因上进化为更复杂的生物体，即在每个阶段借助较低等的生命基因来创造更为复杂的高等生命形式，最终进化为智人。

在这个过程中，科学家们分析人类和其他的基因组，追溯其中的垂直进化记录。正是在这里，他们遇到了一个谜团：人类基因组中有 223 个基因在基因的进化树上没有任何源头。《科学》称之为"令人震惊的发现"。事实上，人们还发现，这 223 个基因在脊椎动物的整个进化阶段是完全缺失的。《自然》杂志发表了对这些基因功能的一篇分析文章，显示这些基因关系到人类特有的重要生理功能和大脑功能。由于人和黑猩猩大约只有 300 个基因不同，那么这 223 个基因就造成了巨大的差异。

人类究竟如何获得了这一群神秘的基因？科学家们认为，这些基因"很可能来自细菌的平层转移"，而这（在进化的时间尺度上）是"相当近期的"事情。对于这些外来基因的存在，他们只能做出这些解释，也就是这些基因并不是在进化过程中获得的，而是来自最近的细菌感染。

　　我曾在我的主页上写过，如果人们接受"平层细菌导入"的解释，那么就曾有一群细菌这样说："让我们按照自己的样式塑造亚当……"

　　我还是倾向于苏美尔语的阿努纳奇版本，以及《圣经》的埃洛希姆版本。

第九章

众神和其他祖先

宁玛为众神创造工人，在基因混合物中使用了一个原始人的本质基因（Ti.it）。这个原始人即使曾经有过名字，我们也永远无从得知。宁玛的反复试验和试错肯定不止涉及一个原始人。但因为我们发现了更多楔形文字泥版，从而能够确切知道这个过程中使用的神圣"本质"或血统来自哪位天神。

这是否很要紧？也许并没有。毕竟随着时间的推移，地球上的人类逐步拥有了其他不同的谱系和基因祖先。但是，如果某些基因从未消亡，那么这个问题就很有意思——至少从假设的角度是如此。因为关于人类的记录并不是一趟愉悦的冒险旅程，从《圣经》的开头就是如此。这个故事比莎士比亚或荷马所能想象的要更加令人心碎："亚当"是一个奇妙的创造，但也确实被塑造为奴——他原本被安置在物资丰富的伊甸园，因为违逆上帝而不能久留。亚当在获得生育能力之后，注定要在炎热的土地上竭力劳作，以维持生计；夏娃则注定要在极度的痛苦中分娩。他们生了两个儿子，地球上的人数增加到四个。然后该隐（耕种土地者）嫉妒自己的兄弟亚伯（牧羊人），把他杀害，人类数目减少到三个……

奴役、违抗、自相残杀——这些都是组成我们基因的一部分，是因为我们继承的大多数 DNA 是来自地球的动物王国吗？还是因为阿努纳奇选择了这样的"外来的基因"作为血统？这样的血统是否来自一个年轻的反叛者，他煽动队友，想要杀死恩利尔？

但是，在包括《创世史诗》在内的一些文本中，在创造人类时使用了一位神的血，他后来作为叛军的领袖被处以死刑。另外的《阿特拉－哈西斯史诗》版本解释了选择这位神的原因。因为他拥有正确的"Te'ema"（一般被翻译为基因上的"生命的本质"或"个性"）。古代文本中，含有他名字的楔形文字符号还没有完全被损坏，在阿卡德语中曾被称作"Weila"；20 世纪 90 年代，伊拉克考古学家们在西帕尔发现了一些新泥版，这位神的名字清晰可见，阿卡德语中是"Alla"，苏美尔语中是"Nagar"——这个称呼的意思是"金属工匠"，特别指代铜这种金属。另外，在《圣经》的伊甸园故事中，"Nachash"的意思是蛇或知晓谜底的人，也源于一个相同的动词词根，即"Nechoshet"，这个词的希伯来语意思是"铜"。这说明，这位神的名字可能是一个有意的选择，而不仅仅是以蛇的名字来喻示某种惩罚。在诸神名单中，"Nagar"及其配偶被包括在恩基家族的众神之列，这一事实再次证明，他在对抗恩利尔的起义中扮演着领导者的角色。

研究《圣经》的学者一致认为，该隐杀死亚伯的事件背景是农民和牧民之间对于土地和水源的争端。这是世代无休又普遍存在的冲突，在苏美尔的文献中也有描述，就像是人类早期历史的一部分。有一份学者们称为《牛与谷物》的神话的文本，也对这个主题做了阐述。这个故事里，恩利尔是安山，即谷物和农业之神，恩基则是拉哈尔，即长毛家畜和放牧之神。恩利尔的儿子尼努尔塔和恩基的儿子杜木兹之后继续担任这些角色，尼努尔塔把犁带给了人类，杜木兹则是一名牧羊人（见图 49，圆柱封条 VA-243）。《圣经》与其他故事一样，把两个神（恩利尔和恩基）合并为一个唯一的"耶和华"，他接受牧羊人（亚伯）从羊群中献上供物，却忽略了农夫（该隐）献上的"土壤中的果实"。

《圣经》中该隐和亚伯的故事之后，《创世记》第四章的其余部分描写了该隐及其后代的事情。该隐害怕因自己的罪恶而被杀死，他被上帝授予了一个可见的保护"记号"，这就是周日的布道上最喜欢提到的"该隐的标记"。这个标记将会在之后"七十"代子孙中延续。就像在大洪水的故事中，厌倦并且想要灭绝人类的是耶和华，随后又通过诺亚来施以援手的也是耶和华。同样地，也是"耶和华"忽视、谴责并且惩罚该隐，后来又保障他安全，带给他保护。我们又一次看到，《圣经》将恩基与恩利尔的行为结合到同一位天神的实体之中，称其为"耶和华"。正如《出埃及记》第三章第十四节中，神向提问的摩西这样解释：这个名字的意思是"我是自有永有的"，即一位普遍存在的神曾经通过或作为恩利尔来行动，下一次又通过或作为恩基来行动，或在其他时候又扮演其他神的角色。

一位富有同情心的神明庇佑着该隐，他流浪到了"伊甸东边挪得之地"。在那里该隐"认识了他的妻子"，并育有一子名为以诺（意为"建造"或"基础"）。该隐建造了一座城市，并将那城叫作"以诺"来纪念他的儿子。然后"以诺生以拿，以拿生米户雅利，米户雅利生玛土撒拉，玛土撒拉生拉麦"。

从亚当、该隐、以诺、以拿、米户雅利、玛土撒拉一直到拉麦，便已经是第七代。《圣经》开始描述该隐的家族以及他们取得的成就，甚至不乏溢美之词：

拉麦娶了两个妻：

一个名叫亚大，一个名叫洗拉。

亚大生雅八；雅八就是

住帐篷、牧养牲畜之人的祖师。

雅八的兄弟名叫犹八；他是

一切弹琴吹箫之人的祖师。

洗拉又生了土八该隐；

他是打造各样铜铁利器的。

土八该隐的妹子是拿玛。

　　尽管简短，《圣经》中该隐的故事线描绘出了一个高度发展的文明，始于土地上农夫的辛劳，经历了类似贝都因人①的发展阶段：游牧人民搭建帐篷，照料羊群。之后，成功从农业社会过渡到城市化的居住方式，涌现出音乐家和冶金学家。如果不是在大洪水之前的伊甸，也不是在未来的苏美尔文明，那这个文明究竟产生于何处？

　　《圣经》没有告诉我们该隐定居在哪里，只说他去了"伊甸东边"，抵达"挪得之地"（意为"流浪"）。我们只能猜测，该隐往"伊甸东边"一路去了多远的距离——只是到了扎格罗斯山脉一带，也就是后来的埃兰、库提和梅迪亚附近吗？他和他的家人是否一直在伊朗高原上向东游荡，到达洛雷斯坦的金属加工区，以及畜牧业发达的印度河流域？他们是否流浪到了远东地区？也许，他们甚至跨越了太平洋，到达了美洲？

　　这个问题并不荒谬，因为在过去的某个时间点，的确有人类以某种方式到过美洲——在大洪水的数千年以前。谁曾抵达、如何抵达、何时抵达，才是谜团所在。

---

① 贝都因人（Bedouin）是以氏族部落为基本单位在沙漠旷野过游牧生活的阿拉伯人，"贝都因人"在阿拉伯语意指"居住在沙漠的人"。

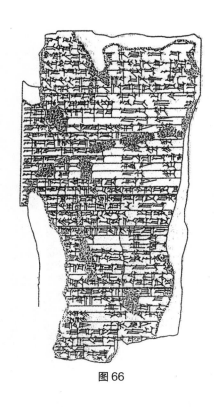

图66

学者们一般都这样假设：苏美尔人（及他们在美索不达米亚的后代）都对该隐家族"下落不明的血统"没有兴趣，因而找不到任何记录。《圣经》提到了该隐的迁徙、家族世代以及他们了不起的成就，但都没有以具体的美索不达米亚古文献为基础。其实，恰恰存在这样的一份泥版，现在保存于大英博物馆（抄写版见图66）。它讲述了一群被放逐的人，他们是"犁地的人"（就像该隐也是"耕种土地者"）。这群人四处游荡，到达了一个叫敦奴（Dunnu）的地方（也许是《圣经》中的"挪得之地"）；他们的领袖凯因（Ka'in）在那里建造了一座城市，以双塔为地标。

他在敦奴建起了

一座有双塔的城市。

凯因冠予自己

这座城市的领主之位。

这份文本提到一座以双塔著称的城市，这条线索尤其引人好奇。不仅最近的科学结论表明早期人类曾经通过太平洋到达美洲，而且南美洲和北

176

图 67

美洲的本土传说都这样认为。在中美洲的传说中，乘船抵达的人类是来自一片古老的土地，被称作"七穴"或"七神殿"（见图 67，来自早期纳瓦特尔语①的典籍抄本）。我曾经指出这个故事与该隐和拉麦的故事线中 7-7-7 的对应之处，在《失落的国度》和《当时间开始》中，我都曾经对阿兹特克②首都的名字表示过疑惑。这座首都就是现在的墨西哥城，它的原名特诺奇－提特兰（Tenoch-titlan，"特诺奇之城"）是否真的意味着"以诺之城"？西班牙人抵达时，这座城市以呈双塔状的阿兹特克神庙而闻名（见图 68）。我还曾经推测，既然"该隐的标记"是一项会被注意并识别的特征，是否指的是中美洲男人没有胡须的特征呢？

显而易见的是，这份文本与该隐的流浪故事以及他建造的城市有雷同之处。但是这一切的假设前提是，故事发生在近东的地理范围之内。但跨越太平洋的美洲之旅依然存在，因为在关于南美洲原住民起源的主要传说中，关键的细节便是四个兄弟和他们的姐妹成亲，并建立起了一座新城市。

---

① 通常纳瓦特尔语也指古典纳瓦特尔语。古典纳瓦特尔语是 7 世纪到 16 世纪晚期在美索亚美利加（指墨西哥中部到哥斯达黎加西北部的地区）大部分地区的通用语。
② 阿兹特克，是存在于 14 世纪至 16 世纪的墨西哥古文明，主要分布在墨西哥中部和南部，因阿兹特克人而得名。阿兹特克人是墨西哥原住民族，广义上包括墨西哥谷地的多个民族，以使用纳瓦特尔语的族群为主，称为纳瓦人。

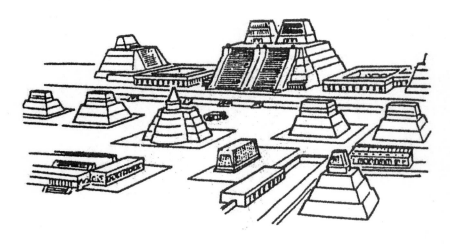

图68

那里的传说中，四个阿雅兄弟与他们的姐妹结婚，然后开始漂泊的生活，建立了拥有神庙的伟大城市——库斯科。他们借助维拉科查①（意为"万有的创造者"）给他们的金魔杖，找到了"地球的肚脐"的准确地点。这些在《失落的国度》有详细叙述。

这些相似之处仍然令人困惑，因此我们可以做出一个判断：如果这些传奇故事（和其中的人物）的地理位置曾经发生改变，那一定是从近东迁徙到安第斯山脉，而不是反方向移动。如果事情发生的经过是这样，那么这里就可能存在一部分人类，他们在没有诺亚方舟的情况下也在洪水中幸存了下来，提供了没有外来通婚的人类基因谱系。

***

《圣经》毫不停顿，在关于拉麦/7-7-7那一节经文之后马上告诉我们家中发生何事："亚当又与妻子同房，她就生了一个儿子，起名叫塞特，

---

① 印卡国的主神是创造之神维拉科查（Viracocha），是其他神灵和包括天、地、人类在内的万物的创造者。

意思是说：神另给我立了一个儿子代替亚伯，因为该隐杀了他。"——"塞特"就是英文中的"Seth"，这个名字是一个双关语，在希伯来文中意为"授予"。值得注意的是，塞特不只是另一个儿子而已，他是"另一个种子"。

"塞特也生了一个儿子，起名叫以挪士。那时候，人才求告耶和华的名。"（《创世记》第四章第二十六节）

因此，《圣经》的叙述已经清楚表明，随着塞特的儿子以挪士出生，一个新的家谱/基因谱系由此开启。正是这条家谱线上诞生了诺亚，因而导向大洪水后幸存的"全人类种子"。

以挪士这个名字不难解释：在希伯来语中，这个词意为"人"，指的是"脆弱的人/生命有限的人"。它和"Enoshut"一词源自相同的词根，同时也来自阿卡德语的"Nishiti"。这两个词语的意思都是"人性，人类"。很显然，正是这一条与该隐的血统不同的人类血统参与了后续事件，包括与"埃洛希姆"（神）的儿子们通婚。

《圣经》将第四章的 2 节结语加上第五章全部 32 节都用来描述塞特和以挪士的这条线。这个名字列表提供了大洪水前十位先祖的连续谱系，从亚当一直到诺亚。毫无疑问是这一世系延伸到了诺亚，从而拯救了全人类的种子，使之在大洪水之后得以恢复元气。

尽管这个家族备受青睐，但《圣经》对相关的信息却很吝啬。《圣经》提供的数据包括每位先祖的名字、生下长子的年纪，以及他的寿命，但并不提及他们是谁、他们之间有什么区别，以及他们的职业是什么。唯一显而易见的特点是他们拥有超凡的长寿：

亚当活到一百三十岁，生了一个儿子，

形象样式和自己相似，就给他起名叫塞特。

亚当生塞特之后，又在世八百年，

并且生儿养女。

亚当共活了九百三十岁

就死了。

塞特活到一百零五岁，生了以挪士。

塞特生以挪士之后，又活了八百零七年，

并且生儿养女。

塞特共活了九百一十二岁

就死了。

接下来的名单以同样的方式继续列出四位先祖——以挪士在九十岁时生了该南，又活了八百一十五年，生了其他儿子和女儿，在九百零五岁时去世。该南在七十岁时生了玛勒列，在九百一十岁时去世；玛勒列六十五岁生雅列，享年八百九十五岁；雅列在一百六十二岁时生了以诺，在九百六十二岁时去世。

说到第七位先祖以诺时，发生了一件非同寻常的事。他"活到六十五岁，生了玛土撒拉"，但没有死，因为在三百六十五岁时，"神将他取去"①。我们在后文很快就会再次提到这个重要的启示。现在暂且让我们继续把后面记录的先祖名字以及年龄看完：

玛土撒拉活到一百八十七岁，生了拉麦，……共活了九百六十九岁就死了。

拉麦活到一百八十二岁，生了诺亚，共活了七百七十七岁。

---

① 此处的"神"在原文中为埃洛希姆（Elohim）。

诺亚五百岁时生了闪、含、雅弗；

大洪水泛滥时，诺亚的年龄是六百岁整。

虽然从表面上看，这些数字表明这些先祖非常长寿（估计基因刚刚混合之后诞生的人会有长寿的特征）。名单也表明，先祖们在有生之年不仅可以看到自己的孩子和孙辈，还可以看到曾孙辈，甚至更往后的辈分——然后正好在大洪水之前死去。因此，尽管他们非常长寿，从亚当到诺亚之间只隔了 1656 年：

亚当后的年份

亚当出生	001
塞特出生	130
以挪士出生	235
该南出生	325
玛勒列出生	395
雅列出生	460
以诺出生	622
玛土撒拉出生	687
拉麦出生	874
亚当去世	930（当时亚当 930 岁）
以诺被神带走	987（当时以诺 365 岁）
塞特去世	1042（当时塞特 912 岁）
诺亚出生	1056
以挪士去世	1140（当时以挪士 905 岁）

该南去世	1235（当时该南 910 岁）	
玛勒列去世	1290（当时玛勒列 895 岁）	
雅列去世	1422（当时雅列 962 岁）	
诺亚的三个儿子出生	1556	
拉麦去世	1651（当时拉麦 777 岁）	
玛土撒拉去世	1656（当时玛土撒拉 969 岁）	
大洪水	1656（诺亚 600 岁）	

不管奇怪与否，这份名单包含大洪水前十位先祖的名字。这不可避免地引发了学术界的努力探究，将其与贝罗索斯的文献中大洪水前的十位国王进行对比。这不是一项简单的任务，因为在《圣经》中，从亚当出生到大洪水发生仅相隔 1656 年，而贝罗索斯的文献中相差 43.2 万年，二者有很大不同。根据泥版 WB-62 和 WB-444 的总数来看也是如此。

《圣经》	WB-62	贝罗索斯
亚当 130	阿鲁利姆 67200	阿洛斯 36000
塞特 105	阿拉加尔 72000	阿拉普鲁斯 10800
以挪士 90	恩基敦奴 72000	阿美伦 46800
该南 70	[⋯] 阿里玛 21600	阿门侬 43200
玛勒列 65	杜木兹 28800	美加路努斯 64800
雅列 162	恩门卢安纳 21600	道诺斯 36000
以诺 65	恩西帕齐丹纳 36000	尤多雷舒斯 64800
玛土撒拉 187	恩门杜兰纳 72000	阿诺达弗斯 36000
拉麦 182	苏苦拉姆 28800	安德慈 28800
诺亚 600	朱苏德拉 36000	西西特鲁斯 64800
十位先祖 1656	十位首领 456000	十位国王 120*SHAR=432000

学术界多次尝试做数值上的换算，想要在 1656 年和美索不达米亚版的数字之间找到一些共同点。目前还没有令人信服或理论上可接受的结论。在《神圣邂逅》中，我们也曾尝试做出解释，主要关注的是诺亚和朱苏德拉显而易见的身份，以及 600：36000 的关系。由于楔形文字中的数字 "1" 在不同位置也可以有 "60" 的意思，这很可能导致《圣经》编写者将年龄数值缩小至六十分之一。这意味着亚当到大洪水的时间跨度为 99360 年（即 1656×60），但这仍然不足以缩小差距。

数字相加的结果不符也不足为奇，因为计算方法从一开始就不对。美索不达米亚的计数始于阿努纳奇到达的时间（即大洪水前 120 个 SHAR）；而亚当的计数应该不是从同一时刻开始的，而是始于亚当被造的时间，因而要晚 40 个 SHAR。如果是从被称作 "亚当" 的那个人出生时开始算起，那么甚至还要更晚。此外，美索不达米亚版本的列表还给出了在位的时间长度，这顶多是和先祖的继位时间进行比较，而不是与后代出生的时间作对比。

选择他们寿命长度而不是后代的出生日期，然后将这些数字乘以 60，可以得到一个更加接近贝罗索斯版本的范围：亚当活了 930 岁，将转化为 55800 年；塞特的 912 岁则是 54720 年；以挪士的 905 岁将是 54300 年……十个人的寿命总共是 8225 年，其中以诺的寿命计数止于 365 岁，诺亚的计数则停止在 600 岁。再乘以 60 的话，得到的结果是 493500 年。假设有时上一任尚未去世就出现即位的情况，我们就将其算在美索不达米亚版本的总数范围之内。

另外一种更好的追踪方式可能是对比他们的个性特征，把他们的名字或职业作为线索。比如，在美索不达米亚的十位国王列表中，我们能否找到《圣经》中亚当出现的时间点？如果我们观察足够仔细，似乎可以发现蛛丝马迹。

在最早的两位统治者中，我们可以肯定他们统治的是埃利都，这是伊亚／恩基建立的第一个阿努纳奇定居点。这两位统治者都有典型的早期阿努纳奇名字。阿鲁利姆极有可能就是被废黜的尼比鲁国王阿拉鲁。他被女婿伊亚／恩基任命为埃利都的首席行政官（也就是"国王"）。阿拉加尔并不是特别出名，他的名字传递出了"安顿下来"的意思，他可能是恩基的一位助手。

根据泥版 WB-62 的记录，他们的统治有一点很有意思。他们一共统治了 139200 年，略短于阿努纳奇辛勤劳作的 40 个 SHAR（144 000 年），那时候"工人"尚未被塑造。 这似乎就是"亚当"出现的合适时机，因为他是为辛苦劳动而生。事实上，美索不达米亚的名单正是在此处点出了第三位统治者阿美伦（Amelon）——这个词在阿卡德语中的意思是"工人"。这个词与苏美尔语中的"Lulu-Amelu"也能对应得上。看着 WB-62 名单中的这个名字，答案就呈现在我们眼前——"恩基敦奴（Enki.dunnu）"在苏美尔语中的意思是简单又明确的："恩基制造／塑造了他。"

我认为，当我们看着阿卡德语的"Amelon"和苏美尔语中的"Enki.dunnu"，我们其实正凝视着《圣经》中的"亚当"。

WB-62 随后列出了两个名字：不完整的"[…] 阿里玛（[…]-Alimma）"和"杜木兹，牧羊人（Dumuzi）"。他们的名字和排列顺序让我们停下来思考。令人难以置信的是，"Alim"在苏美尔语中的意思是"牧场"或那里的动物，也就是公羊。"Dumu.zi"的字面意思是"生命之子"。这些苏美尔语中的名字是否在指代亚当的儿子亚伯（他是牧民）和塞特（即带来新生命线的儿子）？

有很多研究将《圣经》中的先祖名单与贝罗索斯名单进行比较，表明

184

贝罗索斯名单中的"阿门侬（Ammenon）"源于阿卡德语（和希伯来语）中的"Amman"，这个词的意思是"工匠/手艺人"。这个描述符合《圣经》中的该南（"器具的工匠"）。我们尚且不将其他名字考虑在内，仅目前为止给出的例子就已给出强烈暗示，各种苏美尔语的国王列表、贝罗索斯的文本、《圣经》拥有一个共同的来源。

必定有一个共同的信息来源，在某处以某种形式存在着。而我们的分析和发现已经远远超越了这个结论。因为如果苏美尔人在大洪水之前的统治者就是《圣经》中大洪水之前的先祖们，这也引出一个问题：这些先祖究竟是谁？如果亚当、塞特和以挪士等人生活并"统治"了以 SHAR 为单位的时间长度，他们是否还是《圣经》暗示的那样，只是凡人肉身？如果他们是苏美尔国王列表中的统治者，统治时间以 SHAR 为计数单位，为什么《圣经》还要反复声明他们全都已经死去？还有一种可能，他们也许是两者的结合：这种结合构成了他们后来的基因组成，他们既有凡人的血统，又有神的基因，换句话说，他们是半神。

《圣经》中这些包括诺亚在内的先祖，会不会就是《创世记》第六章中"上古英武有名的人"，即利乏音族与"人类的女儿"交配之后繁衍的后代？

为了得到这个石破天惊的答案，我们必须把所有可获得的资料来源重新审视一遍。

"七"的力量

每个星期有七天，这是我们日常生活的规范。"七"这个奇数既不符合十进制，也不符合我们一直运用于几何学、天文学和计时的苏美尔六十进制。这个不寻常的数字可以用《圣经》的《创世记》故事来解释，里面的七天包括最后一天的休息和反思。而反过来，《圣经》中的"七"又能用记录美索不达米亚创世历程的史诗来解释——《埃努玛·埃利什》共有七块泥版。但是，为什么这一神话会刻在七块泥版上呢？

在《圣经》中，几乎所有的主要事件、戒律和预言都出现了数字"七"（包括 17 和 70），总计约 600 次。同时，"七"也是《新约》与伪经中的关键数字，如《新约》中的《启示录》和伪经《以诺书》中的七级天使。

"七"在埃及的传说中也同样扮演着重要角色。从诸神的事务开始说起：普塔到荷鲁斯这七位神组成了第一个众神王朝。在法老王朝前，总共出现了 49 位（7×7）神或半神统治者。又如中美洲起源于七个部落等。

事实上，最早把"七"视为权力数字的是阿努纳奇。他们从尼比鲁星球来到地球，尼普尔是他们的任务指挥中心，也是地球上的第七个城市。那里有七位贤人和"七位审判者"。金字塔共有七个层级，人们根据"七个数字的测针"来确定星星的方位。神有"七重武器"，还有七种"恐怖武器"。释放天之公牛引发了七年的饥荒。每建成一座寺庙，人们就会念出七句祷文，诸如此类。

我们认为，这一切都因为，从阿努纳奇人的角度来看，地球是第七颗行星。这说明"恩利尔经过了六颗行星"到达地球——从前到后依次为冥王星、海王星、天王星、土星、木星、火星和地球。因此，正如我们在亚述纪念碑上看到的，地球的天体符号是七个点（旁边是月亮、尼比鲁和太阳的符号，以及与之相关的诸神）。

186

第十章

先祖和半神

　　根据定义，"半神"是神与地球人类结合产生的后代，他们混合了两组基因。尽管这种可能性听起来令人震惊，或被视为神话里才会发生的事情，但《圣经》明确指出这种结合曾经发生，而且其后便诞生了"英武有名的人"，在大洪水的前后都是如此。从表面上看，《圣经》对这个改变历史的事件一共只说了这么一点内容，而这就是计划借助大洪水来灭亡人类的原因！但在美索不达米亚的文本中却满是半神的故事，其中就有臭名昭著的吉尔伽美什 ①。这个故事和我们将要看到的一切，都为我们打开大门，通向潜在的发现。

　　《圣经》中关于大洪水前的先祖只有微量的信息，但我们通过探索可用的材料，加上演绎和推理，发现这些信息与美索不达米亚相吻合，而后者内容要丰富许多。《创世记》第六章中，仅用寥寥数语陈述"神的儿子们"娶了人类的女儿为妻，但其他古希伯来著作对这块内容做出了实质性的补充。"失落的书籍"没有被纳入正统的《希伯来圣经》，统称为"伪经"（意

---

① 吉尔伽美什：卢加班达之子，乌鲁克第五任君主，统治时间约在公元前 27 世纪。是著名古代文学《吉尔伽美什史诗》的主角，被写成是女神宁松之子。在美索不达米亚神话中，吉尔伽美什是拥有超人力量的半神（三分之二是神，三分之一是人，拥有神的智慧及力量，但没有神的寿命），他建造城墙保护人民免受外来攻击，重建女神宁利尔的圣殿，圣殿设于图玛，该地是尼普尔城的圣域。

为 "隐藏的秘密著作" 或 "旧约的伪作")。这也需要我们展开探索。

《圣经》本身就证实了这些著作的存在。这里指的是几本 "失落的书籍" ，它们的存在在当时是众所周知的，但在后来都已散佚。《民数记》第 21 章第 14 节引用的是《耶和华战书》；《约书亚记》第 10 章第 13 节回忆了《雅煞珥书》描述的奇迹事件。这些以及其他被提到的书都已经完全遗失了。另外，一些遗失的书籍已经被翻译成了希伯来语以外的其他语言，因而保存了下来，比如《亚当夏娃之书》《以诺书》《诺亚书》《禧年书》。其中有些被后人改写渲染，做了部分改变，或者完全改写。这些手稿对于重温《圣经》中的信息来说很重要，因为它们为《圣经》故事提供了更多细节，其中有些记录了通婚事件，并补充了详细信息。

在《创世记》第 6 章中，《圣经》描述了一位两种思想互相矛盾的上帝。他对 "神的儿子们" 与人类女儿的通婚感到愤怒，但后来又认为他们产生的后代 "英武有名"。他决定将人类从地球上彻底抹去，然后又借助诺亚和方舟的帮助，不惜一切努力想要拯救人类的种子。我们现在已经知道，这个明显矛盾的根源在于，《圣经》将恩基和恩利尔这些不同或对立的天神合并为同一个神（耶和华）。《禧年书》和《以诺书》的作者认为，天使降临地球的本意是仁慈的，不过随后他们中的小部分成员被领袖误导，踏上歧途，开始娶地球人为妻。这是想要对这个二元对立的矛盾做出解释。

根据《禧年书》记载，这是在雅列的时代发生的（雅列的意思是 "降世的他"）。他的父亲玛勒列如此命名，是因为那时 "上主的天使降临到了地球之上"。他们的使命是 "把判断力和道德教给人类的孩子们"，但是，他们最终反而和人类的女儿结合，"玷污了自身"。

根据这些《圣经》之外的文本，大约有 200 名 "守望者"（即苏美尔传说中的伊吉吉）将自己分成 20 组，每组 10 名成员，每个小组的组长都有名字。大多数名字都有字义为"神"（El），这些名字都有致敬的含义——Kokhabiel、Barakel、Yomiel 等。这些人的统帅名叫谢米亚兹，他让下属们发誓，所有人一起行动。然后"他们各为自己选了一个对象，就与她们一起，从此玷污了自己……后来女人们生下了巨人"。

但根据《以诺书》的内容，这次犯罪行动的煽动者，也就是这个"把神的儿子们带到地球上，并让人类的女儿们引诱他们误入歧途的人"，实际就是犯过错误的天使阿撒兹勒①（这个名字的意思是"神之强者"），他曾因负罪而被流放。美索不达米亚的文本有一个片段谈及了马尔杜克被流放之事。马尔杜克是第一个打破禁忌的天神，他与地球人类女性萨帕尼特结婚，这和仅发生性行为是两码事。并且，马尔杜克和她育有一子，名叫纳布。马尔杜克牵涉其中的事实究竟在多大程度上导致了恩利尔的愤怒？我们对此不得而知。

＊＊＊

若我们回想起大洪水前的事情，以诺是继雅列之后的下一任先祖，他"与神同行"，并且没有死去，因为他被神带走，与他们常伴。如《创世记》第五章第 21—24 节所述：

> 以诺生玛土撒拉之后，
>
> 与神同行三百年，
>
> 并且生儿养女。
>
> 以诺共活了三百六十五岁。
>
> 以诺与神同行，

---

① 阿撒兹勒在犹太传说中是堕落天使之首，第一位因背叛上帝而堕落的天使。

神将他取去，他就不在世了。

以他命名的《以诺书》则进一步扩大了这段描写，并如此描述守望者的事件：正义天使之所以向以诺揭示天与地、过去与未来之间的奥秘，其目的是通过对以诺的启示，来引导人类走向正义之途——而守望者的恶行扭转了这条道路。

根据这些著作的记载，以诺曾被带到天堂两次。《圣经》的描述比较简单，先说他"与神同行"，然后被他们"取去"，而《以诺书》中则出现了许多天使和天使长，正是他们执行了这些任务。

他与"圣者"们同行的旅行从一个梦境开始。他后来写道，在这个梦里，他的卧室充满了云雾，"云在邀请我，雾在召唤我"，某种旋风"把我往上提，我被带到了天堂"。他奇迹般地穿过一堵火热的水晶墙，进入一座水晶屋，屋顶的天花板就像星空一般。然后，他到了一座水晶宫，见到了"伟大的荣耀"。一位天使领他走近一个宝座，他听到主在告诉自己：他已被选中，"天上的秘密"将向他展示，好让他把这些教给全人类。然后，他听到了七位大天使的名字，他们服务于上主，并将在他的发现之旅中担任导师的角色。就这样，他梦中的异象落下帷幕。

后来，就在以诺365岁生日的90天前，以诺独自一人在家，不知从哪里显现出了"两个体型非常高大的人"。他们的外表"是我从未见过的"。他们的脸庞闪闪发光，他们的衣服与众不同，他们的手臂像金色的翅膀一样。以诺后来告诉他的儿子玛土撒拉和雷吉："他们站在我的床头，呼唤我的名字。"

这两位神圣的使者告诉以诺，他们此行的目的是要带他离开，开启第二次长期的空中旅行。他们还建议以诺告知儿子和仆人们，他将要离开一段时间。然后，两位天使用翅膀把他托举起来，带到了第一层天堂。那里有一片汪洋大海。正是在那里，以诺获悉了关于气候和气象学的秘密。

随着旅程的继续，他又经过了第二层天堂，有罪之人在那里受罚。第三层天堂是义人们前往的乐园。他们在第四层天堂停留的时间最长，以诺被传授了太阳、月亮、星星、黄道星座和日历的奥秘。在第五层天堂，连接地球和天堂的纽带逐渐消失。那里住着"与女人们有关联的天使们"。以诺空中旅行的第一部分就是在这里完成的。

随后，以诺继续踏上旅程。他经过了第六层和第七层天堂，并在那里遇到了各不相同的天使群体，按职位高低顺序排列。智天使、炽天使、大天使——共分为七个等级。到达第八层天堂时，以诺可以真切地看到构成星座的星群。在第九层天堂，他可以看到黄道十二宫分布的范围。

最后，他抵达第十层天堂，天使们把他带到"主的面前"。他吓坏了，跪下来鞠躬。主对他说：

起来，以诺，不要害怕！
起来，站在我面前，
你将获得永生。

主吩咐大天使米迦勒给以诺换下了地球上的衣服，给他穿戴上神圣的服装，用油膏涂抹他。主又吩咐大天使普拉乌艾尔"从圣库中拿出书和一根写字很快的芦苇"交给以诺，让他把大天使读给他的内容一一写下——"所有诫命和教导"。普拉乌艾尔口述了整整三十个日夜，以诺写下了"天、地、海和其他所有元素的运作奥秘……雷鸣的声音、日月和星星的轨迹，以及季节、年、日、时的规律"。他还被告知了"人类的事迹"——比如

"人类歌曲的音调"。这些内容整整写满了360本书。以诺回到主的面前，坐在主的左手边，在大天使加百列的旁边。主把天地被造的过程亲口告诉了以诺。

然后主告诉以诺，他会被送回地球再停留三十天，然后把手写的书籍赠予人类，从此代代相传。以诺回到家后，把自己的奇遇告诉儿子们，向他们解释了书中的内容，并且告诫他们要追求公义，遵守戒律。

以诺的三十天归家期限已到，但他仍在讲述和解释。当时，消息已在城里传开，一大群人围住以诺的家，渴望听到空中旅行的细节和来自天上的教诲。于是，主让地球陷入了黑暗之中；两个天使在夜色中迅速抬起以诺，把他带到了"最高的天堂"。

人们意识到以诺已经离开，却"无法理解以诺究竟是如何被带走的。他们各自回家，凡是见证此事的人都荣耀上帝"。以诺的儿子们"在以诺被提升的地方筑起了一座祭坛"。根据一份手抄经文的跋文所述，这是在以诺正好365岁的时候发生的——这个数字暗示着他刚刚掌握了天文和日历的奥秘。（这一点让人们想起曼涅托曾记录过埃及30位半神的王朝，他们在位的总时长是3650年——这个数字正好是365×10的结果。这只是巧合而已吗？）

值得注意的是，我们无论从《圣经》中关于以诺的简短信息，还是一百多章的《以诺书》里，都找不到关于以诺被选中的原因。他为什么能有非同寻常的神遇，躲避了凡人终有一死的命运？他究竟有什么特别之处，让他如此与众不同？那个"生下"他的人名叫雅列，这个名字可以解释为：利乏音族正是降临于他的时代。雅列这个名字来自希伯来语"降下"这个词的动词词根，但它在语法上很别扭，让我们无法弄清楚是不是雅列本人就是"降下的人"。如果答案是肯定的，那么他就具有天神的地位，而他的儿子也会成为半神。

以诺居住的城市在哪里，在以上文本中也没有说明。那里是奇迹发生的地方，也是纪念奇迹的祭坛所在之地。如果他的父亲雅列也住在这座城市，如果雅列的名字对应该隐那条故事线中的伊拉德（Yirad），人们就不禁要问：这个城市的名字是否和埃利都这个地名相呼应？

如果真是这样，如果以诺的神遇之地是恩基和阿努纳奇的埃利都，我们在这里还能列出一些细节，把这些大洪水之前的先祖、苏美尔版本的国王们和"神的儿子们"联系起来。他们有的出现在《圣经》里，有的出现在《圣经》以外的文本中。（而《圣经》本身就把"神的儿子们"描述为"上古英武有名的人"。）

＊＊＊

上古时代，《圣经》中的先祖们很有可能拥有半神身份，诺亚的情况尤其如此。

学者们得出结论，《以诺书》包含了《诺亚书》的部分内容，这是一本年代更久远的书，后已失传。人们根据其他各种早期著作以及《以诺书》中不同章节的写作风格，推测出了《诺亚书》的存在。后来，在"死海古卷"中发现了《诺亚书》的片段，这项猜测就变成确凿的事实。"死海古卷"是大约两千年前的文献，可以看作是一个虚拟的图书馆，藏于以色列死海岸边的一个山洞，那片区域名为库兰。在这些卷轴中（见图69），可以清楚看到一个亚拉姆语的词语"Nefilin"。这个词通常被翻译为"守望者"——希伯来语中的利乏音族"Nefilim"。

根据该书的相关章节，拉麦（即《圣经》中诺亚的父亲）的妻子被命名为巴斯－以挪士，意为"以挪士的女儿/后代"。诺亚出生时，这个婴

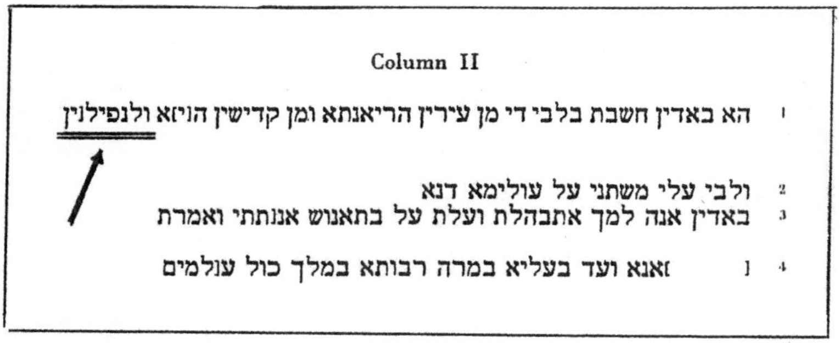

Column II

הא באדין חשבת בלבי די מן עירין הריאנתא ומן קדישין הו‏זא ולנפילנין 1

ולבי עלי משתני על עולימא דנא 2

באדין אנה למך אתבהלת ועלת על בתאנוש אנתתי ואמרת 3

[אנא ועד בעליא במרה רבותא במלך כול עולמים 4

图 69

儿是如此不同寻常，甚至让拉麦心生疑惑。他看起来与一般的男婴明显不同，他的眼睛闪闪发亮，而且能说话。拉麦马上"在心里想，这婴儿的血统应该来自一位守望者"。拉麦向他的父亲玛士撒拉表达了内心的怀疑：

> 我生了一个奇怪的儿子，
>
> 与人类不同，
>
> 很像是天上之神的儿子。
>
> 他的天性异于常人，也和我们并不类似。
>
> 在我看来，他并不是从我的血统而来，
>
> 而是来自天使。

拉麦怀疑这个男孩的真正父亲是一位守望者，于是质问他的妻子巴斯－以挪士，要求她"以至高无上的主、万世之王、天子之君的名义"向他起誓，并告诉他真相。巴斯－以挪士对拉麦回应道："记住我脆弱的情感！这种情况确实令人震惊，我的灵魂正在鞘中翻滚！"这个答案让拉麦感到疑惑。他要求她再次起誓，说出真相。巴斯－以挪士再次提醒拉麦，她有着"脆弱的情感"——但她随后以"神圣而伟大的那一位"之名起誓，向拉麦保证，

"这个孩子是因你而孕育的，而不是某个陌生人或任何一位守望者"。

拉麦对此仍持怀疑态度，他找到父亲玛土撒拉，向他提出一个请求：寻找玛土撒拉那位被圣人带走的父亲，并向他提出这个关于父系血缘的问题。玛土撒拉"在地球的尽头"找到了他的父亲以诺，向他讲述了诺亚的身世之谜，并转达了拉麦的请求。是的，以诺告诉他，在他的父亲雅列生活的时代，"有些天国的天使确实犯下错误，与地球上的女人结合，并与其中一些人结婚生子。但你可以让拉麦放心，这个已经出生的孩子是他的亲生儿子"。诺亚奇怪的特征和不同寻常的才能，是因为他被神选中，将会迎来特殊的命运，正如"天上的牌板"所预言的那样。

这些话语让拉麦放下心来。但是，我们该如何理解整个故事呢？诺亚毕竟有天神的血统——在这种情况下，我们作为他的后代，基因中是否有更大比例来自阿努纳奇，比亚当得到的更多呢？

《圣经》在介绍大洪水故事时是这样说的：

这是关于诺亚的世代记录。

诺亚是个义人，

他在家谱中是完美的。

诺亚与神同行。

如果你对此感到疑惑，那么可以重新阅读《创世记》第 6 章中关于更早时期利乏音族的经文。你就会对此有更深的印象：这个问题在《圣经》中是悬而未决的，在第 4 节提到半神是"上古英武有名的人"，之后又说："惟有诺亚在耶和华眼前蒙恩。"（第 8 节）《圣经》没有说"但是"——这节经文以"然后"开头，好像在直接延续前面关于众神之子的经文。

那时候有伟人在地上，

……

那就是上古英武有名的人。

……

惟有诺亚在耶和华眼前蒙恩。

如此看来，诺亚应该是"上古英武有名的人"之一，即有部分神的血统。他在大洪水之前的 600 年时间长度可以拓展为朱苏德拉／乌特纳匹什提姆的 36000 年。

* * *

在苏美尔语的文本中，还能找到大洪水之恩麦杜兰基的故事，和《圣经》中以诺的故事非常相似。他名字中神的字义部分让我们联想到尼普尔的指挥中心杜兰基（意为"天地的连接处"）。

我们可以回顾一下，在《圣经》的该隐和塞特谱系中都曾出现一位名叫"以诺"的人。在恩基和恩利尔互相竞争的背景下，恩麦杜兰基的平行故事更对应该隐那条线的"以诺"，区别在于这个以诺建立了一座新的城市。在苏美尔语的文本中，有关恩麦杜兰基的事件不再发生于埃利都，而是在一个叫作西帕尔的新兴中心，他在那里统治了 21600 年。

这份出土的文本讲述了天神沙玛什和阿达德如何将恩麦杜兰基带到天神大会，又如何在那里向他揭示了医学、天文、数学等方面的秘密。然后，他被送回西帕尔，就此开启了由他为首的祭司－学者家族。

恩麦杜兰基（Enmeduranki）是西帕尔的一位王子，

深受阿努、恩利尔和伊亚的喜爱。

沙玛什在 E.babbar 的光明寺，

任命他为祭司。

沙玛什和阿达德 [带他]

到 [众神的] 大会上。

沙玛什和阿达德为他穿衣（净化？）

沙玛什和阿达德把他安置在

一个巨大的黄金宝座上。

他们向他展示如何观察水上漂浮的油——

这是阿努、恩利尔和伊亚的秘密。

他们给了他一块神圣的泥版，

藏有天地的秘密。

他们把一件雪松制成的乐器放在他手中，

伟大的天神们的心爱物品。

他们教他如何

用数字进行计算。

沙玛什和阿达德这两位天神分别是恩利尔的孙子和儿子。随后，他们将恩麦杜兰基送回西帕尔，指导他向民众报告他的神圣奇遇，并将获得的知识传给人类——这些知识将在以他为首的祭司队伍中由父亲传给儿子，代代相传：

恩麦杜兰基

守护着伟大天神的秘密，

将在沙玛什和阿达德面前，

用誓言约束他的爱子。

他会在神圣的泥版旁，用刻写的尖笔，

把诸神的秘密教给儿子。

泥版上的跋文表示："就这样，祭司的队伍逐渐成型——他们就是那些得以靠近沙玛什和阿达德的人。"

在这个苏美尔版本的以诺故事中，两位神就像《以诺书》版本中的两位大天使。这是美索不达米亚艺术作品中的常见主题，比如画在大门两侧的两个"鹰人"（图56）、生命之树或火箭（图70）。

尽管在恩麦杜兰基碑文尚存的可读部分中，仅说他"是西帕尔的一位王子"，此外并未对他的半神身份作出断言。但是，他也在大洪水之前的统治者名单之列，统治期为6个SHAR（即21600个地球年），这应该可以作为一个判断指标，没有哪个寿命有限的地球人可以活这么久。同时，这样的长寿程

图70

度远不及真正的阿努纳奇天神们。例如，恩基从到达地球到发生大洪水，整整活了 120 个 SHAR——而且，他到达地球时已经是成年人，且在大洪水后还在地球上居留。如果阿鲁利姆和阿拉加尔之后在位的八个人不是完完全全的神，我们必须考虑他们可能是半神身份。

如果《圣经》把诺亚列为拉麦的儿子，而苏美尔文本则把朱苏德拉列为乌巴图图的儿子，那么这个关于第十位统治者（也就是大洪水中的英雄）的结论如何自洽？我们可以在半神的故事中找到解释，从巴斯－以挪士（诺亚的母亲）一直到奥林匹亚斯（亚历山大的母亲）。

假设丈夫的身份其实是一位天神！

这样解释就能积极肯定孩子的半神身份，同时也让母亲免于通奸罪的指控。

还有一个来自埃及的有趣例子，能够说明这种解释是很普遍的。在埃及，一些最著名的法老的名字以 MSS 结尾，也有的被译为 MES、MSES、MOSES，这个后缀意为"某人的后代"，比如"图特摩斯（Thothmes）"意为"图特神的后代"，"拉美西斯（Ramses）"意为"拉神的后代"，等等。

有这样一个典型例子：公元前 1512 年，著名的埃及第十八王朝法老图特摩斯一世去世，留在世上的有正室妻子所生的女儿哈特谢普苏特，还有一个妾室生下的儿子。为了能合法获得王位，这个儿子与同父异母的妹妹哈特谢普苏特结婚，他就是后来的图特摩斯二世。图特摩斯二世的统治时间非常短暂。他在公元前 1504 年去世，唯一的男性继承人不是哈特谢普苏特所生，而是一名后宫女眷之子。

由于这个男孩过于年幼，尚不足以统治全国，哈特谢普苏特成为共同执政的摄政王。但后来，她决定让王权只归于自己一人，并以自己的名义登上王位。为了找到合理解释，她声称虽然图特摩斯一世是自己名义上的父亲,但她实际的父亲是阿蒙神——阿蒙神伪装成丈夫,与她母亲密切接触,然后生下了她。

在哈特谢普苏特的命令下,埃及王室年鉴中收入了以下声明,记录了她的半神血统:

> 阿蒙神化身为国王的模样,
>
> 即这位王后的丈夫。
>
> 他立刻找到她,
>
> 与她交合。
>
> 阿蒙神,两地的王座之主。
>
> 之后在她面前
>
> 说了这些话:
>
> "哈特谢普苏特——由阿蒙创造"
>
> 将成为我这个女儿的名字
>
> 我已让你的身体孕育这个女儿……
>
> 她将在这块土地上行使王权
>
> 让人民受益。

公元前 1482 年,哈特谢普苏特以埃及女王的身份去世。而那个"男孩"最终成为法老,他后来被称为图特摩斯三世。她有一座气势恢宏的墓葬,位于古底比斯对面的尼罗河西侧,现在仍然存在。底比斯就是今天的卢克索－卡纳克区域。内墙上的一系列壁画讲述了哈特谢普苏特的半神身份和她出生的故事,并附有象形文字。

在这些壁画的最开始,我们可以看到阿蒙神在图特神的带领下,进入图特摩斯一世的妻子的寝宫。附带的象形文字铭文解释说，阿蒙神伪装成了她丈夫的模样。

> 然后阿蒙神走了进来，光辉熠熠。
> 这位两地的王座之主，
> 变成了她丈夫的样子。

"他们（两位神）发现她（王后）在美丽的圣所里沉睡。她闻到神的香气醒来，[并] 在他威严的面孔前开怀大笑。"图特神谨慎地离场，阿蒙神——

> 被爱冲昏了头脑，急匆匆地走向她。
> 随着他步步走近，
> 她可以看到他神的形态。
> 她因为看到他俊美的外貌而欣喜若狂。
> 神和王后都意乱情迷，发生了关系：
> 他的爱蔓延到她的四肢。
> 房间里弥漫着神的甜美香气。
> 英俊的神对她做了如他所愿的一切。
> 她献出自己的全部来博取他的欢心，
> 她吻了他。

其实，拉神和埃及法老的半神地位密切相关，这可以追溯到更早的朝代。有个印刻在纸莎草纸上的故事甚至可以解开关于埃及第五王朝的谜团。

在这个王朝,三个法老互有血缘关系,但不是父子关系,他们可以相互继承王位。根据这个故事,拉神与自己神庙大祭司的妻子交配,才有了这三个法老。当他们的母亲临盆的阵痛开始时,人们才发现这个女人怀的是三胞胎,这场分娩将会非常困难。于是,拉神召集了四位"生育女神",并求助于他的父亲普塔,请他来协助生育。根据这段文字的描述,所有这些天神通力合作,帮助大祭司的妻子相继诞下三个儿子,他们被命名为乌瑟卡夫①、萨胡拉②和内弗尔卡拉③。历史记录显示,他们三人确实都以法老的身份连续在位,构成了第五王朝。

这个故事不仅为埃及学家提供了关于这个奇怪王朝的一种解释,还为考古学家发现的一件浮雕提供佐证。该浮雕将法老萨胡拉描绘成一个吸吮女神乳汁的婴儿——这是那些具有神圣出身的人才有的特权。哈特谢普苏特为了说明自己继承王权的神圣身世,也声称自己经历过"神圣的吸吮":她声称哈索尔④女神曾用乳汁喂养她,这位女神又被称作"众神之母"。后来图特摩斯三世的儿子也声称自己得到过"神圣的吸吮"。

后来,著名的拉美西斯二世⑤在王室史册中记录,伟大的普塔神曾经亲自启示他,声称与伪装为人的神交合,能够直接让人获得半神地位:

我是你的父亲。

我化身为公羊之神门德斯,

---

① 乌瑟卡夫是古埃及第五王朝的建立者,大约在前25世纪在位,在位七年。
② 萨胡拉是古埃及第五王朝的第二位法老,大约在前25世纪间在位,在位12年或13年。
③ 内弗尔卡拉是古埃及第五王朝的第三位法老。
④ 哈索尔,亦称哈托尔,古埃及女神。她是爱神、美神、富裕之神、舞蹈之神、音乐之神。哈索尔关怀苍生,同情死者,同时也是母亲和儿童的保护神。
⑤ 拉美西斯二世是古埃及第十九王朝的第三位法老,法老塞提一世之子,其名在古埃及语中意为"拉神之子"。拉美西斯二世执政时期,是埃及新王国最后的强盛年代。

让你令人尊重的母亲孕育了你。

如果你觉得，他声称自己的父亲不仅仅是某一位天神，而是万神之首，似乎听起来太过牵强，那么请回顾我们的解释：埃及的普塔神不是其他神，正是恩基。

而如果他说恩基就是自己的父亲，那也一点都不离谱。

＊＊＊

如果我们把美索不达米亚诸神的故事作为整体来观察，就会有一个关注点：同父异母的兄弟恩基和恩利尔在各个方面都很不同，婚姻上也是如此。

我们在前文曾经提到，阿努除了正式配偶安图之外，还有相当多的妻妾。事实上，阿努的长子伊亚／恩基的母亲就是众多妾室之一。约公元前4000年，当阿努和安图来到地球进行正式访问，他们建造了一座特别的城市乌鲁克来居住，这里就是《圣经》中的以力。在这次造访期间，阿努对恩利尔的孙女有特别的喜爱，此后她被称为伊南娜，这个名字的意思是"阿努心爱之人"——文本暗示，阿努的"爱"已经超越了曾祖父之爱。

而在这些方面继承了父亲基因的是恩基，不是恩利尔。在恩基的六个儿子中，只有马尔杜克被明确认定为恩基的正室妻子达姆金娜（Dam.ki.na）（意为"来到地球的女神"）所生，其他五个儿子的母亲都是无名氏。相比之下，恩利尔在尼比鲁时就和宁玛育有一子，当时双方尚为未婚状态。恩利尔的两个儿子都是配偶宁利尔所生。

有一份篇幅巨大的苏美尔文本由第一位译者塞缪尔·N.克莱默命名为《恩基和宁胡尔萨格：天堂之谜》。文中详细描述了恩基与他同父异母的姐妹宁玛曾多次试图发生关系,但是都未成功。他的目的是让她生一个儿子。后文又描述了他与那些女性后代发生关系的事。

恩基并不反感存在于家庭内部的性行为:有一篇关于伊南娜访问埃利都的长篇文字,伊南娜此行目的是从恩基那里得到重要的 ME。文章描述了招待她的恩基是如何试图灌醉并勾引她,但是最终失败了。另一篇文字记录了从埃利都航行到阿勃祖的过程,讲述了恩基如何成功地在船上与埃列什基伽勒发生性关系的事。她是伊南娜的姐姐,恩基之子内尔伽勒后来的妻子。

一旦这种越轨行为产生了后代,就会有年轻的神诞生。如果要有半神诞生,就必定有与地球人的性行为,而这种情况也数不胜数……我们可以从迦南诸神的故事开始说起,其中万神殿的首领是 El,这个名字意为"至高无上的那位",也就是地中海东部神话传说中"克洛诺斯"的角色。在这些故事中,还有一篇名为《仁慈众神的诞生》的文本,描述了 El 如何在海边漫步,偶遇两个正在沐浴的人类女性。这两个女人被他所吸引,并与他发生了关系,随后诞生了 Shahar(意为"清晨")和 Shalem(意为"完成"或"黄昏")。

虽然在迦南的文本中被称为"神",但根据定义,她们是半神。El 有一个重要的别称是 Ab Adam——往往被译为"人之父",但从字面上看也可能是"亚当之父"的意思:指的是《圣经》中名为亚当的那个人的实际父亲。这就直接把我们的探寻引向了阿达帕。

有一位大洪水之前的半神被称为"埃利都之人",他的名字叫阿达帕,被认为是"最具智慧之人"。他的身材高大,是确定的恩基之子。恩基公开表示为他感到骄傲,任命他为埃利都的领主,并赋予他"广泛的理解能力",让他能理解包括数学、写作和手工艺在内的所有知识。

阿达帕是第一位有相关文献记录的"智者"。他可能是隐匿的智人，大约 3.5 万年前作为"克罗马侬人"①登上人类历史的舞台。这一支系与粗鄙的尼安德特人②有很大区别。有人猜测，"阿达帕"是否就是《圣经》中"亚当"的真实人物原型。这种猜测尚未有令人信服的佐证。而我更好奇他会不会就是大洪水前苏美尔国王名单中的恩门卢安纳——这个名字可以译作"天上属于恩基的人类"。因为，和阿达帕有关的事件中，最为独特的就是他去尼比鲁拜访阿努的天际之旅。

> 在那些日子里，在那些年岁里，
> 伊亚（恩基）将埃利都的智者
> 按照人类的模型来创造。

在漫长的时间里，阿达帕的故事反复出现在美索不达米亚人的生活和文学中。

甚至，在后来的巴比伦和亚述也用"像阿达帕一样聪明"的说法来描述一个天资聪颖的人。但是，阿达帕的故事还包括另一个方面。这个故事里，虽然阿达帕是伊亚／恩基的亲生儿子，但恩基仅赋予这个人类模型某一项天神属性，没有给予他另一项属性，而这全是有意为之：

> 使他变得完善，

---

① 克罗马侬人是智人中的一支，生存于旧石器时代晚期。原来是指发现于法国西南部克罗马侬石窟里的一系列化石，现在则包含迁入欧洲以前的早期智慧人种在内。根据遗传学的研究，克罗马侬人可能源自非洲东部，经过了南亚、中亚、中东甚至北非来到了欧洲。

② 尼安德特人是一群生存于旧石器时代的史前人类，1856 年，其遗迹首先在德国尼安德特河谷被发现。目前按照国际科学分类二名法将其归类为人科人属。

赋予他广泛的理解力，

给他智慧，

赐予他知识——

但不让他拥有永恒的生命。

当这个异常聪明的地球人诞生的消息传到尼比鲁星球，阿努要求会见阿达帕。恩基答应了，他"让阿达帕启程去见阿努，踏上了去往天堂的道路"。但是，恩基担心阿达帕在尼比鲁期间会被提供生命之粮和生命之水，最终获得阿努纳奇的长寿特征。于是他让阿达帕看起来非常粗野，蓬头垢面，给他穿得破破烂烂，并给他错误的指示。

当你站在阿努面前，

他们会给你粮食；

这是死亡之粮，别吃！

他们会给你水，

这是死亡之泉，别喝！

他们会给你一件衣服，

穿上吧。

他们会给你膏油，

你可用来涂抹自己。

"你不可忽视这些指示，"恩基告诫阿达帕，"对于我所说的话，必须严格遵守！"

阿达帕途经"天路"抵达高空，来到阿努门前，杜木兹和吉兹达两位神在门口守卫。阿达帕获准入内，被带到阿努面前。正如恩基所预见的那样，他拿到了生命之粮，但他拒绝食用。他也得到了生命之泉，照样拒绝饮用。他把提供的衣服穿上，并拿油涂抹自己。阿努不解地问他："阿达帕，你为什么不吃不喝？"阿达帕回答说："按照主人伊亚的命令，我不能吃也不能喝。"

这个答案激怒了阿努。他派出使者去找恩基，要求得到解释。读到这里，这块泥版上的字迹已经损坏得无法辨认，所以恩基的答复我们无从得知。但是，铭文的确清楚表明，阿努发现阿达帕"没有价值"之后，就把他送回地球。以他为首，开始出现一些擅长治疗疾病的祭司。阿达帕聪明过人，而且是恩基之子，但他仍只是凡人身份，最终结束了他有限的生命。

《圣经》中的"亚当"是否就是"阿达帕"？学术界一直争论不休，没有定论。但是，《圣经》里有伊甸园中两棵树的故事——知识之树（亚当吃了果实）和生命之树（他被驱逐而未能吃到果实）。《圣经》的叙述者在写这个情节时显然曾想到阿达帕的故事，而对亚当（和夏娃）的警告"你吃的日子必定死"，则几乎是在引用恩基对阿达帕的警告。在《创世记》中，神也曾对同伴表达过类似担忧：

耶和华神说，

那人已经与我们相似，

能知道善恶。

现在恐怕他伸手

又摘生命树的果子吃，

就永远活着。

于是"耶和华神便打发他出伊甸园去……又在伊甸园的东边安设基路伯①和四面转动发出火焰的剑，要把守生命树的道路"。

恩基对阿达帕的警告是不要喝生命之水和吃生命之粮，以免死亡。我们不知道这是真诚的警告，还是有意让阿达帕只拥有智慧而不能"永生"。亚当和夏娃得到的警告是，如果他们吃了善恶树上的果子，他们"必定死"。我们已经知道这个警告是不真实的。正如蛇对他们所言，神说了谎。

我们必须牢记这个情节，因为永生的问题将在其中凸显出来。

* * *

根据泥版 WB-62 的列王名单，恩门卢安纳后面那位是恩西帕齐丹纳，这个名字的意思是"牧羊人之主，天上的生命"。然后是恩门杜兰纳／恩麦杜兰基，他的故事与《圣经》中的以诺遥相呼应。其中最能确定的名字是《吉尔伽美什史诗》中的乌巴图图， 因此也可能是贝罗索斯版本中的奥巴特斯。除了《吉尔伽美什史诗》提到的这一点外，人们对朱苏德拉／乌特纳匹什提姆的前身一无所知。他是一个半神，还是那个对诺亚亲生父母的身份存疑的倒霉拉麦？

恩利尔对伊吉吉或"守望者"们对人类做出的"越轨行为"非常恼火，而挑起这一切的并不是其他天神，正是恩基。这导致了许多后代以半神身份诞生。但其中只有少数拥有名字，或被收入列表。

大洪水之前的始祖与半神之谜一直延续到诺亚和大洪水的时代。但是，我们祖先的"种子"之谜并没有到此即止，因为正如《圣经》所述，这种大洪水之前就开始的通婚现象"此后仍在继续"，美索不达米亚的资料也

---

① 智天使，是一种超自然生物，屡次在《旧约》和《新约》的《启示录》中被提及。

证实了这一点。

我们很快就会发现，在大洪水后的时代，其他的男神和女神也都对通婚非常热衷。

第十一章

地球上曾有巨人

地球上曾有巨人，

在过去的日子里如此，

往后的日子也是如此。

    读者现在已经知道，《创世记》第 6 章第 4 节说的并不是"巨人"，而是利乏音族。我在求学阶段就曾对老师提出疑问，追问他为什么释义是"巨人"而不是"下凡者"。后来，我意识到"巨人"的解释并不是老师发明出来的。英国国王詹姆斯一世曾经任命学者来翻译《希伯来圣经》，他们使用"巨人"这个词一定是有原因的：他们主要借助《希伯来圣经》的早期译本，也就是被称为"武加大"的拉丁文译本 [1]。这个版本可以追溯到公元 4 和 6 世纪。他们还使用了希腊文译本，也就是公元前 3 世纪在埃及亚历山大完成的《七十士译本》[2]。而在这两个早期译本中，利乏音族一词被译为"巨人"。这是为什么呢？

---

[1] 《圣经武加大译本》，"武加大"意为"通俗"，故又译《拉丁通俗译本》，是一个 5 世纪的《圣经》拉丁文译本。现代天主教主要的圣经版本，都源自这个拉丁文版本。

[2] 《七十士译本》，是新约时代通行的旧约希腊文圣经译本。这个译本普遍为犹太教和基督教信徒所认同。

《圣经》自身的文本就给出了答案。利乏音族这个词首次出现在《创世记》中。在《民数记》中，这个词被再次使用。这部分讲述了以色列人在出埃及后的故事，他们在准备进入迦南时，摩西派人前去侦察，他从每个部落选出十二个人，告诉他们："你们从南地上山地去，看那地如何，其中所住的民是强是弱、是多是少，所住之地是好是歹，所住之处是营盘还是坚城。"

　　十二个侦察者按照指示，"他们从南地上去、到了希伯仑，在那里有亚衲族人亚希幔、示筛、挞买，原来希伯仑城被建造比埃及的锁安城早七年"。他们侦察回来的时候，对摩西说：

　　　我们到了你所打发我们去的那地，

　　　果然是流奶与蜜之地……

　　　然而住那地的民强壮，

　　　城邑也坚固宽大，

　　　并且我们在那里看见了亚衲族的人。

　　　就是伟人，他们是伟人的后裔①。

　　　据我们看自己就如蚱蜢一样，

　　　据他们看我们也是如此。

　　在《申命记》中，亚衲族人的单数"Anak"也被译为复数形式"Anakim"。当时摩西鼓励以色列人不要因为那些可怕的"伟人的后裔"（亚衲族人）而垂头丧气。在《约书亚记》中也是如此，其中记录了对希伯仑的占领，那里原是"亚衲族人"的据点。

———————————

① 中文版和合本《圣经》译作"伟人"，原文即利乏音族（Nefilim）。

这些经文将利乏音族等同于亚衲族人，也将这二者都描绘成巨人——他们体型巨大，以至于普通的以色列人在他们眼中就像是蚱蜢。以色列人夺下他们的坚固城邑，特别是希伯仑，被视为行进中的一项特殊成就。战斗结束后，《圣经》指出："在以色列人的地里没有留下一个亚衲族人，只在迦萨、迦特和亚实突有留下的。"[①] 那些未被攻克的据点，都是非利士人[②] 沿海被包围领土中的城市。这也是把亚衲族人等同于巨人的又一原因——因为非利士人之中，有一位巨人一样的歌利亚[③]。他的兄弟是亚衲族人在非利士城市迦特留下的后裔。据《圣经》记载，歌利亚身高超过 9 英尺，他的名字在希伯来语中成了"巨人"的同义词。

歌利亚这个名字语源不明，很可能和苏美尔语有千丝万缕的联系，不过迄今为止没有被注意过。在苏美尔语中，歌利亚的前半部分（Gal）的意思是"庞大、巨大"——这一点我们在后文会详细讨论。

《圣经》中的利乏音族就是美索不达米亚传说中的阿努纳奇。我在得出这个结论后才恍然大悟，亚衲族人只是苏美尔语 / 阿卡德语中阿努纳奇的希伯来语译法。这是一个原创性的观点，这个观点面临着既定观点的阻碍：作为希伯仑的亚衲的子孙后代，亚衲族人可能曾经存在过，但是天神阿努纳奇只存在于神话之中……

《约书亚记》中对某一个术语做出了不寻常的解释，这对亚衲族人与阿努纳奇的联系做出了进一步的证实。攻下希伯仑被看作迦南战争的结束，《圣经》在写到这一壮举时，对这座城市有这样的描述："希伯仑从前名

---

① 这里原文为 23 节，应该是错误。实际上是 22 节。
② 非利士人（Philistines），天主教译名为培肋舍特人，又译腓力斯丁人、菲力斯丁人，是居住在迦南南部海岸的古民族。
③ 歌利亚，Goliath，又称为迦特的歌利亚，是一位非利士人勇士，以与年轻的大卫（未来的以色列国王）的战斗而著称。

叫基列亚巴，亚巴是亚衲族中最大的人。"①

关于这句话还有更多译文版本，为亚巴的身份带来了一些变化。英国的新版《圣经》译为："希伯仑从前名叫基列亚巴，亚巴是亚衲族中的首领。"美国的新版《圣经》则翻译为："希伯仑从前名叫基列亚巴，亚巴是亚衲族中最尊贵的人。"而新版的犹太圣经《塔纳赫》②则说："希伯仑从前名叫基列亚巴，[亚巴]是亚衲族中的大人物。"

希伯来语文本中，将亚巴描述为亚衲族人中的"Ish Gadol"。"Ish"字面上的意思是指男性，但"Gadol"既可以指"大的/大型的"，也可以指"伟大的"。那么这个描述性的形容词究竟是想说亚巴是一个体型很大的人物，即一个"歌利亚"，还是一个伟大的人———一位杰出的领袖？

我在反复阅读这节经文的过程中突然想到，我以前曾读到过这样的术语———Ish Gadol！就在苏美尔语的文本中！因为在他们的语言中，表示"国王"的术语是"Lu.gal"，"Lu"的字面意思是"人"，"Gal"意为"大/伟大"，"Lu.gal"和"Ish Gadol"类似。而且，这个词在希伯来语中有模糊的双重含义："体型巨大的人"，或"国王"（也就是"大人物"）。

到这里，我又出现了一个想法：是否存在没有歧义的解释？作为阿努纳奇的后裔，这个"亚巴"是不是一个既拥有庞大体型，又拥有崇高地位的半神？

"Lugal"一词的楔形文字符号演变出的象形文字中，显示了代表"Lu"的符号，上面加上了一个王冠（图71），并没有表明体型大小。我们没有亚巴的照片，他名字的字面意思是"他是四个人"。但是，我们有古代苏

---

① 为体现出和后文其他版本的区别，此处按照詹姆斯国王在位时的译文译作"巨人"，原文是"Great man"。

② 《塔纳赫》是犹太教正统版本的《希伯来圣经》，是犹太教的第一部重要经籍，后来的基督教称之为《希伯来圣经》或《旧约》。

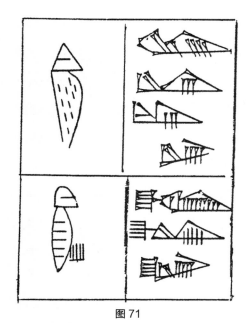

图 71

美尔国王的肖像图。在早期的王朝中，他们都被描绘成块头很大的人（图 72）。还有其他来自吾珥（Ur）的例子，描绘在一个木箱上，大约来自公元前 2600 年。木箱的两面都有面板，一面是"战争面板"（图 73），展示了士兵行军和马拉战车的场景；另一面是"和平面板"，展示了平民的活动和宴会。身材高大而引人注目的那一位就是国王——"Lugal"。如图 74 所示，这是面板的一个组成部分。

当然，不是所有古代的国王都是巨人，但是半神都是巨人。作为亚衲族人或阿努纳奇的后裔，亚巴因为"Ish

图 72

Gadol"的特质而很突出。恩基的儿子阿达帕也不是国王，但他是半神，也被描述得高大而健壮。如果这种"大块头"的半神是从他们的天神父母那里继承了这种遗传特征，那么对于有神有人的绘画，人们就会期待神灵显示出相对巨大的身型。事实上也正是如此。

例如，在吾珥的一幅拥有三千年历史的画中，我们可以看到一个裸体

图 73

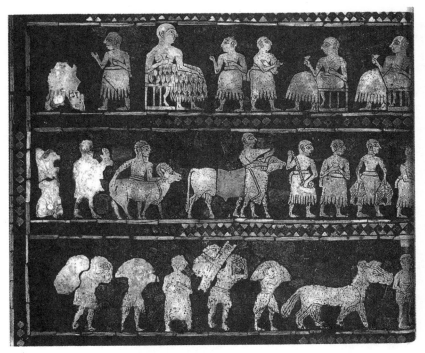

图 74

的国王。他比身后拿着祭品的人都要高大，正在向一位坐着的女神倒酒，而女神的身型甚至更大（图75）。在埃兰也发现了类似的绘画，描绘了赫梯国王向更高大的泰舒卜神①献酒的场景，国王与天神也有类似的"比例"（图76）。在图49中，我们可以看到这个主题的另一种角度：一位位分较低的神把国王介绍给一位坐着的神，如果他站起来的话，至少要比画中其他角色高出三分之一。

人们发现，并不只是男性的天神才这样高大。宁玛也被描绘得很壮硕（图77）。她在晚年时的昵称是"牛"。更为著名的是巴乌女神（图78），她在年轻的时候就已经因身材高大而闻名。她是尼努尔塔神的配偶，还有一

图75

---

① 赫梯神话中的天空、天气和风暴之神。

图 76

图 77

个别称是古拉(Gula，意为"大个头"）。

在大洪水前的时代，地球上的确曾有巨人存在，之后也是如此。感谢过去两个世纪中的伟大考古发现让我们有幸认识他们，并将他们栩栩如生地重现出来，尽管他们本身已经死亡。

图 78

***

《圣经》里半神别名是"英雄"或"伟人"，一直到大洪水后的时代也依然存在。但在以色列人返回迦南之前，几乎没有章节提到他们。只有当摩西重新讲述曾在迦南居住过的群体时，《圣经》才提到了亚衲族人，以及一个叫作利乏音人的子群体。根据《申命记》，他们也被看成是亚衲族人的一部分。除了某些"亚衲的后代"，大多数人在大洪水后都被再次定居在这些土地上的各种部落所取代。

根据《圣经》，大洪水中幸存下来的是诺亚的三个儿子闪、含和雅弗以及他们的妻子，因而人类才不至灭亡。《圣经》列出了他们的后代名单，并写道："各随他们的支派立国，洪水以后，他们在地上分为邦国。"这份名单很长也很全面，但只提到了一个英雄人物，名为宁录。

　　宁录是古实的儿子，他在"耶和华面前是个英勇的猎户"。根据我们引用过的《创世记》章节，"他为世上英雄之首"。我们在前文提过，学术界破译楔形文字泥版后曾经假设，"宁录"就是著名的吉尔伽美什。

图79

这个假设并不正确。宁录的希伯来语称呼是"Gibbor"，意为"英雄、强大的猎人"，所以可以把他和《创世记》中的复数"Gibborim"联系起来，从而确定他也是半神血统的延续。（在苏美尔人的肖像图解中，授予狩猎弓给人类的角色是恩利尔。见图79。）

　　宁录是在基什"出生"，这个说法可以作为有关他身份的宝贵线索。我相信，这条线索潜伏在与尼努尔塔神有关的半神之中，尚未被发现。这在《圣经》和苏美尔的列王名单之间搭建了连接，而名单是针对大洪水后时期的：

洪水席卷之后，

　　当王权从天而降，

　　王权是在基什。

　　基什不是一座大洪水之前的城市。当美索不达米亚地区再次变得适合居住，人们就在原地重建了这座城市。基什作为一座新的城市，建立的宗旨是把它作为中立的首都，是在争斗的阿努纳奇部族各自建立独立的区域之后建立起来的。

　　南极洲冰层崩塌引起了巨大潮汐，引发了地球上的大洪水灾难。这让位于非洲东南部的阿勃祖及其黄金开采设施都无可避免地被淹没。但正是这场灾难给地球这一侧带来了摧毁性的后果，对另一侧却产生了有益影响：在我们现在称为南美洲的地方，强大的水崩让安第斯山脉的地方暴露出极其丰富的金矿，连河床里都满是金块，可以轻松被采集。因此，尼比鲁所需的黄金可以在那里获得，不再需要艰苦开采。恩利尔抢在恩基前面，派儿子伊什库尔/阿达德负责这片黄金地带的工作。因此，恩基一族感觉"被剥夺了特权"，夺回黄金的控制权成了他们的紧迫问题。宁玛试着维持和平，建议各个氏族建立不同的区域，明确划分领土。

　　大洪水结束了，地球上尚未恢复王权。一份涉及此事的文本指出，"伟大的阿努纳奇天神们，作为命运的决策者,在议会席上做出关于地球的决定,建立了四个地区"。非洲被分配给恩基及其儿子们，亚洲和欧洲被分配给恩利尔及其儿子们。第四个地区是只属于众神的，被预留出来，作为大洪水后时代的全新太空港，位于西奈半岛 ①，由立场中立的宁玛主管，为她

---

① 西奈半岛是连接非洲及亚洲的三角形半岛，面积 61000 平方公里。西滨苏伊士湾和苏伊士运河，东接亚喀巴湾和内盖夫沙漠，北临地中海，南濒红海。

赢得了宁胡尔萨格的称号，意为"山峰的女主人／女士"。这个地方被称为提尔蒙，意为"发射之地"。大洪水后，朱苏德拉和他的妻子也正是被带到这个地方。

划分地区主要是为了在阿努纳奇氏族之间实现内部"共享"，但这个目的没有实现。恩基氏族内部很快爆发了矛盾和争斗，在埃及的传说中，首先是塞特和奥西里斯之间争夺统治权，奥西里斯被杀。然后，奥西里斯的儿子荷鲁斯和塞特之间又爆发了复仇之战。恩基的儿子马尔杜克（也就是埃及的拉神）曾多次尝试去恩利尔氏族的领土建立自己的统治。宁玛通过谈判，换来了一个相对和平的时代，但随后恩基之子拉神／马尔杜克和图特／宁吉什兹达又爆发战争，和平局面被打破。时间又过去了一千年，地球上的人类才重获了稳定和繁荣，阿努才得以再次造访地球，这时大约是公元前4000年。

根据《圣经》，闪的第四代后裔名叫法勒，这是"分开"的意思，"因为那时的人分地居住"。我曾在《众神与人类的战争》一书中提出，这是指幼发拉底河／底格里斯河、尼罗河和印度河这三个古文明中心分别建立起来。根据《圣经》的记载，法勒在大洪水后110年出生，如果使用"60倍"的公式，法勒的出生时间约为公元前4300年，"分地"的时间约为公元前4000年。

随着人类文明的建立，恩利尔在大洪水后的总部设立在尼普尔。这正好就是大洪水之前城市的遗址位置，但不再是任务控制中心，反而有点类似"梵蒂冈"这样的宗教首都。就在那时，一种名为《尼普尔历》的阴阳历逐步成型，由12个"Ezen"（意为"节日"）的周期组成，这就是我们现在"月份"的起源。这种日历始于公元前3760年，至今仍作为犹太历法一直沿用下来。

然后，诸神"绘制了基什城的地图，奠定了它的基础"。它将被打造成一个国家首都，一种类似美国"华盛顿特区"的存在。就是在那里，阿努纳奇通过"从天上带来的王权"，就此开启大洪水后时代的国王序列。

＊＊＊

我曾经在第四章中描述在古基什遗址展开的发掘工作，结果和各种苏美尔文本互相印证，尼努尔塔神掌管这座城市。人们越发倾向于认为，他可能是耶和华的"英勇的猎户"——"宁录"。但是，苏美尔人的国王名单其实提到过基什的第一位统治者。遗憾的是我们不知道他的名字，因为铭文到这里就已被损坏，仅留下了可辨的音节："Ga.–.–.ur"。但是，人们能够辨认出他的在位时长，是 1200 年！

基什的第二位统治者的名字也已损坏，但他的统治时间仍然清晰：持续了 860 年。在他之后，曾经登上基什王位的国王中，有十个人的名字清晰可读，他们的统治时间分别为 900、840、720 和 600 年。这些数字显然都可以被 6 或 60 整除，但仍有一个有待回答的问题：这些数字是实际的统治时间，还是古代的抄写员写错了？比如"Ga.–.–.ur"应该是 200（或 20），下一个是 15 而不是 900 等。

如果"Ga.–.–.ur"的确对应 1200 年的统治期，那么这个人物就是《圣经》中大洪水前的始祖之一，他们每人都活了近 1000 年。而紧随其后的继承人则比诺亚的儿子们年代更早（闪活到 600 岁）。如果"Ga.–.–.ur"是一个半神身份的"英雄"（即希伯来语的 Gibbor，前文中的宁录），那么他在位 1200 年则存在合理的可能性。基什的第 13 位国王埃塔纳在位 1560 年也是有可能的，因为列王名单这样记述他："一个牧羊人，他曾经升到天上，巩固国家。"在这种情况下，这些关于王室的记述已经得到出土文献的印证。

其中有一份文本来自两块古老的石板，内容与《埃塔纳传说》有关，因为他确实是一位"升到天上"的国王。

埃塔纳是一位仁慈的统治者。他的妻子怀孕困难，他为自己没有男性继承人而感到沮丧。只有天上的"诞生草"才能治愈他的妻子。因此，他求助于自己的守护神乌图／沙玛什，希望能得到治疗。沙玛什把他带到了一个"鹰洞"。在克服了各种困难之后，鹰把埃塔纳带到了高空中"阿努的天堂之门"。

他们越飞越高，脚下的地球也显得越来越小：

鹰把埃塔纳带到高空飞翔到一个贝鲁①的高度，

对埃塔纳说：

"看，我的朋友，大陆是什么样子！

请看看山屋那边的海——

土地已经变成了一座山丘，

广阔的大海就像浴缸一样小。"

起飞后到达两个贝鲁的高度，鹰再次催促埃塔纳向下看：

"我的朋友，

请看一看地球是什么样子！

大陆变成了一块田地……

广阔的大海就像面包篮一样小！"

"在鹰带他升到第三个贝鲁之后"，大陆"化作了园丁的沟渠"。然

---

① 贝鲁，一个阿卡德语词，是阿卡德语的长度单位，约为 10800 米，与苏美尔语的 dana 相对应。

后，随着他们继续飞升，地球突然从视野中消失不见。而且，就像惊慌失措的埃塔纳后来所说的那样："当我环视四周，大陆已经消失了！"

根据这个故事的某一版本，埃塔纳和鹰"通过了阿努的大门"。根据另一个版本，埃塔纳变得惊慌失措，向鹰喊道："我想找到地球，但我什么也看不到！"他惊恐地对鹰喊道："我不能继续登天了！掉头回去吧！"

鹰听取了埃塔纳的呼喊，他已经"瘫软地躺在鹰的双翼之上"，鹰下降回到地球。但根据这个版本，后来埃塔纳和鹰还尝试了第二次。很显然，这一次他们成功了，因为基什的下一任国王巴厘被认为是"埃塔纳之子"。

古代艺术家们在圆筒形印章上画出了埃塔纳的故事（图80）。其中一个以"鹰"在"洞"中的画面为开头，另一个显示埃塔纳在地球和月亮之间徘徊，其中地球以七个圆点表示，月亮则以其新月形状来识别。这个故事在几个方面都具有指导意义：它真实地描述了在飞向太空的过程中地球

图80

逐渐缩小的情况。它还证实了许多其他文本所暗示的情节——地球和尼比鲁之间的相互来往不只是 3600 年一次，还要更为频繁。这个故事确实没有说明埃塔纳是凡人还是半神，但我们只能推测，如果埃塔纳不是半神，他就不会被允许开始这次太空飞行，也不会像记载的那样统治 1500 年之久。

后来的铭文中，埃塔纳的名字前加上了"Dingir"的前置代号。这更是强化了这个结论：埃塔纳确实是由神赐予的。另一个文本曾经提到埃塔纳与阿达帕同属"纯粹的种子"，这可以作为一条线索来探究他们父亲的身份。

在基什统治的 23 位国王中，可能有半神，也可能有他们的凡人后代，如此交替登上王位。当我们看到第 16 位国王恩麦努纳时，尤其会想到这个可能性。他在位 1200 年，之后他的两个儿子分别统治了 140 年和 305 年，这看上去很像是凡人的期限。后面的两位国王在位时间分别为 900 年和 1200 年。然后是恩麦巴拉吉，"他把埃兰的武器作为战利品带走，成为国王，并统治了 900 年"。

虽然 SHAR 的计数方式已经不再使用，但这两个带有天神词根的名字让人很觉眼熟。WB 泥版和贝罗索斯名单中的国王来自大洪水前的时期，他们的父母都是天神。而刚刚提到的这些都是大洪水后的国王，他们的名字也被放在同一种名字类别中。这还为基什的国王名单提供了一个历史维度，因为在现存于巴格达伊拉克博物馆的石瓶上也刻有恩麦巴拉吉的名字。他把埃兰的武器作为战利品带走，而埃兰是一个在历史上被确认存在过的王国。

恩麦巴拉吉的儿子安卡在位 629 年，基什一共 23 位国王的名单到此结束。他们所有人"总共在位 24510 年 3 个月又 3 天半"——如果除以 6，大约是四千年，如果除以 60，则只有 4 个世纪。然后，苏美尔的王权转移到了乌鲁克。

***

在公元前 3000 年左右，中央王权的所在地从基什转移到了乌鲁克。接下来我们不需要再推测谁曾在那里统治，以下是国王名单上关于乌鲁克第一任国王的记载：

在乌鲁克，

乌图的儿子梅斯·克亚·加什

上任大祭司和国王

并在位 324 年。

摩斯·基亚格·加舍

进入海里

（又）出到山林之中。

他显然是一个半神，因为他由乌图 / 沙玛什神所生。但是，他的在位年限不过 324 年（请注意，这也是一个可以被 6 整除的数字）。对于一个成熟的半神来说，这个统治期非常短暂，但是文本对此没有提供任何解释。由于没有发现摩斯·基亚格·加舍的其他相关文本，我们只能猜测，他曾经为了到达一片山林而跨越了海洋，这次航行非常关键，因为他横穿的应该分别是波斯湾和陆地上的埃兰。

乌鲁克在《圣经》中被称作以力。这里最初不是作为城市而建立，而是大约在公元前 4000 年阿努和安图来地球进行访问时的休息场所。他们离开时，阿努把这里作为礼物送给了他的曾孙女伊妮妮，此后她被称为伊南娜，意为"阿努的心爱之人"，别名伊什塔尔。伊南娜雄心勃勃，锐意进取，《主神榜》上记录了她的一百多个称谓！伊南娜用智谋胜了沉迷女色的恩基，设法从他那里取得了一百多个"ME"（"神的法令"）①，使乌鲁克成为主要城市。

乌鲁克的下一任国王恩麦卡尔才真正把乌鲁克塑造为主要城市。根据苏美尔人的列王名单，他是"建起乌鲁克的人"。考古证据表明，正是他建造了城市的第一道保护墙，并将伊南娜神庙扩建为一个圣地，才好与伟大女神伊南娜相配。还有一个来自乌鲁克的条纹大理石瓶，雕刻精美，是巴格达伊拉克博物馆中最珍贵的馆藏品。上有图案描绘了一组朝圣者的队伍。他们在巨人体型的国王带领之下，为"乌鲁克的女主人"献上祭品。

恩麦卡尔在国王名单中被称为"摩斯·基亚格·加舍之子"。他在位420年，比他的半神父亲还几乎多出一个世纪。人们对他的了解也更多，因为他在几个史诗故事中都是主角，篇幅最长的是《恩麦卡尔与阿拉塔之主》（*Enmerkar and the Lord of Aratta*）。其中反复陈述的启示是，恩麦卡尔的真正父亲是乌图/沙玛什神。那么他其实和乌图妹妹伊南娜有直接的血缘关系，而不仅仅是朝圣者的一员而已。就这样，我们可以解释他为何要前往遥远的王国开展一趟神秘的旅行。

回到前面的话题，阿努纳奇之所以建立四个地区，是因为想通过"各自为政"的安排来让各个氏族之间重获和平。恩利尔氏族统治的底格里斯河和幼发拉底河的冲积平原，这是第一地区；恩基氏族统治的是非洲，这是第二地区。此外还有另一个计划，就是以通婚的方式来促进和平。因此，恩利尔的孙女伊南娜和牧羊神杜木兹被选中了。杜木兹是恩基最小的儿子，

---

① 在苏美尔神话中，"ME"是神的法令之一，是那些使苏美尔人所理解的文明成为可能的社会制度、宗教习俗、技术、行为、风尚等，是苏美尔人理解人类和神灵之间关系的根本。

虽和马尔杜克是兄弟，但只同父不同母。若以不同文本作为参考，未被分配的第三地区是印度河流域，本被计划作为这对年轻夫妇的新婚之礼。（第四区是被作为航空港的西奈半岛，人类被排除在外。）

在阿努纳奇的记录中，包办婚姻不论在尼比鲁星球还是在地球都有出现。地球上最早的案例之一出现在恩基和宁胡尔萨格的故事中。年轻的伊南娜和杜木兹不仅互有好感，而且非常相爱。他们订婚后，有许多长篇诗歌详细描述了他们曲折的爱情。这些诗歌大多由伊南娜创作，她也因此获得了爱情女神的美誉（图81a）。这些诗还揭示了伊南娜的野心，她想通过婚姻成为埃及的女主人。这让恩基的儿子马尔杜克／拉神大为震惊。他竭力破坏这桩婚姻，并导致杜木兹溺水而亡。不过他声称这是一个意外。

伊南娜悲愤交加，对马尔杜克／拉神发起激烈战斗。因此，她也在许多记录中被描写为战争女神（图81b）。在《众神与人类的战争》里，这一系列战役被称为"金字塔战争"。战争持续数年，结果是马尔杜克被监禁并流放。众神试图安慰伊南娜，授予她对阿拉塔王国的唯一统治权。这个国家非常遥远，位于埃兰／伊朗以东，需要翻越七座山脉才能到达。

在《通往天国的阶梯》中，我提出阿拉塔王国属于第三地区，也就是今天的印度河流域，其中心被考古学家称为哈拉帕[①]，位于意义重大的北纬30度上。因此，它是摩斯·基亚格·加舍远航的目的地，随后也有一系列重大事件在此发生。

乌鲁克城和阿拉塔王国都由同一位女神伊南娜管辖，这是恩麦卡尔和阿拉塔之主故事的背景。恩麦卡尔自称是"苏美尔的少年恩利尔"。他试

[①] 哈拉帕（Harappa）是位于巴基斯坦旁遮普省原拉维河流域、属于印度河流域文明的一座防御性城市遗址。由于哈拉帕是考古学家最早发现的、属于印度河流域文明的遗址，因此印度河流域文明又被称作哈拉帕文明。

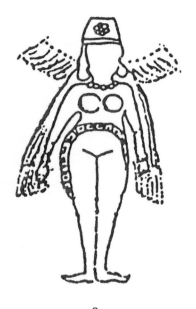

a   b

图 81

图 82

图翻新并扩建古老的神庙来作为伊南娜的主要神殿，并以此来确立自己在乌鲁克至高无上的权力。他还强迫阿拉塔向乌鲁克"进贡"青金石、玛瑙、金、银、铜、铅等资源。阿拉塔交付贡品后，恩麦卡尔变得越发高傲，他派大使到阿拉塔提出新的要求："阿拉塔必须臣服于乌鲁克！否则就会迎来战争！"

阿拉塔的国王可能长得很像这个在哈拉帕发现的雕像（图82）。由于语言不同，国王表示他听不懂使者在说什么。恩麦卡尔并不气馁，他寻求书写女神尼

228

达巴[①]的帮助，用阿拉塔国王能听懂的语言在泥版上写字，并派遣另一位特别的使者将这份书信送给阿拉塔国王。（根据文献记载，这位使者一路飞到了阿拉塔："使者拍打翅膀"，很快就越过山脉，到达阿拉塔。）

使者同时运用手势传达了来自乌鲁克的威胁。但是，阿拉塔国王非常信任伊南娜，他说："伊南娜是这片土地的女主人，她没有放弃阿拉塔的领土，也没有把阿拉塔拱手交给乌鲁克！"因此，这场针锋相对的矛盾仍未解决。

此后的一段时间里，两地都可见到伊南娜的身影。她乘坐她的"天堂之舟"穿梭往返，有时她打扮成飞行员的模样，自己驾驶（图83）；有时她让私人飞行员驾驶飞机。但是，阿拉塔的经济以种植谷物为主，长期干旱破坏了当地经济，加上乌鲁克位于苏美尔地理的中心，导致乌鲁克成为最终赢家。

图 83

***

在其他关于恩麦卡尔的英雄故事中，乌鲁克的下一任国王卢加班达

---

① 尼达巴是苏美尔人的写作、学习和收获之神。她经常受到苏美尔文学家的称赞，被认为是凡人文士的守护神，也是众神的文士。

（Lugal.banda）是一个重点。国王名单上赫然写着："神圣的卢加班达，牧羊人，在位 1200 年。"在《卢加班达和恩麦卡尔》《卢加班达和胡鲁姆山》《黑暗中的卢加班达》等文本中可以找到很多关于他的信息。这些文本描述了不同的英雄事件，这些故事可能都来自一个完整长篇——《卢加班达史诗》，和《吉尔伽美什史诗》的模式一样。

在一个故事中，卢加班达陪同恩麦卡尔，一起对阿拉塔发动了军事行动。他是当时的几个指挥官之一。他们途经胡鲁姆山时，卢加班达病倒了。同伴们尽力帮助他，但未能成功。他们只能留下他自生自灭，计划在返程时再带回他的尸体。但是，以伊南娜为首的乌鲁克诸神听到了卢加班达的祷告。伊南娜使用了"发光的石头"和"使人强壮的石头"，让卢加班达重新获得生命的元气，免于一死。他孤身一人游荡在荒野中，与嗥叫的野兽搏斗，遇到过蟒蛇和蝎子。最终，他回到了乌鲁克（这只是推测，因为泥版在这里被损坏）。

在另一个故事中，恩麦卡尔派卢加班达执行一项任务，去阿拉塔找到伊南娜，请求她向缺水的乌鲁克伸出援手。在一个重要的山口，"安祖鸟"挡住了他的去路。这种怪鸟有着"像鲨鱼一样锋利的牙齿，像狮子一样锐利的爪子"，它甚至能猎杀并叼起一头公牛。安祖鸟宣称，恩利尔派它在此守卫，他挑战卢加班达的目的是要验证他的身份：

如果你是天神，

我将告诉你通行的暗号。

我会友好待你，让你走进山里。

如果你是 Lulu（人类），

你的命运将由我掌控——（因为）

任何对手都不允许进入山中。

卢加班达对大洪水前才使用的术语 Lulu 很困惑，不知道这是"人类"的意思。因此，他用自己的语言来回答。当他提到乌鲁克的圣域时，他说：

鸟啊，我在拉鲁出生；
安祖，我在"伟大的区域"出生。

然后，"卢加班达，由宝贵的种子而来，伸出他的手"，说道：

我就像神圣的沙罗神一样。
是伊南娜的爱子。

各种文本都曾提到，沙罗神是伊南娜的儿子，但从未说明他的父亲是谁。且没有文献显示，伊南娜与他人诞有子嗣。因此，卢加班达的父亲身份不明。但是，"lugal"一词是其名字的一部分，这表明他有部分王室血统。

值得注意的是，"卢加班达"（Lugal.banda）这个名字可以翻译为"矮子"，因为这个名字的字面含义就是如此。"Lugal"意为"国王"，"banda"意为"[身材]较小/较矮的"。因为他不像其他半神一样身材高大，在这方面他可能更多遗传自他的母亲。在一个叫马里的地方曾经出土伊南娜真人大小的雕像，考古学家们和雕像拍下了一张合照（图84）。的确，在这群人中伊南娜身材最为矮小。

不管卢加班达的父亲是谁，他的母亲是一位女神——伊南娜。因此，他的名字前被冠上"Dingir"，这是决定性的标志，使他有资格选中一位

图 84

名叫宁逊①的女神为配偶。他的名字带着 Dingir 的定语，为《主神榜》第四号泥版中的伊南娜支系列表画上句号。并且他的名字开启了第五号泥版，紧随其后的是 "dNinsun dam bi sal"——意为"神圣的宁逊，女，他的配偶"。后面还附有他们的孩子和其他宫廷侍者的名字。

就这样，我们被带到了最了不起的半神史诗故事和寻找永生的故事之中，同时还可以看到一些实物证据，证实这一切的确存在。

---

① 宁逊（Ninsun），在《吉尔伽美什史诗》中被描述为人类的女王，住在她儿子所统治的乌鲁克城中。吉尔伽美什的父亲"卢加班达"是前国王，按理说是宁逊与卢加班达生育了吉尔伽美什。

语言的混乱

据《圣经》记载，大洪水之后，人们开始在地球上重新定居，所有人都说一种语言：

那时，天下人的口音言语，

都是一样。

随着人们"往东边迁移的时候，在示拿地遇见一片平原，就住在那里"，所有人就说一种语言了。但后来人类开始"要建造一座城和一座塔，塔顶通天"。为了阻止人类的野心，耶和华"降临要看看世人所建造的城和塔"，担心地说："我们下去，在那里变乱他们的口音，使他们的言语彼此不通。"正是因为这座"巴别塔"，耶和华"变乱天下人的言语"，并"使众人分散在全地上"。

大洪水后，所有人都是诺亚三个儿子的后代。因此，推断他们都说同一种语言是可信的。埃及语中最早的术语和名称听起来也和希伯来语类似，也许这也是曾说同一种语言导致："神"的单词是 Neteru，单词"guardians"对应希伯来语的 NTR（意为"守卫，监视"）。主神"普塔"名字的意思是"发展／创造之神"，与希伯来语动词 PTH 意思相似，同样的还有Nut("天空")，源自 NTH，即展开天篷。Geb（字面意思为"堆积万物的那一位"），来自 GBB 这个词（意为堆积），诸如此类。

《圣经》在后文指出，使语言混乱是神刻意所为。关于恩麦卡尔的文本证实了这一点！

在这个故事中，恩麦卡尔的使者和阿拉塔国王都无法理解对方在说什么。根据苏美尔文本的记载，从前——

地球上的所有人，都一致
用同一种语言赞美恩利尔。

但后来恩基让国王们相互斗争，让王子们互为仇敌，"让他们说不同的语言，人类的语言从此变得混乱起来"。

根据恩麦卡尔的史诗内容，这些都是恩基所为……

第十二章

获得永生：巨大的错觉

　　很久以前，人类都在乐园里生活。后来，神不再信任自己创造的人类，对不知名的同伴说：亚当已经吃了分辨善恶树的果实，"那人已经与我们相似，能知道善恶。现在恐怕他伸手又摘生命树的果子吃，就永远活着"。为了防止这种情况出现，上帝把亚当和夏娃逐出了伊甸园。

　　神不让人接触永生之物。从那时起，人类就一直在寻找。但是，人们几千年来一直没有注意到，虽然耶和华－埃洛希姆在谈到分辨善恶树时说"那人已经与我们相似，能知道善恶"，但在谈到生命树的果实能让人"永远活着"的时候，他却没有说人类会"与我们相似"。

　　这会不会是因为，人类总是觉得"永远活着"是神的独特属性，而这其实不过是一种宏大的错觉？

　　有人曾尝试找出答案，那就是乌鲁克的国王吉尔伽美什。

　　尽管恩麦卡尔和国王卢加班达的故事给我们带来很多启发，但大洪水之后的国王和半神中，我们拥有最详尽记录的人物毫无疑问是吉尔伽美什。他统治乌鲁克的时间约为公元前 2750 年至公元前 2600 年。《吉尔伽美什史诗》用很长的篇幅讲述了他如何追求永生——因为"他有三分之二天神的血统，另外三分之一是人类血统"。因此，他认为自己不该像凡人一样"去往阴间"。

让人瞩目的是，他的父亲卢加班达是乌鲁克的国王和大祭司，是伊南娜的儿子，名字被赋予了"神圣"的决定性前缀。他的母亲宁逊是主神尼努尔塔和配偶巴乌的女儿，而尼努尔塔是恩利尔的长子。这也解释了为什么吉尔伽美什被描述为具有"尼努尔塔的重要特质"。巴乌的血统也来头不小：她是阿努最小的女儿。

这还不是吉尔伽美什全部的血统渊源，他是在乌图神的支持下出生的。乌图是伊南娜的孪生兄弟，也是恩利尔的孙子。这导致学者们都把乌图/

图85

沙玛什称为吉尔伽美什的"教父"。恩基氏族这一方也很"看好"吉尔伽美什，因为他的全名是"Gish.bil.ga.mesh"，这个名字显示他和恩基的儿子吉比尔（dGibil）也有关联，吉比尔也是主管金属铸造的天神。

根据赫梯版本的《吉尔伽美什史诗》，他"身材高大，体型超人"。这些属性显然不可能继承自父亲，因为他的父亲被称作"矮小的国王"。他应该是从母亲那里遗传到了高大的身材，因为女神宁逊的母亲巴乌有一个绰号是"古拉"，意思是"大个子"。

这几位神赋予了吉尔伽美什才

智和力量。他身材高大，肌肉发达，体态健美（图85），常被比喻为一头野牛。他胆大如虎，桀骜不驯，不断向城里的年轻人发起摔跤比赛的挑战，而且总是获胜。他"傲慢无礼"，"任何一个少女都不放过"。最后，当吉尔伽美什提出在新娘们的新婚之夜获得"优先权"的无理要求时，城里的长老们向众神申诉，想要阻止他。

于是，众神在草原上造出一个野人，作为吉尔伽美什的替身——"身材像吉尔伽美什，但比他略矮一些"。他被称为恩基杜，意为"由恩基创造"。他的任务是跟踪吉尔伽美什，迫使他改变行事处世的方式。城里的长老们发现，恩基杜是一个粗野的原始人，他不懂如何吃熟食，喜欢与动物为伍。于是，他被安置在城外的一个妓女那里，学习"人类的生活方式"。她把他收拾干净，给他穿好衣服，把他的头发弄卷。当他最后进城时，简直成了吉尔伽美什的翻版！

吉尔伽美什感到难以置信，于是对恩基杜发起了摔跤比赛的挑战。恩基杜把他摔倒在地，然后向他灌输谦卑的理念。两人从此成为密不可分的战友。

吉尔伽美什不再傲慢，但也失去了他的高超技艺。因此，他开始思考衰老和生死的问题。吉尔伽美什对"教父"乌图说："在我的城市里一直有人死去，我内心感觉很压抑。人死如灯灭，我的心情非常沉重。我也会'去往阴间'吗？我也会迎来相似的命运吗？"然而，乌图并没有给出振奋人心的答复。

吉尔伽美什，你为什么要四处游荡？

你想寻找永远的生命，你永远无法找到！

当众神创造人类，

他们就把持久的生命牢牢抓在自己的手中，

让人类注定经历死亡。

乌图／沙玛什给吉尔伽美什的建议是每天用心生活，并且享受生活。但吉尔伽美什开始噩梦连连，甚至梦见了一个坠落的宇宙天体。因此，吉尔伽美什开始相信，如果可以加入众神在天国的住所，自己就能逃脱凡人必死的命运。后来他得知，恩基杜知晓前往雪松森林中"阿努纳奇登陆点"的道路———一个带有发射塔的巨大平台，全部由巨大的石块建成，这里就是伊吉吉乘坐航天飞机在地球抵达的终点（图 58）。恩基杜告知他："只有神才能登上天国，只有神才能在太阳下永生。"恩基杜还警告说有怪物胡娃娃在此处守卫，吉尔伽美什的回答则是：

对人类而言，他们的日子所剩无几。

无论他们成就如何，终会风吹云散……

让我在你之前去往那里吧，

让你脱口而出："前进！别怕！"

即使我从空中坠落

也能名扬天下。

他们会说："那倒下的吉尔伽美什

曾经对战凶猛的胡娃娃。"

他的母亲宁逊意识到，吉尔伽美什不会就此被吓退。她请求乌图／沙玛什为吉尔伽美什提供额外的保护。宁逊说："请让他充满智慧，博学多才。"她把恩基杜叫到一边，让他发誓会为吉尔伽美什提供强有力的保护。为了确保他的忠诚，她还提供给他一项奖励：将一位年轻的女神许配给他为妻。（在《吉尔伽美什史诗》的第四块泥版末尾，部分句子的铭文已被损毁。）

后来，乌图／沙玛什亲手把有神力的凉鞋交给吉尔伽美什和恩基杜，让他们短时间内就能到达雪松山。然后这对战友就开始了他们在雪松森林的探险之旅。

虽然人们没有在古籍中发现地图，但关于这对战友的目的地却并不是未知。在整个近东地区乃至整个亚洲，只有一处雪松森林：坐落于现在的黎巴嫩山区。而众神的"登陆点"就在那里。

两位战友到达山脚，被雪松树的雄伟景象深深震撼。他们先在森林边缘停留过夜，但到了夜间，睡梦中的吉尔伽美什被地面的震动惊醒。他瞥见一处"空中楼阁"在空中飘浮：

苍天嘶吼，大地轰鸣，

虽然天色已经微亮，黑暗还是前来。

电闪雷鸣，火焰喷发。

云层涌动，下起死亡之雨！

而后光芒尽灭，火光尽熄；

从天而降的一切都化作灰烬。

火箭飞艇发射时的景象和声响的确令人敬畏。但对吉尔伽美什而言，当晚发生的事件证实他们已经到达了众神的"登陆点"。（一枚所属时代更晚的腓尼基硬币上，仍有图案描绘这个地方，画面中有一艘火箭在平台上蓄势待发，图86。）天亮后，两位战友开始寻找入口，小心地避开"能

图 86

杀人的武器之树"。恩基杜找到了大门。但当他试图开门时，却被一股看不见的力量甩了回来，之后他瘫痪了十二天。

在他重新恢复走动说话的能力时，他恳求吉尔伽美什放弃计划，不要再尝试打开大门。但吉尔伽美什有一个好消息：在恩基杜卧床时，他发现了一条隧道，也许能直接把他们带到阿努纳奇的指挥中心！他认为这条隧道是进入那里的最佳途径，并说服了恩基杜。

地道的入口杂草丛生，被树木、灌木、土壤和岩石挡得严严实实。当两位战友开始清理时，"胡娃娃听到了噪声，被激怒了"。"他很强大，长着龙的牙齿和狮子的脸，当他到来，声响就像洪水涌动。"最令人恐惧的是他额头射出的"光束"，能够"吞噬树木和灌木，没有人能够逃脱它的杀伤力……恩利尔任命他来震慑凡人"。

这两位战友陷入了无路可逃的境地，突然听到乌图／沙玛什在对他们说话。他告诉他们不要逃跑，相反，让胡娃娃靠近他们，然后把泥土扔到它脸上！他们按照建议行动，成功使胡娃娃不能动弹，于是恩基杜"将怪物杀死了"。

随着"通往阿努纳奇秘密居所的道路被打开"，两位战友放缓步伐，放松下来，品味胜利的喜悦。他们在一条小河边停下来休息。吉尔伽美什脱衣沐浴，养足精神。他们不知道的是，女神伊南娜一直在空中的房间里注视着这一切，她被这位国王的俊美体格吸引。年轻的伊南娜对他说：

> 来吧，吉尔伽美什，做我的爱人吧！
>
> 请赐予我你爱的果实。
>
> 你属于我，
>
> 我也将属于你！

　　她承诺送给他一辆金色战车和一座华丽的宫殿，甚至给他统治其他国王和王子的权力——伊南娜确信，这些对于吉尔伽美什来说是有力的诱惑。但他在回答她时指出，他没有什么可以给她作为回报，因为她可是一位女神啊！至于她承诺给他的"爱"——她和以前情人的关系能维持多久？吉尔伽美什列举了其中的五个，并描述了伊南娜如何一个接一个地把他们赶走，"像主人扔掉一只不合脚的鞋子一样"。一旦他们的价值被耗尽，她就再也不会放在心上。

　　被拒绝的伊南娜恼羞成怒。她向阿努抱怨："吉尔伽美什侮辱了我！"她还要求他向吉尔伽美什放出在雪松山游荡的"Gud.anna"（"阿努的公牛"或"天堂的公牛"）。尽管阿努警告她，释放这头野兽会带来七年饥荒，但伊南娜还是坚持让阿努放它出山。

　　于是，隧道和登陆点的事情都被吉尔伽美什和恩基杜抛在了脑后，他们奋力奔跑，只为逃命。

　　因为他们穿着乌图送的神奇凉鞋，因此能够"用三天时间走完一个半月的路程"。吉尔伽美什冲进城内，对战士们发起动员，恩基杜在乌鲁克城墙外与怪物对峙。这头天堂的公牛每一声鼻息都会让地上产生一个大坑，让一百名战士掉入其中。但当这头牛转身的时候，恩基杜从后面杀死了它。

图 87

　　起初，伊南娜无言以对，只能向阿努哭诉，要求审判杀害胡娃娃和公牛的凶手。在一枚圆筒形印章上，一位古代艺术家画出了幸灾乐祸的恩基杜，他站在被杀的天堂的公牛旁边，伊南娜在翼盘的标志下对吉尔伽美什讲话（图 87）。

　　众神经过商议，仍然意见不一。阿努说，恩基杜和吉尔伽美什杀死胡娃娃和天堂的公牛，应该把他俩都处死。恩利尔说，吉尔伽美什没有杀过人，只应该判恩基杜死刑。乌图说，两位战友是被怪物攻击了，所以他俩都罪不至死。最后，吉尔伽美什幸免一死，恩基杜则被判处在矿区服役劳动。

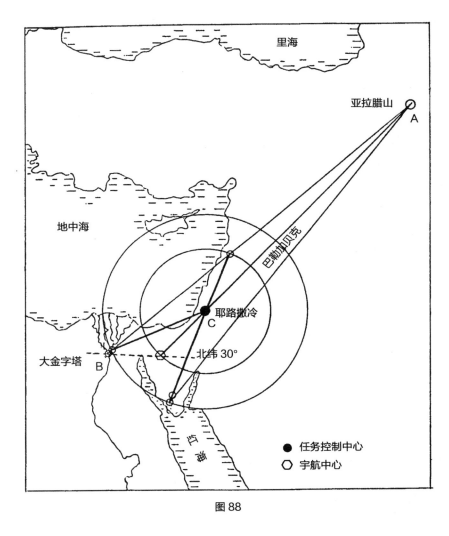

里海

地中海

亚拉腊山
A

巴勒贝克

耶路撒冷
C

北纬 30°

大金字塔
B

红海

● 任务控制中心
○ 宇航中心

图 88

***

  吉尔伽美什对雪松森林的这次失败耿耿于怀,他没有放弃与众神在天国同住的追求。除了北方的着陆点之外,还有一个太空港是"众神升天落地之处"。太空港位于西奈半岛的神圣第四区提尔蒙,意为"发射之地"。这一宏伟设计包含了大洪水前位于黎巴嫩山区的着陆平台(A点,图

88），并且要在埃及建造两座大金字塔，作为引导信标（B点，图88），并建立一个新的任务控制中心，就在我们现在称为耶路撒冷的地方（C点，图88）。

提尔蒙是一个禁止凡人进入的区域，但吉尔伽美什认为自己不受禁令的约束，因为"他有三分之二天神的血统"。毕竟，大洪水中著名的乌特纳匹什提姆／朱苏德拉就曾经被带到那里生存下来。因此，吉尔伽美什想出一个计划来第二次寻找永生。恩基杜的事让他心情沉痛，于是他想出一个办法：通往提尔蒙的航行途中会经过矿区，他会请求神明允许他乘船前往那里，他就可以在途中放下恩基杜。宁逊不得不再一次请求乌图，他勉强同意再次提供帮助。

就这样，当他们的船通过狭窄海峡波斯湾时，两名战友都还活着，并且仍是旅伴。他们注意到岸边有一个瞭望塔。一个守卫向他们问话，他也配备着胡娃娃那样的"光束"。他们感到害怕，恩基杜说："让我们掉头回去！"吉尔伽美什说："我们还是继续前进吧！"这时吹来一阵突如其来的风，仿佛是由守望者的"光束"发出的。船帆被撕裂，船只被掀翻。在寂静的黑暗深处，吉尔伽美什看到了恩基杜的尸体在漂浮。他把尸体拖上岸，期盼奇迹降临。他坐在同伴身边，日夜为他哀悼，直到恩基杜的鼻孔里钻出来一条虫子。

吉尔伽美什陷入了孤独、迷茫和绝望的情绪之中。起初，他漫无目的地在野外游荡。"当我死去，岂不是和恩基杜一样的下场？"他这样思考着。然后，他忽然重拾信心，"踏上了寻找乌特纳匹什提姆的旅途"。他以太阳的方位为指引，一直向西走。他晚上向月神祈祷，寻求指引。一天夜里，他到达了一个山口，那是沙漠里狮子的栖息地，吉尔伽美什徒手就将两只狮子摔倒在地。他把狮子肉生吃，把狮子皮当衣服穿上。

图 89

吉尔伽美什认为这预示他将克服所有的障碍。很多年后，艺术家们在讲述这个史诗故事时，都喜欢为这个情节画出插图（图 89）。

***

越过那座山脉，吉尔伽美什看到山下远处有一片闪闪发亮的水面。在毗邻的平原上，他看到一个"封闭的"城市，四面围着城墙。这座城市"有庙宇供奉着月神南纳"，在《圣经》中被称为耶利哥（Yeriho，意为"月亮城"）。故事文本后来解释说，吉尔伽美什已经到达了盐海，也就是现在的死海。

在城外有一家客栈，"靠近低洼的海"，吉尔伽美什向那里走去。"麦酒夫人"西杜里见他来了，便准备了一碗粥。他走近时，她却被吓坏了，因为他穿着狮子皮，肚子都瘪了。他说自己是一位有名的国王，正在寻找自己长生不老的祖先。她过了好一会儿才相信他的故事。"现在，麦酒夫人，"吉尔伽美什说，"走哪条路可以找到乌特纳匹什提姆？"西杜里说，那个地方在盐海的另一头。她还补充道：

> 吉尔伽美什啊，从来没有人成功穿越过！
> 从世界的起初开始
> 就没有人能够渡过大海——
> 除了英勇的沙玛什！
> 过海的旅程千难万险，
> 穿越的路途荒凉寥落，
> 死海的水域
> 封闭又贫瘠。
> 那么吉尔伽美什，你要如何渡海？

吉尔伽美什保持沉默，没有回答。然后，西杜里又开口了："还是存在一种方法，可以穿越盐海：乌特纳匹什提姆有一个船夫，时常会到对岸来采购物资，他名叫乌沙纳比。去吧，让他看到你的容貌，他可能会用木头筏子带你过去。"

船夫乌沙纳比到达时，他也像麦酒夫人一样，很难相信吉尔伽美什曾是乌鲁克的国王。吉尔伽美什只好向他讲述了自己寻求永生的来龙去脉：他在登陆点的冒险经历，恩基杜如何死去，以及他在旷野的流浪。最后，他讲到如何遇到麦酒夫人，没有遗漏任何情节。他说："我曾游荡过每一块大陆，我曾穿越充满艰险的山脉，我曾越过所有海洋，所以现在我才能抵达这里，希望能见到乌特纳匹什提姆，人们称呼他为'远方的那一位'。"

他最终说服了船夫带他渡海。船夫还建议他，朝"远方大海"的方向前进。但他到达两个石头路标时必须转弯去一个镇子，赫梯语称那里为乌路亚，并在那里获得许可，才能继续前往玛舒山[①]。

吉尔伽美什按照指示行事，不过缩短了在乌路亚停留的时间。他继续前往玛舒山，却发现这不仅仅是一座山而已：

> 火箭人镇守山门，
>
> 他们非常可怖，他们目光阴森。
>
> 他们发射出耀眼光束扫过群山。
>
> 他们守护沙玛什，
>
> 看他升天或是落地。

"吉尔伽美什看到他们时，他吓得脸色发青。"从古代插画师对他们的描绘来看，这样的反应也不足为奇（图90）。守卫们同样感到惊讶，因为火箭人的光束扫过吉尔伽美什时，没有明显的效果。有个守卫对同伴说："靠近我们的这个人，他拥有天神的肉体！他的三分之二是神，三分之一是人！"

"你来这里，所为何事？"他们向吉尔伽美什提出问题，"我们需要了解你来此地的目的。"吉尔伽美什恢复镇定，走到他们面前说："我来这里，是为了我的祖先乌特纳匹什提姆。他已经加入了众神的行列，我想询问他

---

① 玛舒山是美索不达米亚神话《吉尔伽美什史诗》中所叙述的一座雄伟的雪松山，英雄之王吉尔伽美什在离开辽阔的雪松森林后，穿过该山中的一条隧道来到"迪尔蒙"。由于没有发现确凿的证据，这座山在现实世界中一直是一个争论的话题。

图 90

有关死亡和生命的问题。"

火箭人把玛舒山和通往目的地的地道告诉他："从来没有一个凡人能做到！没有人走过这里的山路，这里的内部有12里格^①，里面是浓浓的黑暗，没有任何光线！"但是，吉尔伽美什没有被劝退，火箭人"为他打开山门"。

吉尔伽美什走进了隧道的黑暗之中。他前行了12个时辰，直到第9个时辰才感觉到一股清新的微风。到了第11个时辰，他的视线中有了微弱的光线。他循着光亮之处前行，看到了奇异的景象：这里是"众神的围场"，内有一个"花园"，完全由宝石组成——

这里的果实是红玛瑙，

---

① 里格，即"league"。长度单位，1里格=3英里。

这里的藤蔓美得炫目。

这些叶子是青金石制成。

葡萄甘美得让人垂涎，

是用 [...] 石头做的。

这里的 [...] 是白色石头 [...]。

在水中有纯洁的芦苇 [...]，由萨苏石制成。

如同生命之树和 [...] 之树，

是安古石做成的。

随着后文的描述，吉尔伽美什显然发现自己身处一个人造伊甸园。这里的一切完全由宝石制成。吉尔伽美什正为此情此景惊叹不已，突然就看到了他想要寻找的"远方的那一位"。当吉尔伽美什终于和千年前的祖先面对面，他这样表达：

当我看着您，乌特纳匹什提姆，

您没有什么与众不同之处，

甚至和我很像……

他告诉乌特纳匹什提姆，自己如何寻找"永生"，恩基杜又如何死亡。然后，他对乌特纳匹什提姆说：

告诉我，

你是如何加入众神的行列

追求永生？

乌特纳匹什提姆说："好吧，事情并不那么简单。让我告诉你众神的一个秘密。"

有一天，阿努纳奇们，

伟大的诸神召开了会议；

命运的制造者姆贝特姆

与他们一起决定命运……

舒鲁帕克，你很了解这座城市，

位于幼发拉底河上。

那座城市很古老，里面的天神亦然。

当众神的心思被引向大洪水时，

具有预知能力的主神伊亚与他们同在。

他通过芦苇墙（对我）重复了他们的话：

"舒鲁帕克之人，乌巴－图图的儿子：

拆掉房子，建一艘船！

放弃领地，但求生存！

舍弃财物，凝心聚神！

你要带上所有活物之种上船。"

乌特纳匹什提姆描述了这艘船及其尺寸。他接着告诉吉尔伽美什，舒鲁帕克的居民们帮助建造了这艘船，因为他们被告知，这样就可以摆脱乌特纳匹什提姆，而他的神正在和恩利尔争吵。乌特纳匹什提姆讲述了整个大洪水的故事，也提到恩利尔如何发现伊亚／恩基的两面性，以及恩利尔如何改变主意，赐福给乌特纳匹什提姆，让他和妻子从此过上"众神的生活"。

他站在我们中间，

触摸我们的额头表示祝福：

"迄今为止，乌特纳匹什提姆一直是凡人之身。

从今以后，乌特纳匹什提姆和妻子

将成为和我们相似的神。

他要住在远方，

在水流的河口。"

乌特纳匹什提姆继续对吉尔伽美什说："但现在，谁能为你召集众神，助你找到你渴望的永恒生命？"

听到这句话，吉尔伽美什意识到自己的寻找不过是一场徒劳。因为，只有众神在聚集时才能将永恒的生命赐予人类。吉尔伽美什晕倒在地，失去知觉。他崩溃了。

＊＊＊

接下来六天七夜的时间里，吉尔伽美什长睡不醒，乌特纳匹什提姆和妻子一直守候在他旁边，无人打扰。他终于醒来，乌特纳匹什提姆帮他洗了澡，并给他换上了干净的衣服，就像让国王回到自己统治的城市一般。就在最后一刻，乌特纳匹什提姆忽然对一无所获的吉尔伽美什心生怜悯，于是对他说："当你回到自己的领土，我应该送你什么好呢？"他最后准备把一个"众神的秘密"当成临别赠礼：

吉尔伽美什啊，

我有些隐秘的事要告诉你——

那就是诸神的秘密。

有一种植物，

它的根茎像沙棘，

它的刺像荆棘，

会扎伤你的手。

（但）如果你的手抓到这植物，

你必得新的生命！

图 91

乌特纳匹什提姆说，这种能够恢复活力的植物生长在井的底部。他也向吉尔伽美什指明了位置。"吉尔伽美什听到这里，马上就去打开了水井。他把很重的石头绑在脚上，让石头把自己拉到深深的底部。然后，他看到了那株植物。他伸手抓住，但马上就被刺伤了。他把脚上的重石扔掉，井水把他冲击到了岸边。"

他紧紧抓住这株能够让人重获活力的植物。一块亚述人的纪念碑可能描绘了这一幕（图91）——吉尔伽美什欣喜若狂地向船夫乌沙纳比吐露了未来的计划：

乌沙纳比，这种植物不同寻常，

可以让人重获生命的呼吸！

我要把它带回戒备森严的乌鲁克。

我会让 [...] 吃这植物 [...]，

给它取名为

"返老还童"。

我自己也要吃（它），

然后找回年轻时的状态！

吉尔伽美什确信，自己一生梦寐以求的事情已经实现。他在乌沙纳比的陪同下，踏上了返回乌鲁克的旅程。走了 20 里格后，吉尔伽美什和乌沙纳比"停下来吃了点东西"。他们又走了 30 里格，"看到了一口井，于是停下来过夜"。吉尔伽美什内心满是长生不老的幻想，他放下了装着植物的背包去游了个泳，让自己神清气爽。而就在他走开的时候，

植物的芬芳引来了一条蛇，

它从水里游上来，带走了植物。

吉尔伽美什坐下来恸哭失声，

泪水顺着脸庞流下。

半神吉尔伽美什哭了，因为他本以为自己大功告成，命运却又一次夺走了胜利的果实。有个说法是，人类从那时起就没有停止过哭泣，因为这是最大的讽刺：起初是蛇鼓励人类偷吃禁果，不用担心死亡。又正是蛇夺走了人类的永生之果……

这是否又是恩基的隐喻呢？

＊＊＊

在苏美尔的列王名单上，吉尔伽美什在位时长为 126 年。他的儿子乌努格继承王位。他的死亡和他的整个悲剧故事都没有解答那个核心的问题：有一部分天神血统的人能否避免死亡？如果他的生活是一个没有答案的谜语，那么他如何死亡以及如何埋葬的故事就更是如此。

从公元前 3000 年的吉尔伽美什，到公元前 4 世纪的亚历山大，再到公元 16 世纪寻找青春之泉的胡安·庞塞·德莱昂[①]，人类一直在寻找方法来避免死亡，或至少是延长寿命。这样的探索普遍存在，而且贯穿古今。但这是否与创造人类者的计划相反？楔形文字的文献和《圣经》是否在暗示我们，众神有意让人类无法长生不老？

《吉尔伽美什史诗》中的陈述可以作为答案：

当众神创造人类，

他们让人类注定经历死亡——

"永恒的生命"

被他们牢牢抓在自己的手中。

在吉尔伽美什刚开始对生死问题感兴趣时，他曾经从他的教父乌图 / 沙玛什那里听过这句话。后来，乌特纳匹什提姆再次跟他说了这句话，就在吉尔伽美什把旅程的目的告诉他之后。所以最终的答案是：这种努力注定落空。人类都难逃一死，吉尔伽美什的故事也在证实这一点。

---

① 胡安·庞塞·德莱昂，文艺复兴时期西班牙探险家。

但是，当我们回顾这个故事，这个显而易见的答案就浮现出几丝讽刺意味。吉尔伽美什的母亲告诉他，像众神一样长寿的方法是去他们的星球居住。而这也是为什么乌图 / 沙玛什起初说"算了吧"，后来却又两次帮助吉尔伽美什去火箭艇的升降点。吉尔伽美什失败后，却获知一个"众神的秘密"：就在地球上，存在着一种能使人恢复生命活力的植物。这就对众神提出了一个问题：他们"长生不老"也依赖于这种营养物质吗？难道他们并不是传说中的"不死之身"？

在这个问题上，古埃及能为我们带来有趣的视角。那里的法老相信，如果他们能在"百万年之久的星球"上与众神会合，就可以在来世获得永生。法老会为了这个目的而提前做出精心准备，让死后的旅程更加顺利。法老来世的另一个自我被称作"卡"，能够通过模拟的门离开他的坟墓。然后，他会前往西奈半岛的冥界①，从那里被带到高空，开始太空旅行。在西奈半岛曾有这种设施存在，墓中的一幅绘画可以证明这一点。画面中，地下筒仓有一艘多级火箭，和苏美尔人表示天神的"Din.gir"符号类似（图92）。然后，《死者之书》②中还有详细文字和图画，描述了地下设施、火箭的飞行员以及激动人心的起飞过程。

但是，太空旅行并不仅是为了去众神的星球上居住。"带上这个国王吧，让他与你们同吃，与你们同喝，让他在你们居住的地方同住。"这段古埃及的咒语是在向诸神发出呼吁。在国王佩皮的金字塔中，人们向居住在"百万年之久的星球"上的诸神发出呼吁，请他们"把自己赖以生存的生命植物送给佩皮"。在金字塔墙壁上，有一幅彩色图画，里面的国王在妻子陪同

---

① 冥界（Duat），埃及神话中的死后世界。
② 《死者之书》(*Book of the Dead*)，指的是一段古埃及墓葬文书。《死者之书》是为了教导死者在前往阴间途中，如何保护自己，避免路上妖魔的危害，以及审判时如何应答 42 位神明的问题，甚至愚弄神明，而产生的咒文或可诵的文章。

图 92

之下进入来世，到达了天国乐园，喝着生命之水。生命果实之树就在那水里长出（图93）。

这些关于众神的生命之水和食物 / 生命之果的描述来自埃及，可以对应美索不达米亚的有翼之神（"鹰人"）。他们在生命之树的两侧，一手拿着生命之果，另一手拿着一桶生命之水（图70）。这些图像背后的概念其实和印度教苏摩①的故事类似。苏摩是众神从天上带到地球上的植物，叶子的汁液能给人带来灵感、活力和永生。

---

① 苏摩是早期印度婆罗门教仪式中饮用的一种饮料，得自某种至今未知的植物（或真菌）的汁液。

图93

　　一切都符合《圣经》对此的描述。其中最著名的，就是伊甸园中两棵特殊的树——善恶树和生命树。后者的果实可以让亚当"永远活着"。但是，《圣经》故事提到了上帝如何努力阻止他们去吃这种果实。

　　人类的创造者试图阻止人类获得神圣的养分，这是故事的核心内容。同样的内容也可在苏美尔的阿达帕故事中找到。我们发现，苏美尔故事里的人类创造者恩基也曾这样对待"人类的完美模型"，即他自己的儿子——地球人阿达帕。

> 使他变得完善，
>
> 赋予他广泛的理解力，
>
> 给他智慧，
>
> 赐予他知识——
>
> 但没有让他拥有永恒的生命。

然后，恩基自己的成果也面临着考验：他和一个人类女性生下了阿达帕。他是一个被阿努邀请到尼比鲁星球的奇迹创造，并在那里被提供了"生命之粮"和"生命之泉"。但是，恩基告知阿达帕这两样东西会导致他死亡，让他不要接受。事实证明，这个警告并不是真的。神对亚当和夏娃的警告也是一样。神告诉他们吃善恶树的果实便会死去，结果并非如此。在伊甸园的故事中，神担心的不是这对夫妇会有死亡的风险，而是相反的情况："现在恐怕他伸手又摘生命树的果子吃，就永远活着。"（《圣经》中的希伯来语词是"Ve'akhal ve Chai Le'Olam"：他吃了，活到了"Olam"。"Olam"这个词通常被翻译为"永远"，也可以指一个物理上的场所，在这种情况下就被译为"世界"。我曾提出，它也可能源自意为 "消失"或者"看不见"的动词，因此"Olam"可能是尼比鲁在希伯来语中的名称。在这种语境下是指能长生不老的地方。）

　　因此可以推测，神担心如果亚当吃了生命之树的果实，就会获得"Olam"的生命长度，也就是尼比鲁星球上的生命周期。在苏美尔的文本中，恩基欺骗阿达帕不要吃神圣的营养品，这只是因为人类在被造时就已经被有意剥夺了永恒的生命。虽然已经可以确定生命之粮的存在，但它只能带来"长寿"，也就是"更长的生命"。这和天神有意不让人类获得的"永生"仍是两码事。

　　现在，尼比鲁上的生命周期，也就是"奥兰的生命"究竟是什么？是无尽的永生，或是在尼比鲁星球上以 SHAR 为单位计算的长久寿命？这比地球上的生命周期要长 3600 倍。神或半神的永生概念源自古希腊。20 世纪 20 年代末，在位于叙利亚的地中海沿岸的首都乌加里特①发现了迦南人

---

① 乌加里特是古老的国际港都，位于北叙利亚沿地中海都市拉塔奇亚北方数公里处。

的"神话",揭示了希腊人的这个概念从何而来:从途经克里特岛的迦南人那里。

但在美索不达米亚,阿努纳奇从未宣称过自己是绝对的不死之身。尼比鲁上早先的几代先祖的名单等于是在承认,那些先祖都已经死去。杜木兹的故事被记录在史料中,曾公开讲述他的死亡。而且在每年的搭模斯月①,他死亡的故事都会被哀悼,甚至在先知以西结时代的耶路撒冷也是如此。阿拉鲁被判刑,在流亡中死去;安祖因罪被处死;奥西里斯被塞特杀死,并被肢解;荷鲁斯神死于蝎子的毒刺,但后来被托特救活。伊南娜未经许可擅自进入下层世界,被抓获并被处死,但恩基努力让她起死回生。

世上没有不死之身。甚至,阿努纳奇也没有说过自己能够永垂不朽。永生只是一种错觉,因为他们都极其长寿。

这种长寿显然不仅是靠尼比鲁的一些独特的营养品在维持,而且是与他们生活在尼比鲁有关。否则,宁逊为什么要鼓励吉尔伽美什去尼比鲁获得"神的生命"呢?

现代科学需要思考这样一个有趣的问题:在尼比鲁星球或是宇宙中的其他地方,生命周期的长短究竟是一种可以从外界获得的特质,还是基因在进化过程中的自身调整?阿达帕的故事说明,这可能是恩基在遗传上做出的决定。有一个或多个长寿基因,在"基因混合"时有意从人类基因组中被拿掉了,而恩基知晓这一切。

我们还能找到它吗?

也许会出现一把钥匙,让我们能解开这些基因的秘密。而现在这些神和半神的线索,正将我们往这个方向引去。

---

① 搭模斯月,是犹太教历的四月、犹太国历的十月,共有 29 天,相当于公历 6、7 月间。该月的名称来自巴比伦历法。搭模斯对应苏美尔神话中的杜木兹。

拼写"生命"

在这本书的各种故事间隙，我们时不时地停下来，一是为了指出因误译而产生的误解，二是为了凸显出希伯来语中那些对苏美尔语术语进行直译的例子，逐个确定字词来源，让我们对《圣经》经文的理解更加清晰。

著名的苏美尔学家萨缪尔·诺亚·克莱默指出，亚当的肋骨在希伯来语中是"Tsela"，在用肋骨塑造夏娃的故事中，希伯来语的编纂者一定是把苏美尔语中的"Ti"理解成了"肋骨"。这是正确的，但苏美尔语中发音相似的"Ti"意为"生命"，比如宁提（Nin.ti，意为"生命女神"），她所做的是将"生命"（DNA）从亚当身上取下，并通过系列操作来获得女性的遗传染色体。

朱苏德拉也曾经告诉吉尔伽美什，恩利尔如何授予他"神的生命"。当人们读到实际的苏美尔语措辞时，就会想到这些例子。

Ti Dingir.dim Mu.un.na Ab.e.de

Zi Da.ri Dingir.dim Mu.un.na Ab.e.de

这里使用了两个苏美尔语的词："Ti"和"Zi"。这两个词通常都被译为"生命"，那么它们的区别在哪里呢？就我们现在所能确定的方面而言，"Ti"是用来表示身体方面和神类似之处，"Zi"表示生命的功能，即以何种方式生活。苏美尔作者在"Zi"后面加上了另一个词语"Da.ri"（意为"持续时间"），为了让意思更加明确。朱苏德拉被赐予了天神生命在身体方面的特征，以及持久长寿的特征。

这两句通常被翻译为："赐予他像神一样的生命，也为他创造像神一样的永恒灵魂。"

毋庸置疑，这是一个很不错的翻译。但并没有传达出苏美尔作者高超文字游戏的确切含义。他这一次使用"Ti",下一行使用"Zi",比如朱苏德拉的名字"Ziusudra"就是"Zi"开头的。朱苏德拉的生命被增添的不是"灵魂",而是长寿的特质。

第十三章

女神的黎明

"来吧，吉尔伽美什，做我的爱人吧！"

大洪水之后，神与地球人之间的关系有了意想不到的后果。而伊南娜所说的话如此典型地反映了这点。

当阿努纳奇意识到，他们只要在安第斯山脉捡黄金就可以满足自己的需求，就已经没有理由继续留在这块陈旧的大陆。恩利尔曾经认为人类必须要从地球上被抹去，但根据朱苏德拉的说法，在他为恩利尔献上感恩的羊肉祭礼，恩利尔闻到烤肉的香味后，这个想法就开始动摇。事实上，当阿努纳奇的核心领导层开始清楚了解灾难的规模后，就已经开始改变主意。

当崩塌的水流把一切都冲走，众神正乘着他们的飞行器和穿梭飞船，绕着地球飞行。众神全都挤在里面，"像狗一样畏畏缩缩地蹲在墙边……阿努纳奇又饥又渴地坐着……伊丝塔像分娩中受苦的女人一样痛哭起来，阿努纳奇众神和她一起哭泣：'唉，古老的日子全部化为乌有了。'"其中宁玛最受触动：

这位伟大的女神看到此情此景，流下眼泪……

她的嘴唇全都在发烫。

"我所造的生命已经变得像苍蝇。

他们像蜻蜓一样漂在水上，

他们的父权随奔腾的大海消逝不见。"

当潮水退去，亚拉腊山的一对山峰从浩瀚的大海中浮出水面。阿努纳奇开始把飞船降落下来。让恩利尔震惊的是，他发现"诺亚"还活着。恩基两面派的本性暴露无遗，他招来了很多指责，而他为自己的所作所为进行辩解，有大段的经文详细描述这些。但也有篇幅很长的经文记录了宁玛如何强烈地斥责了恩利尔，因为他出台了"让我们使他们灭亡"的政策。"我们创造了他们，那么就应该对他们负责！"这是她所说的话。再加上当时的现实情况，她说服恩利尔改变了主意。

如果莎士比亚生活在这个时代，宁玛就是一个具有"莎翁特质"的女性。在大洪水之前，宁玛在众神和人类的事务中扮演了重要角色。在洪水之后亦是如此，不过她采取了不同的方式。作为阿努的女儿，她和两个同父异母的兄弟陷入了一场三角爱情。她钟情于恩基，但是却被阻止和他结婚。之后，她与恩利尔非婚生子，尼努尔塔诞生了。她认为自己地位重要，应该被授予大洪水前最早五座城市之一的舒鲁帕克。因此她来到地球担任阿努纳奇的首席医疗官（图63），但最终却为他们创造了"工人"，这也帮她赢得了更多称号，比如宁提（Ninti）、妈咪（Mammi）和宁图尔（Nintur）。现在她却看到自己所创造的生命全都付诸东流。于是，她高声反对恩利尔。

从此以后，她扮演着仲裁者的角色，周旋于同父异母兄弟的敌对部族之间，赢得了双方的尊重。她通过谈判达成了结束金字塔战争的和平条款，并被授予神圣的第四区（西奈半岛）及位于那里的太空港，作为中立的领土。有一篇长文描述了她的儿子尼努尔塔如何在西奈半岛的山脉中为她建造了一处舒适住所。她的苏美尔名字也因此变成了宁胡尔萨格（意为"山峰的女神/女主人"）。在埃及，她的代号是哈特胡尔（意为"绿松石的女神/女主人"），这种宝石是在西奈开采的。她在埃及被奉为哈托尔[①]女神，字面意思是"荷鲁斯的居所"。她晚年在苏美尔和埃及都被看成是"牛"的意象，因为她在哺育半神的过程中扮演了重要角色。但不论什么时候，"伟大的女神"这一称号都始终为她保留。

她终身未婚，是现在被我们称为处女座的黄道星座的"少女"原型。她除了与恩利尔有一个儿子之外，还和恩基在地球上生下几个女儿，是他们在尼罗河畔交合而生。这个故事被误称为《天堂神话》，以宁胡尔萨格和恩基开始牵线搭桥结束。他们将年轻的女神许配给恩基氏族的男性。其中最突出的例子是为恩基之子宁吉什兹达和马尔杜克之子纳布选择的配偶。这当然都是强有力的联姻功绩。但正如我们将要看到的，宁胡尔萨格通过后代出生和氏族联姻展开的权力联合和牵线还不止于此，她的妹妹巴乌及巴乌的女儿宁逊随后也加入了。

巴乌也来自尼比鲁，在阿努纳奇中是主要女神之一。她是尼努尔塔的妻子，也就是宁胡尔萨格的儿媳。但是，巴乌自己又是阿努的小女儿，所以她和宁胡尔萨格也是姐妹……无论是哪种方式，这两位女神之间的这些关系都是特殊的纽带。巴乌后来也为自己赢得了医生的声誉，这种联系就更加明显了。在一些故事中，她还被认为具备起死回生的本领。

拉格什国王古迪亚[②]为她和尼努尔塔建造了一片新的圣地。当她和尼努尔塔在那里定居，这个地方就成了人类（而不是天神）的医院。巴乌从

---

① 哈托尔（Hathor），是古埃及神话中的爱与美的女神、富裕之神、舞蹈之神、音乐之神。在不同的传说中，她是荷鲁斯的妻子。
② 古迪亚（Gudea）是苏美尔城邦拉格什的统治者（公元前2144年至公元前2124年）。

宁胡尔萨格那里继承了一种对人类的独特之爱。她被亲切地称为古拉（意为"大个头"）。人们在祈祷中称她为"古拉，伟大的医生"。人们在诅咒时则请求她"将疾病和无法愈合的溃疡带给敌人"。不管怎么说，这个代号正确地描绘出了她高大的体型（图78）。

如果说宁玛/宁胡尔萨格"永是伴娘，不是新娘"，那宁逊却"永远是新娘"。从尼努尔塔的角度，宁逊是她的孙女，从巴乌的角度，宁逊则是她的外甥女。有这个说法是因为一系列著名的国王都自称是宁逊的儿子，其中也包括大名鼎鼎的吉尔伽美什。宁逊比任何一个凡人配偶都要长寿，从吉尔伽美什的父亲开始，一直到乌尔第三王朝，甚至到之后的朝代。如果她有家庭相册的话，里面肯定满是儿孙的照片，从她和卢加班达最早的11个孩子开始。

宁胡尔萨格、巴乌、宁逊三位女神组成了一个三人组合。她们不论是生前还是死后都引导着苏美尔的王室成员。第四位主要的女神伊南娜/伊丝塔也是一位女性活动家。我们即将看到，她有一套自己的谋划。

* * *

阿努纳奇人决定妥协，与人类分享地球。在大洪水之后，阿努纳奇开始努力让地球再次变得适合居住。恩基就是埃及人眼中的普塔，他在尼罗河谷建造了带水闸的水坝（图11），用来排泄洪水。根据纸莎草纸上文献的记载，"让土地从水底浮出来"。在幼发拉底－底格里斯河平原，尼努尔塔在山口筑坝，将溢出的水排出，创造可居住的区域。恩基和恩利尔在一个"创造室"监督着植物和动物的遗传"培育"工作，这项大型工程很可能是在伊吉吉用作"登陆点"的大石台上展开的。无论对错，他们确实创造了地球人，而这些矿场和田地之间的劳作者又为他们提供了上乘服务。

因此，阿努大约在公元前 4000 年来到地球进行外交访问，推进一项决议：在原址重建大洪水前的各个城市，并建立几个新城市，以这种方式赋予人类"王权"——文明。

人们在考古中发现了许多文献资料，说明了城市如何成为某个特定天神的"崇拜中心"。在"神圣的区域"内，有一个字母"E"（即"Abode"，意为"神庙"）。祭司们在这里为居住在此的神灵提供特权，让他们享受领主一般的悠闲生活。那些"天神"也是文明进步的支柱。但是，对于他们所扮演的角色，人们没有留下多少文字资料。尼达巴是主管书写的神，监督常规或专门的文书学校；或是负责啤酒酿造的宁卡西[①]，这是苏美尔开创先河的发明，也是这里社会生活的组成部分；再比如负责大陆上水资源的尼娜。

这些神都是女性。尼萨巴也是其中之一，她还有一个别名"Nin.mul.mula"，意为"多行星的女神"或"太阳系的女神"。她的形象是一位天文学家，主要负责为新的神庙提供天体定位——不仅在苏美尔，在埃及也是如此。她在埃及被尊称为塞莎特[②]。另一位南雪女神，她主管日历，确立了元旦的日期。还有与宁玛一起来到地球的苏德群体（意为"给予救助的人"），她们提供"传统"的医疗服务。除此之外，女神专门掌管的领域几乎覆盖了文明生活的各个方面。

在阿努纳奇的事务和等级制度中，女神们发挥着越来越重要的作用。有一处赫梯人的圣地生动地体现了这一点。在位于土耳其中部的亚兹利卡亚，有一座万神殿的岩壁上雕刻着十二个主要神灵。在画面中是两组平等的男神女神，带着各自的随从相向而行（图 94，局部画面）。

---

① 宁卡西，是古苏美尔人的啤酒守护女神。
② 塞莎特，古埃及神话中的书写女神，智慧神托特之女或妻子。

图 94

　　阿努纳奇的第二代和第三代在地球上开始行使实际的权力，并树立了权威。因此，在阿努纳奇和地球人之间的关系中，"女性化"的趋势越来越明显。在过去的时代，护士苏德成为恩利尔的配偶后，被重新命名为宁利尔。她的头衔是"统领的女主人"，却并没有让她成为阿努纳奇的指挥领袖。伊亚被改名为恩基后，他的配偶达姆金娜也被重新命名为宁基（意为"地球女神"）。但是，她从未真正成为地球的女主人。即使是恩利尔儿媳宁伽勒①，她的丈夫是恩基在地球的儿子南纳／辛，她在官方"画像"

---

① 宁伽勒，是苏美尔神话中的芦苇女神，恩基和宁胡尔萨格的女儿，月神南纳的妻子，她生下了太阳神乌图和金星神伊南娜。

图 95

（图 95）中看似与配偶享有同等地位，也并没有属于自己的权力。

至于那些在地球上出生的女神，她们的境况则变得不同，比如南纳／辛和宁伽勒的女儿埃列什基伽勒[1]和伊南娜。伊南娜被分配了乌鲁克之后，她把这座城市变成了苏美尔强大的首都；马尔杜克的行为导致她的新郎杜木兹去世，她发动并领导了一场跨越大洲的战争；当阿拉塔也被授予她，成为她的崇拜地，她坚持让那里在第三地区内保持完整状态。她可以选择国王的人选，也的确这么做了；而且，她让他们唯命是从。

埃列什基伽勒的名字意为"大地上芬芳的女神"。她被许配给了恩基的儿子内尔伽勒[2]，但她对这桩婚事非常抵触。内尔伽勒是个秃头，从出

---

[1] 在美索不达米亚神话中，埃列什基伽勒是伊里伽尔（Irkalla，地府或阴间）的女神。有时，她的名字直接就叫伊里伽尔，与希腊神话中对哈得斯之名的使用一样，两者都是地下世界的统治者。

[2] 内尔伽勒，又称埃拉（Era），苏美尔神话中的神祇，原本是战神、远射之神和霍乱之神，相传与火星和射手座有着密切的关联。

生开始就一瘸一拐。她当时得到许诺，婚后会成为内尔伽勒非洲领地的女主人。那里被称为"往下的世界"，位于大陆的南端。埃列什基伽勒把那里变成了关键的科学观测点，在往后的时代观测大洪水，并确定黄道十二宫的年历。埃列什基伽勒有着坚定决心，尽情挥洒随之而来的权力。对此进行描述的文献数不胜数。

而在半神问题这个关键领域中，所有这些变化全部凸显出来。

随着王权制度的建立，"国王"的职能和角色也随之而来。"国王"一词本来写作"Lu.gal"，即"大人物"。他居住在自己的宫殿（E.gal），管理行政事务，颁布法律，坚守公义，修建道路和运河，与其他居住中心维持联系，使社会得以运转。所有这些都是代表神灵在工作。总的来说，这样的系统能够带来科技和艺术上的增长和成就，走向繁荣。从大约6000年前的苏美尔开始，我们今天所说的"文明"一词所包含的种种都已发端。

自然会有人提出这样的想法：国王应该和大洪水之前的半神相似，"之后也是如此"。不论是事实还是假设，相较于地球上的普通人类，半神被赋予的智慧、体力和体型都更胜一筹，寿命也更长。他们是用来连接神和凡人的最佳选择——成为国王。而且，国王也扮演大祭司的角色，获准接近"神灵"。

但是，那些大洪水后的半神又从哪里来？从各种文献中提炼出的答案是：他们是被定制出来的……

*　*　*

组成基什第一王朝的半神国王是什么状态？除了少数例外，苏美尔国王名单没有提供直接信息。这个王朝在大洪水之后才开始，是在尼努尔塔的支持下建立的。

我们不仅讨论过国王名单，还详细讨论过埃塔纳和他传奇的太空旅行，最后得出结论：他的统治时长为 1560 年，同时具备前往尼比鲁进行太空访问的资格，这表明他拥有半神的地位。另一个文本的注释进一步证实了这点，即埃塔纳和阿达帕一样是"纯净的种子"。我们也曾指出，后来基什一些国王的名字表明，在他们过渡到非神的继承人之前还有半神曾经在位，比如恩麦努纳（660 年）和恩麦巴拉吉（900 年）。在泥版一号上的《主神名单》中，恩利尔氏族和尼努尔塔氏族之后，有 14 个名字以 "d.Lugal" 开头，"d" 是 "神圣的"（divine）的缩写，比如 "divine Lugal.gishda" "divine Lugal.zaru" 等。虽然缺乏其他方面的信息，但从这些名字可以看出他们有半神的地位，因为他们有权把 "dingir" 作为定语使用！他们有的没有统治过基什，有的以其他代号闻名。

我们还在文献中找到证据，发现了"半神"的一个重大变化。在大洪水之前及之后的时代，"半神"源于父亲一方是"纯净的种子"：比如某某是乌图神（dUtu）的儿子，诸如此类。因此，当一位名叫摩斯阿利姆的国王登上基什的王位，带来了一个很大的变化。他的名字摩斯阿利姆写作 "Mes.Alim" 或 "Mesilim"，我们即将探讨这个名字的意义。我们发现一件文物（一个银瓶）上有以下清晰可辨的铭文：

摩斯－阿利姆

基什的国王

宁胡尔萨格的

挚爱之子

如果国王不是宁胡尔萨格之子，就不会有胆量把花瓶献给女神。在其他所有的铭文中，国王的身份都被证明是真实的。因此，尽管宁胡尔萨格年事已高，我们还是要考虑她作为母亲的可能性。这可能牵涉到人工授精。其实，在宁胡尔萨格参与的另一个事例中也有类似声明。

从未来国王诞生开始，阿努纳奇就预先保证他们的"半神资格"。在拉格什城有一段篇幅很长且记录清晰的铭文对此有所记载。有一位国王名为埃纳图姆，他的守护神是尼努尔塔，尼努尔塔以该城的圣地被再命名为宁吉尔苏。根据某种编年法，埃纳图姆大约在公元前2450年在位。他作为一名勇猛战士而声名鹊起，文献和纪念碑上都记载着他的丰功伟绩。在卢浮宫展出的一块石碑上（图96），他声称自己以人工授精的方式拥有神圣

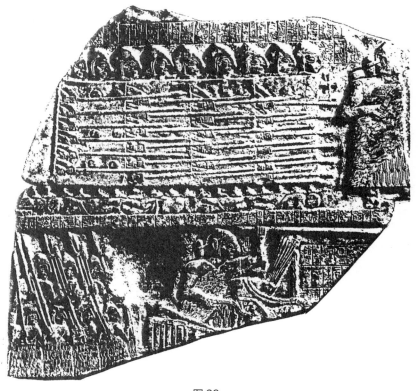

图96

的祖先。以下是铭文的内容：

神圣的宁吉尔苏，恩利尔的战士，

为了埃纳图姆的诞生，

将恩利尔的精液注入 [？] 的子宫。

[？] 为埃纳图姆欢欣鼓舞。

伊南娜陪伴着他，给他取名

"配得上伊南娜在伊巴尔的神庙"，

还让他坐上宁胡尔萨格神圣的双腿。

宁胡尔萨格用特别的乳汁哺育了他。

宁吉尔苏为埃纳图姆欢呼雀跃，

将精液植入子宫。

铭文接着描述了埃纳图姆巨人一般的身型，仿佛准备好了要回答即将

到来的问题：

宁吉尔苏在对比他的体型：

跨越五个前臂的长度范围

才可以将前臂放在他身上——

他测量出五个臂长的距离。

宁吉尔苏喜不自胜，

把拉格什的王位赐予他。

图97

（"五个前臂的长度"，也就是约为 100 英寸①，或超过 8 英尺②。）

在埃及的诸神故事中，也有一个人工授精的例子。当时托特神从死去的（且被肢解的）欧西里斯③身上提取精液，然后使其妻子伊西斯受孕。伊西斯后来生下荷鲁斯神。而埃及的托特神就是苏美尔的宁吉什兹达。从一幅描绘这个故事的图画中，我们可以看到托特把两股独立的 DNA 结合起来，来完成这一壮举（图97）。在埃纳图姆的案例中，也曾经明确描述过一个类似例子：在苏美尔，恩利尔的长子也参与其中。开场白中"恩利尔的精液"可以理解为尼努尔塔自己的精液，因为他就是恩利尔"种子"的携带者。

埃纳图姆从拉格什的王位上退下之后，接替他的是恩特梅纳；虽然铭文说他是"埃纳图姆的儿子"，但也曾多次描述他曾"被恩利尔赋予了力量"，

---

① 100 英寸约为 2.54 米。
② 8 英尺约为 2.44 米。
③ 欧西里斯（Osiris）是埃及神话中的冥王，九柱神之一，是古埃及最重要的神祇之一。他与妻子伊西斯生了荷鲁斯。

且被"宁胡尔萨格的神圣母乳滋养过"。这两位国王都属于拉格什第一王朝。王权从基什转移到乌鲁克之后,尼努尔塔有针对性地建立了这个王朝。基什是尼努尔塔主管,而乌鲁克则由伊南娜庇佑。我们有理由相信,拉格什第一王朝的全部九位国王都具有某种程度上的半神身份。

埃纳图姆声称,他出生的方式使他有资格获得"基什之王"的称号。在族谱上,这把他和受人尊敬的基什王朝及其守护神尼努尔塔联系在一起。对于基什的其他国王如何有资格成为半神,我们只能猜测。但毋庸置疑的是,苏美尔的首都从基什迁到了乌鲁克。在那里,乌图被尊为第一个国王的父亲。这位国王就是梅斯克亚加什①。

我们需要留意的是,乌图后来被称为沙玛什,也就是"太阳神",他属于阿努纳奇在地球上出生的第二代。他是新王朝首领的父亲,就必然是一个里程碑式的人物——从来自尼比鲁的老一辈天神,到一个在地球上出生和成长的男性神灵,这期间父子关系发生了变化。

在女神方面,也发生了类似的世代变化以及遗传影响。这在统治乌鲁克的第三位国王卢加班达身上有所体现:在他的案例中,女神伊南娜是他的母亲,她和乌图是双胞胎兄妹,也是第二代阿努纳奇生下的"地球宝宝"(Earth Baby)。后来,女神宁逊被认为是卢加班达的妻子,她也是他们儿子吉尔伽美什公认的母亲。而宁逊作为尼努尔塔和配偶巴乌的女儿,她自己也是一个"地球宝宝"。

在拉格什发现了一幅宁逊的石雕肖像(图98),显示出她的端庄和安详,上面清楚地刻着她的名字宁逊(Nin.Sun),她和卢加班达一共育有 11 个孩子。宁逊很大程度上继承了她父母的长寿特征,以及他们像英雄一般的

---

① 梅斯克亚加什(约公元前 2800 年左右在位),乌鲁克国王。乌鲁克四位神话传说国王中的第一位,据传是苏美尔人的太阳神之子。

身材。她寿命很长，后来的几个国王都是她的孩子。她在乌尔第一王朝的生死大戏中可能扮演着某个角色，这在我们讲述的故事中是一大亮点。

吉尔伽美什死后仅一个多世纪，苏美尔的首都就从乌尔转移到了其他几个城市。大约在公元前2400年，一位名叫卢伽尔扎吉西（Lugal.zagesi）的国王统治着苏美尔，乌尔第三次成为国家的首都。在许多铭文中，他声称女神尼萨巴（Nisaba）是他的母亲。

图98

Dumu tu da dNisaba,

神圣的尼萨巴之子，

Pa.zi ku.a dNinharsag

神圣的宁胡尔萨格以圣奶喂养

读者应该还记得，尼萨巴是通晓天文的女神。在一些文献中，她被认为是"尼努尔塔的妹妹"，恩利尔是他们共同的父亲。但在《主神名单》中，她被描述为："神圣的尼萨巴，一位女神，来自宁利尔神圣又纯洁的子宫。"换句话说，她是宁利尔和恩利尔在地球上生下的女儿，是南纳/辛同父同母的妹妹。但她和尼努尔塔只是同父异母的兄妹，因为尼努尔塔的母亲是宁玛。

那么，按照这个比较可信的时间顺序，这是基什、拉格什和乌鲁克的九位国王的情况，他们的半神血统和身份已经得到验证：

埃塔纳：与阿达帕同源（来自恩基）

梅斯克亚加什：乌图神之子

恩麦卡尔：乌图神之子

埃纳图姆：尼努尔塔之子，伊南娜把他放在宁胡尔萨格的腿上吃奶

恩特梅纳：用宁胡尔萨格的乳汁养大

梅萨利姆：宁胡尔萨格的"爱子"

卢加班达：伊南娜女神之子

吉尔伽美什：女神宁逊之子

卢伽尔扎吉西：女神尼萨巴之子

这些重点信息显示，神和半神的情况在大洪水之后发生了重大转变。首先，来自尼比鲁的先祖原本拥有"祖先"的地位，后来逐步被生于地球的世代所替换。然后，经过一个涉及"神圣乳汁"的阶段，产生了最终的变化：女性的"神圣的子宫"取代了早期男性的"丰饶之种"和"纯粹精液"。

我们需要了解这些重要的变化，因为它们带来了长远的后果。养育半神的角色被在地球上出生的诸神取代。这只是一个像变老一样的自然规律问题吗？对那些在地球上出生的"天神"来说，因为他们的母星变成了地球而不是尼比鲁，生命周期也因此缩短。是否因此，通过半神来延续氏族变得更加重要？

根据文献的记录，那些来到地球并留下居住的阿努纳奇，比留在尼比鲁上的那些要衰老得更快，比如恩基、恩利尔、宁玛……阿努纳奇们自己也意识到了这点。而那些出生在地球上的后裔，衰老速度甚至更快。他们从尼比鲁转换到地球上生活，这显然不仅影响了众神和半神的寿命，也影响了他们的体格。随着时间的推移，他们不再像巨人一样。然后，代际延续的方式从男性的"生殖"种子转换到女性的"神圣的子宫"，意味着半神从那时起既继承了普遍性的 DNA，也继承了女神特有线粒体的 DNA。

让我们继续跟进神和半神的传奇故事。待到揭开最后的谜底时，这些变化的意义将会显现出来。

在《圣经》的背景下，在大洪水之前的时代中，我们可以把半神领域的关键变化做一个简单的概括：从前，众神的儿子们可以"从人类的女儿中任意选择中意的对象"；现在，变成是众神的女儿们从人类的儿子中任意选择。西塔尔的六个词概括了女神在这一切中的角色。如果女方是神，她将不会被描述为男性的"配偶"：应该是男方被选为女神的伴侣。就像伊南娜说："来吧，吉尔伽美什，做我的爱人吧！"就这样，女神的时代来临了。

***

吉尔伽美什死后，恩麦卡尔、卢加班达和吉尔伽美什在乌鲁克的英雄时代逐一落幕。吉尔伽美什的儿子乌尔卢伽和孙子乌图卡拉玛一共统治了45年。之后又有五个国王，总共统治了95年。国王名单只对其中一个人，用了一个额外的词来描述，指出他是"一个铁匠"——这就是梅斯荷。总之，根据国王名单的记载，"共有12位国王统治过（乌鲁克），一共2310年，然后王权转移到了乌尔"。

这两个王朝现在被学者们称为"基什一世"和"乌鲁克一世"。二者都延续了很长时间，并因其进步性和稳定性而被不断提起。然而，这两个王朝也并不总处于和平状态。在国家层面上，随着城市向着城邦的规模扩张，关于边界、耕地和水资源的争端爆发，升级为武装冲突。在国际层面上，伊南娜－杜木兹联盟随着杜木兹死去而破灭，马尔杜克被指控，伊南娜对他发动起激烈的战争。杜木兹的死给伊南娜带来了情感上的巨大负担。她是如此不堪重负，随后的事件甚至导致了她的死亡！

一篇名为《伊南娜去下界》的文章讲述了这个故事。这篇文章也被学者们误称为《伊南娜下冥界》。它讲述了在杜木兹死后，伊南娜前往她姐姐埃列什基伽勒位于"下界"的领地。这次访问让埃列什基伽勒动了疑心，一方面是因为伊南娜不请自来，另一方面是因为她来见奈格勒，也就是姐姐的配偶。于是，埃列什基伽勒下令把伊南娜抓起来。她被死亡射线杀死，残躯还被高高吊起……

伊南娜的女仆还留在乌鲁克。当她发出警报，唯一能帮上忙的是恩基。他造出两个可以抵御死亡射线的泥土机器人，给其中之一提供生命之粮，给另一个提供生命之泉，以此来激活他们的生命。当他们取回伊南娜毫无生气的遗骸，"他们在尸体上安装了脉冲器和发射器"，然后在她的身体上洒下生命之泉，并给她带来生命的植物，"伊南娜就站了起来"。

学者们猜测，伊南娜去下界是为了寻找杜木兹的尸体。但其实伊南娜知道尸体的所在地，因为她已经下令把尸体制成木乃伊保存起来。我在《神圣的邂逅》一书中提出，她去那里是为了向奈格勒提出履行一项习俗，即要求死者的兄弟和守寡的女性结合，让死者的名字有机会传承下去。《圣经》中就曾经出现这个习俗。而这是姐姐埃列什基伽勒不愿看到的。

毫无疑问，这些经历对伊南娜的行为方式产生了深刻影响，也决定了她在未来采取的行动。其中一个显著的变化就是，伊南娜开启了"神圣婚姻"的仪式，每年，在她与杜木兹未能完成的婚礼纪念日，她都会选择一个男人来共度良宵。这个人往往不是国王。早上人们会发现，这个男人已经气绝身亡。

因此，将中心城市转移到乌尔，其实是尝试将责任转移到南纳／辛的身上，以此来获得喘息的机会。南纳／辛是尼努尔塔的弟弟，也是伊南娜的父亲。

＊＊＊

乌尔是大洪水之后形成的一座新城市，也是恩利尔的儿子南纳的"崇拜中心"。南纳意为"光明的那一位"，暗指他的对应天体为月亮。在神与人的事务之中，乌尔注定会发挥重要作用。它的故事还与《圣经》中的亚伯拉罕有交集之处。但那是在乌尔第三次成为苏美尔的国家首都之后。在被称为"乌尔一世"的短暂时期内，紧随其后的是"乌鲁克一世"。根据国王名单，乌尔有四位国王，他们一共统治了 177 年，其中两位国王的名字很特别——阿 - 安涅帕达和美斯恰克南那。

后来，所谓的"乌尔三世"时期被视为最辉煌也是最悲惨的时期。考古证据表明，近两个世纪的"乌尔一世"时期也是文化和艺术高度发展的时期，同时技术也进步迅猛。我们不知道这个王朝的结束是什么原因，是由于越来越多的侵略性移民对苏美尔边境造成了压力，还是由于某些内部问题。从国王名单本身的文字中，也可以看出有一些动荡的事件发生。这导致记录者写下了五个王室的名字，而不是四个；而且还修改了其中一个，并弄混了统治的时间长度。

我们暂且不论这些麻烦事究竟是什么。资料显示，国家首都突然从乌尔迁移到一个叫阿万的小城市，后又迅速迁到了名为哈马兹和阿达的城市，然后回到了基什、乌鲁克和乌尔，之后又转移到了叫马里和阿克沙克的城市，后来又在第三和第四王朝回到了基什——这两个王朝持续的时间都约为两个世纪。

然后，诸神又第三次将中央的王权交还到乌鲁克，任命了一个名叫路加泽格西的人为国王。读者会记得他的母亲就是女神尼萨巴，也就是伊南娜的姨妈。这位国王的首要任务是让充满争端和战火的城邦之间恢复秩序，甚至不惜动用自己的军队，来清除这些棘手的统治者。有一座名为乌马的城市也受到了路加泽格西的惩罚，这个城市是作为伊南娜的儿子撒拉的"崇拜中心"建立的。所以，路加泽格西很快就被撤走，下一任国王是伊南娜亲自选择的———一个能够响应她号召的人："来，做我的爱人吧！"

在之前的几千年中，都是诸位男性天神掌管一切。现在，大权在握的是一位女神。

"英雄"的各种名称

乌尔第一王朝的两位国王的名字值得关注：阿－安涅帕达（Mes. Anne.pada）和美斯恰克南那（Mes.Kiag.nanna）。乌鲁克的国王名字是 Mes.he，这里的"He"意为"富足／充裕"。值得注意的是，它们的前缀都是我们见过的音节词"Mes"。比如，基什的第一任国王名为梅斯克亚加什（"Mes. Kiag.gasher"），他的父亲是乌图神，以及后来的基什国王名为"Mes.Alim"，这里的"Alim"意为"公羊"。他声称自己是宁胡尔萨格的"爱子"。

这里就浮出一个问题：当"Mes"作为前缀出现，或"Mesh"作为后缀出现，比如吉尔伽美什（Gilgamesh），是否就能验证此人的半神身份？事实显然如此，因为"Mes"这个词在苏美尔语中实际上是"英雄"的意思。而在《创世记》中，正是用这个词的希伯来语来定义半神的身份！

这一结论在以下事实中得到进一步验证。一个编号为 BM 56488 的阿卡德文文档中，有关于某个神庙的描述：

Bit sha dMesannepada ipushu

神圣的阿－安涅帕达建造的神庙，

Nanna laquit ziri ultalpit

播种者南纳将其毁灭。

这句话既用决定性的"神性"一词描述阿－安涅帕达，又把南纳／辛称为"播种者"，指明了哪位神创造了这位半神。

因为我们已经提到过其他词义上的相似之处，人们肯定还想知道，苏美尔语的"Mes"和埃及语中的"Mes/Mses",比如托特梅斯"Thothmes"或拉美西斯"Ramses"是否在早期也属于同一源头?这里的埃及语后缀在形容法老的神性亲子关系时意为"源于"。

我们的结论是,当苏美尔王室的名字以"Mes"开头或结尾,这表示了半神的地位。这条线索将帮助我们解开各种谜团。

第十四章

帝国之荣，厄运之风

有一天，我的女王

穿越天堂，穿越地球——

伊南娜——

穿越天堂，穿越地球——

穿越了埃兰和舒布尔之后，

穿越 [...] 之后，

神庙的工人疲惫地走近，睡着了。

我在我的花园边上看到她。

我亲吻她，与她交合。

后来，一个被称为萨尔贡的园丁也曾这样描述他与女神伊南娜的偶遇。他的名字原文是舍鲁金，即"Sharru-kin"，英语为萨尔贡，即"Sargon"①。女神因四处奔波而疲惫不堪，正在休憩，所以我们不能把这看成一个"一见钟情"的案例。但从后续情况来看，伊南娜显然喜欢这个男人。因此，

---

① 萨尔贡建立了阿卡德王国（约前 2334 年—约前 2193 年），大约处于古代西亚两河流域南部，主要人种是闪语族的阿卡德人。

图 99

伊南娜邀请他到自己的床上，并给他苏美尔的王位，他统治了五十四年。萨尔贡在他的自传中写道："当我还是个园丁时，伊南娜就赐予我她的爱。在五十四年的时光中，我是王权的行使者。我管辖并统治着那些黑色头发的臣民。"

伊南娜是如何说服阿努纳奇的领导层，把苏美尔这个国家及其人民托付给这个人的？这一点还没有明确说法。萨尔贡后来成为改变历史的人物。苏美尔人民当时的绰号是萨格迦，即"黑头发的人"。他的名字和头衔是舍鲁金，意为"诚实的统治者"。这不是苏美尔语，而是阿穆罗人使用的闪米特语族①。他们生活在苏美尔西北的"闪族"地区。一尊青铜雕塑（图 99）展示了这个人物的特征，证实他不是苏美尔人的后代。全新的首都阿卡德②就是为他建造的，这座城市"闪族语言"的名字"阿卡德"更加闻名，而"阿卡德语"这个词正是来源于此。

苏美尔列王名单显示了这位国王的重要性，并提供了以下信息：当乌鲁克在卢伽尔扎吉西的统治之下，"王权被带到了阿卡德"，并指出萨尔

---

① 闪米特语族，译作闪米族、塞姆语族，旧称叙利亚－阿拉伯语族，是亚非语系之下的语族之一，起源于中东地区，其下属语言约有 3.3 亿人作为母语，分布于西亚、北非和非洲之角。

② 阿卡德（Akkad 或 Agade）是一座美索不达米亚古城，阿卡德帝国的首都，为公元前 24 世纪前后的美索不达米亚的政治中心。

贡是一个枣农，也是乌尔扎巴巴的持杯人。他建起了阿卡德，并在那里统治了 56 年。

在美索不达米亚和埃及，持杯人这个职位等级很高，且代表着高度的信任，通常都由王子担任。我们可以回顾一下，甚至在尼比鲁也是如此。比如，阿努就是阿拉鲁的持杯人。事实上，在一些最早期的苏美尔绘画中，就有国王赤身裸体，以表示完全的服从，并担任神灵的持杯人的描述（图75）。这些画面被学者们称为"献礼场景"。

乌尔扎巴巴是基什的国王，这句话暗示萨尔贡在那里是皇家的王子。然而，在萨尔贡自己题为《萨尔贡传奇》的自传中，也选择对自己的身世保持神秘：

我是阿卡德的大帝萨尔贡。

我的母亲是一位大祭司，

我与父亲并不相识。

我的母亲，孕育我的大祭司，

秘密地生下了我。

然后，就像一千年后摩西在埃及出生的故事一样，萨尔贡继续说道：

她把我放在一篮芦苇里，

用沥青封住盖子。

她把我扔进河里，但我并没有被河水淹没。

河流裹挟着我，把我带到园丁阿基那里。

灌溉者阿基在打水的时候发现了我。

灌溉者阿基对我视如己出，抚养成人。

灌溉者阿基让我担任他的园丁。

    萨尔贡对自己的王子身份避而不宣，对于这个奇怪的做法有一种解释：在南纳／辛位于乌尔的神庙中，萨尔贡的女儿恩赫杜娜担任大祭司。这被认为是一个非常荣耀的职位。萨尔贡宣称自己的母亲也有同样的职位。这说明还存在一种可能，也就是他"并不认识的父亲"可能是一位天神。那么，萨尔贡的身份其实就是一位半神。

    考虑到苏美尔一直承受着来自西部和西北部的移民压力，萨尔贡的亚摩利人①血统很可能为他带来一些有利影响。这种让对手成为家人的想法，也许正导致他决定建立一个新的中立国家首都，而这座城市名称的意思正是"联合"（Union）。首都的位置说明，在旧时苏美尔的北部还增加了一块领土，那里被称为阿卡德。这是为了创建一个新的地缘政治体，被称为"苏美尔和阿卡德联盟"。从此，伊南娜名字的阿卡德语版本"伊什塔尔"变得广为人知。

    大约在公元前 2360 年，萨尔贡以这座新首都为基础，建立法律和秩序，首先打败了卢伽尔扎吉西。读者应该记得这个名字，他敢于对伊什塔尔的儿子萨拉神的城市发起攻击。萨尔贡把一个又一个古老的城市纳入自己的统治范围，又把战力转向其他毗邻的土地。这里可以引用《萨尔贡大帝纪事》中的一段话："阿卡德的国王萨尔贡崛起于伊什塔尔的时代。他在哪里都难逢敌手，用令人生畏的目光横扫整片大陆。他穿越了东部的大海，征服了西部全部的国家。"

---

① 亚摩利人，闪米特人中的一支。公元前 1894 年，亚摩利人首领苏姆阿布姆在美索不达米亚南部建立巴比伦王国，史称古巴比伦。

整个"第一地区"从国家首都，再到上海和下海，都被牢牢统治起来。自其成立千年以来，这还是史上首次。上海指的是地中海，下海则是"东方之海"，也就是波斯湾。从这一点来说，这是历史上已知的第一个帝国，而且各方面都发展得非常好：各类铭文和考古证据都表明，萨尔贡的统治范围西至地中海沿岸，北至小亚细亚的哈布尔河，东北方向的国土后来成为亚述帝国，在波斯湾东岸也有遗址。尽管萨尔贡（在必要时）也曾承认恩利尔、尼努尔塔、阿达德、南纳和乌图的权柄，但他的征战是严格按照"我的女主人，神圣的伊什塔尔的命令"来进行的。正如铭文所说，这的的确确是属于伊什塔尔的时代。

阿卡德作为一个帝国的首都，拥有非常宏伟的规模。一篇苏美尔语的文章说，"在那些日子里"，阿卡德财富满满，遍地都是贵重金属、铜、铅以及青金石板。"那里的粮仓已经爆满。那里的老人睿智多谋；那里的老妇能言善道；那里的年轻人被赋予了力量，能够拿起武器；那里的孩子被赋予了快乐的天性……这座城市飘扬着音乐。"一座宏伟的 Sitar 新庙清楚地告诉我们，是哪位神灵主宰着这一切。根据苏美尔语的历史文献："在阿卡德，神圣的伊南娜建立了一座神庙，作为她的居所。在金光闪闪的寺庙里，她立起一个宝座。"几乎在苏美尔的每一座城市，都必须设立她那镶满皇冠宝石的神龛，甚至超过了乌鲁克的伊南娜神庙，而这是不对的。

萨尔贡也变得越来越傲慢，越来越好高骛远。他开始犯下一些严重的错误，比如往尼努尔塔和阿达德的城市派出军队。然后，又有一个致命错误出现：他亵渎了巴比伦。这片领土被指定为属于"阿卡德"，位于古老的苏美尔北部，巴比伦的遗址就在这里。而那正是马尔杜克为了寻求霸权，试图自己建起发射塔的地方（也就是"巴别塔事件"）。而当时萨尔贡"从巴比伦的地基取走泥土，覆盖在阿卡德附近的泥土上，建造了另一座冒牌的'巴比伦'",在阿卡德语中被称为"Bab-ili"。

这项行为是不被允许的。为了理解其中的严重性,我们需要回顾一下"Bab-ili"的意思:"众神之门",即神圣之地。马尔杜克愿意放弃他的企图,条件就是这个地方将不被侵犯,始终作为"神圣的土地"。现在萨尔贡"从巴比伦的地基取走泥土",在毗邻阿卡德的地方用在另一处众神之门的地基之中。这种明晃晃的亵渎行为激怒了马尔杜克,并让氏族之间的冲突硝烟又起。但是,萨尔贡不仅打破了巴比伦的禁忌,他还计划在阿卡德创建他自己(或伊南娜?)的"众神之门",这就惹恼了恩利尔。

＊＊＊

因此,萨尔贡很快被赶下王位,而后死去。但是"伊什塔尔的时代"并没有因此结束。她在获得恩利尔的同意之后,安排萨尔贡的儿子瑞穆什在阿卡德继位。但是,他仅仅在位短暂的九年时间,就被他的兄弟马尼什图斯取代,后者统治了十五年,然后又把王位传给儿子纳拉姆-辛。就这样,伊南娜/伊什塔尔再一次让自己心仪之人成为国王。

纳拉姆-辛的名字中和神有关的部分意为"辛神中意之人"。他使用的是伊南娜父亲的阿卡德语名字"辛",而不是苏美尔语的名字"南纳"。他很有能力,以祖父建立的帝国为基础,将军事远征与商业扩张结合起来。他出资安排苏美尔商人在遥远的地点设立贸易站,并在国际上建立贸易路线,最北端抵达了赫梯王国的边界。那里属于伊什库尔/阿达德,他和南纳是兄弟。

然而,纳拉姆-辛这种"胡萝卜加大棒"[①]的双轨政策未能取得很好

---

① 胡萝卜加大棒(英语:Carrot and Stick),或译为"饴与鞭""恩威并济""软硬兼施"。这是美国总统西奥多·罗斯福的观点,描述一种"奖励"("胡萝卜")与"惩罚"("大棒")并存的两手策略,亦称"独裁者的恩威并用"。

效果。越来越多的城市开始站在马尔杜克那边，支持他重获霸权，西部地区尤其如此。马尔杜克不断重申，他的配偶萨尔帕尼特是一个地球人，而且他的儿子纳布在地球上出生，并且又娶了一个地球人。这让他在人民中拥有大量追随者。在埃及，马尔杜克／拉一直被当作隐藏的阿蒙神来崇拜。人们期待马尔杜克获得最终胜利，简直像崇敬救世主一般狂热。埃及的法老们开始向北推进，想要夺取地中海沿岸土地的统治权。

在这种情况下，纳拉姆－辛依然对西部的城市发起了军事远征，这在当时是规模最大的。伊南娜／伊什塔尔对他表示了祝福，并予以指导。他占领了后来被称为迦南的区域，然后一路向南进军，直到抵达马干（古埃及）。那里也曾经出土关于他的铭文："他把马干的国王亲手擒获。"他毫不手软地进军，又抓捕对方国王，这些都在一块石碑上记录了下来。石碑上还画下了伊什塔尔向他献上胜利花环的场景，画面中的女神闪闪发光（图100）。第四地区以及太空港本是严禁入内的区域，但纳拉姆－辛进入并穿越了那里。在一块记录胜利的石碑上（图101），他傲慢的神态被

图100

图101

描绘了出来。他骑着火箭，像神一样飞向天国。然后他前往尼普尔，要求恩利尔承认他"四区之王"的地位。恩利尔不在那里。于是，"他像一个惯于高高在上的英雄一般，开始在埃库尔只手遮天，行使权力"。那里本是属于恩利尔的神圣区域。

以上这些都是史无前例的违逆和亵渎。《阿卡德的诅咒》一文详细描述了恩利尔的反应。他召集阿努纳奇领袖们召开大会。包括恩基在内的所有主神都出席了会议，但伊南娜没有出现。她被关在乌鲁克的伊南娜神庙中，发出挑衅的话语，要求众神宣布她是"伟大的女王"——地位最高的女神。

"天国的王权被一位女性夺走了！"古书用惊讶的语句指出，"伊南娜改变了阿努定下的规则！"

在大会上，众神做出了决定：把阿卡德从地球上抹去，让这一切彻底结束。有一支忠于尼努尔塔的军队被调来，他们行动有序地摧毁了阿卡德，让这座城市灰飞烟灭。他们来自扎格罗斯山脉对面的古提王朝①。诸神下令，永远不能让阿卡德的遗迹被发现。事实也的确如此，直到今天也没有人能确定阿卡德的具体位置。随着城市的覆灭，纳拉姆－辛也从历史记录中消失。

至于伊南娜／伊什塔尔，她的父亲南纳／辛把她从乌鲁克接到了乌尔。她的母亲宁伽勒在神庙的门口迎接她回来。根据文字记载，她对伊南娜说："够了，这些创新做法到此为止。"伊南娜最后定居在乌尔的圣地，与南纳一家在一起。

截至公元前 2255 年，"伊什塔尔的时代"落幕。但她帮助建立的帝国，以及她对旧时代权威的挑战，都是古代近东历史上的永久印记。

---

① 古提王朝由游牧民族古提人建立，约公元前 2150 年入侵并推翻阿卡德王国，开始统治美索不达米亚。

＊＊＊

之后约一个世纪的时间里，苏美尔和阿卡德的国家首都没有建立过王权。"谁是国王？谁又不是国王？"苏美尔国王名单本身就指出了对这种情况的描述方式。事实上，当时是尼努尔塔从他在拉格什的"崇拜中心"进行行政管理的。拉格什这座城市的书面记录、文物和雕塑一直是我们了解苏美尔、苏美尔人民以及那片文明的主要信息来源。

该遗址现在称为泰洛。那里的考古发现和文献证据表明，大约在公元前 2600/2500 年，最早统治拉格什王朝的国王名为恩赫加尔①。这大约比阿卡德的萨尔贡要早了三个世纪。第一个王朝包括了一些著名的半神英雄，比如以人工授精而为人所知的埃纳图姆。拉格什王朝的统治持续了五百多年，其间从未间断，这说明拉格什的王权即使在动荡时局中也非常稳定。在这里的国王名单上，共有 43 个名字！

拉格什的国王喜欢用"总督"（Patesi）作为称号，而不是"国王"（Lugal）。他们留下了无数的祭品和各类铭文。从文献中可以看出这些国王都很开明，他们遵照神在公义道德方面设立的高标准，努力塑造人民的生活。一个国王能获得的至高荣誉就是尼努尔塔授予的"正义牧者"称号。约在 4500 年前，一位名叫乌鲁卡基那②的国王制定了一部法典，禁止官方滥用权力，禁止"牵走"寡妇的驴子，也禁止监督员拖欠每日工人的工资。公共工程被视为国王个人的责任，比如修建用于灌溉运输的水渠和公共建筑。还引入了一些全民参加的节日，文教事业也被推动，文献中一些完美的楔形文字就是明证，还有一些最出色的苏美尔雕塑（图 29、图 31）也来自拉格什，这可比古希

---

① 恩赫加尔（Lugal.shu.Enhengar），约公元前 2550 年在位，是目前考古所得最早的明确的拉格什的国王。

② 乌鲁卡基那（Urukagina）是苏美尔城邦拉格什的统治者，在位 7 年。

腊要早了两千年。

然而，苏美尔的国王名单中，不曾提过任何一位拉格什的统治者，而且拉格什也从未被设为国家首都。一旦国家王权的宝座从基什转移到乌鲁克，尼努尔塔的所作所为就是在建立自己的堡垒。他想让这片土地上训练有素的军队保护自己的王权，不受伊南娜的影响，因为她过于异想天开，又野心勃勃。从政教关系的角度来说，这是把王权从尼努尔塔的主导转到伊南娜的权柄之下。因此，以拉格什为起点，尼努尔塔让恩利尔重获权威，并在伊南娜和纳拉姆－辛带来的动荡之后，让苏美尔拥有了喘息休养的机会，长达一个世纪之久。但是，由于马尔杜克仍在地球上寻求至高无上的权力，苏美尔和阿卡德在残酷的压力下日渐式微。

大约在公元前 2160 年，恩利尔授权尼努尔塔在拉格什建立了一所新神庙。恩利尔此举正是为了抵制马尔杜克的野心。这座建筑令人惊叹且独具匠心，显示出尼努尔塔的至高地位。为了明确这一点，这座寺庙被称为艾尼努，意为"能容纳五十人的房子／寺庙"。这说明尼努尔塔的地位就如同"下一个恩利尔"，级别为 50，仅次于阿努的 60 级。

在拉格什出土的遗迹中，还发现了一些铭文，其中有一个细节令人咋舌：这牵涉到一位国王在拉格什的神圣区域吉尔苏建造新神庙的问题。这位国王名叫古迪亚（Gudea），意为"受膏者"。他的故事被记录在现在一个黏土制作的圆筒上，展出于巴黎卢浮宫博物馆。故事始于古迪亚的一个梦，梦境中"出现了一个人，像身在天国一样明亮又闪耀……他戴着神的头饰"，并命令古迪亚为他建造一座寺庙。接下来登场的是一位女性，她是"一个头上戴着神庙模型的女人"。她拿着一块绘有宇宙天体地图的石板，指着一颗特定的星星。然后，第二个男性天神出现了，他一手拿着绘有设计图案的石板，另一手拿着一块建筑用的砖块。

古迪亚醒后惊奇地发现，他的腿上就有一块刻着图案的石板，而建筑用的砖块则放在他身边的一个篮子里！这一段经历让他百思不解。（古迪亚的一尊雕像恰恰记录了这一段经历，见图102。）

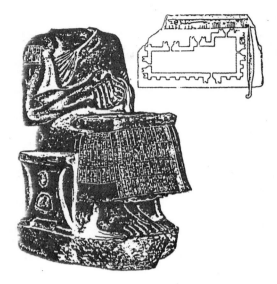

图 102

他来到了"命运之屋"，即尼娜女神的崇拜中心，并请求她帮忙解梦，解读这些不知从何而来的事物究竟是什么含义。

尼娜说，梦中第一位神是宁吉尔苏（Nin.girsu），意为"吉尔苏之主"，他的别名正是尼努尔塔。"按照他给你的命令，建造一个新的神庙。"梦中的女神是尼萨巴。"就像她指示你的那样，要按照神圣星球的要求建造神庙。"另一位天神是宁吉什兹达，"他给你的圣砖是用来作为模具的，提篮意味着你被分配了建筑任务。刻有图案的泥版是七层神庙的建筑规划"。尼娜说，这座神庙应被称作"艾尼努"。

其他大多数国王仅以修复现有寺庙为荣。在这种情况下，古迪亚选择从地基开始建造一座全新的神庙，这是一种殊荣。他怀着喜悦的心情开始建造，并动员了所有民众加入这个项目。他发现，建筑要求远不像描述的这么简单。顶部要有一个圆顶天文台，"形如天穹"，用来观测并确定夜

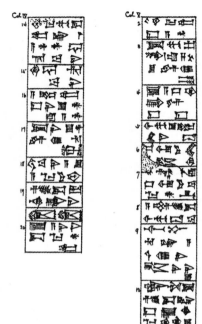

图103

幕降临后的行星位置。在前院还要立起两个石圈，以确定春分那天日出时的星座。还需要建造两堵特殊的下沉式围墙，其中之一给尼努尔塔的飞机"神圣黑鸟"，另一个是他的"可怕武器"。在古迪亚用苏美尔文字书写的清晰铭文中（示例，图103），他说自己不得不反复请求天神指导，"在完工之前，一直夜不安寝"。他一度做好了放弃的打算，但在一道"预示前景的命令"中，他被告知："主的房屋艾尼努必须完工。"

被称为"古迪亚圆筒A"的这件文物上记录了早期的事件和复杂的建筑细节。"圆筒B"则专门记载寺庙落成后的繁复仪式：准确地说，是在新年到来那天，以及宁吉尔苏和巴乌入住新的神庙时的仪式。最后还记录了巴乌对古迪亚的祝福，感谢他在建筑过程中的努力。原文中他的回报是"Nam.ti muna.sud"，意思是"让他的寿命得到维持/延长"，但并没有解释这是如何做到的。

在圆筒A中，古迪亚这样介绍自己：他是女神尼娜之子，而尼娜是恩利尔和宁利尔的女儿，也是尼努尔塔的半个妹妹。古迪亚在圆筒A上反复称她为"我的母亲"；在B的末尾，巴乌在祝福语中两次称他为"尼娜的儿子"。这些文本也透露了他出生的方式。巴乌女神把种子植入尼娜女神的子宫，然后尼娜生下了古迪亚。"你在自己体内获得我的胚胎，让我在一个神圣的地方诞生于世。"他这样对尼娜说。他是"巴乌带来的孩子"。

换言之，古迪亚断定自己是半神，由巴乌和尼娜创造，这两位女神都属于恩利尔和尼努尔塔氏族。

***

艾尼努神庙给马尔杜克带来挑战，宁吉什兹达和尼萨巴两位天神扮演的角色让这一切变得更加复杂。这两位天神都是埃及人熟知并崇拜的，前者是托特神，后者是塞莎特女神。宁吉什兹达/托特积极参加这个项目，带来一连串重要的影响，因为他的父亲是恩基/普塔，也和马尔杜克/拉神是同父异母的兄弟。他曾多次与马尔杜克/拉神发生争吵。而他与马尔杜克之间的内部裂痕还不止这些。他的另一个同父异母的兄弟是内尔伽勒，他和恩利尔的孙女埃列什基伽勒成婚，因此他也经常站在恩利尔氏族那边。

然而，所有这些都未能阻止马尔杜克和纳布的脚步，他们获得了崇拜者和领土控制权。

尼努尔塔来自尼比鲁，他是恩利尔和阿努推定的继承人，而马尔杜克和纳布则和地球人有亲缘关系。对恩利尔氏族来说，这个问题日益严重。无奈之下，恩利尔氏族放弃了"尼努尔塔战略"，转而采取"辛的战术"，将国家王权的所在地转移到乌尔——南纳的"崇拜中心"，他是恩利尔在地球上生下的儿子。和尼努尔塔不同的是，他还有一个阿卡德名字：辛。

埃利都在南，乌鲁克在北，位于幼发拉底河沿岸。乌尔则位于二者之间，是苏美尔当时的商业和制造业中心，盛极一时。它的名字意为"城市化的、被驯服的地方"，不仅意味着"城市"，而且意味着"这座特定的城市"，意味着繁荣和福祉。主管这里的天神（图95）是南纳及其配偶宁伽勒。这

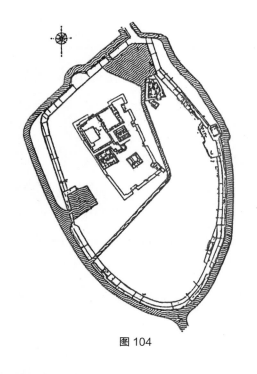

图104

对夫妻深受苏美尔人民的喜爱，与其他恩利尔氏族成员不同，他们在诸神之战中都不是骁勇善斗的角色。南纳的当选是为了向各地人民传递一个信号：在他的领导下，一个和平繁荣的时代即将开启，即使是在"叛乱之地"。

在乌尔，用来供奉神灵的神庙是一座巨大的金字塔。圣地用围墙环绕起来，其中分级递增，各处建筑分别作为祭司、官员和用人的住所。围墙内的建筑有一处被称作吉帕尔，意为"夜间居所"，在其内部有吉古提，是神的"夜间娱乐室"。尽管南纳／辛奉行一夫一妻制，只有一个配偶宁伽勒，但他可以在吉帕尔和"负责享乐的女祭司"或妾室纵情欢愉。他也的确这样做了，而且他还可以和妾室生养后代。

在这些城墙之外，便是这座宏伟城市的其他部分。城市有两个港口，另有运河与幼发拉底河相连（图104）。城内有皇家宫殿、行政大楼、高大的城门、散步的大道、庆祝节日的公共广场、贸易市场、学校、工场、商用仓库和畜栏等。很多私人住宅是多层建筑，大部分是两层的。这里曾有壮观的金字塔及其具有纪念意义的楼梯（图33），虽然早已成为废墟，但即使在四千多年后的今天，也依然是这里的标志性景观。

为了在苏美尔重新建立王权，必须谨慎地选择新国王。新国王被命名为乌尔－纳姆①，意为乌尔的喜悦。他由恩利尔选中，并得到了阿努首肯。他不是普通的地球人——他是一位半神。他出生在乌鲁克，是女神宁逊（也是吉尔伽美什的母亲）的"爱子"。根据铭文记录，他的出生经由阿努和恩利尔批准，并得到南纳/辛的见证。在乌尔－纳姆统治期间，有许多铭文重申其家谱的神圣，而且据说宁胡尔萨格在南纳等众神的见证之下帮忙养育了他。因此我们必须假设这一说法是真实的。这个说法把乌尔－纳姆和吉尔伽美什放在了相同的地位。吉尔伽美什的丰功伟业为人所熟知，他的名字也被万人敬仰。因此，不论对友方还是敌方，选择乌尔－纳姆作为国王都是一个信号，说明恩利尔及其家族又回归了曾经的光辉岁月，重新掌握不容置疑的权威。

铭文、纪念碑及其他考古证据表明，乌尔－纳姆在统治期间产生了大量公共工程，恢复了河流航运，重建并保护国家公路。艺术、手工、教育以及社会经济生活的其他各个方面都出现了巨大改善。人们在被翻新和扩建的神庙中向恩利尔和宁利尔致以敬意；在苏美尔的历史上，尼普尔与乌尔的神职首次结合在一起，带来宗教上的复兴。根据我们的计算，正是在那个时候，有一位精通预兆的祭司从尼普尔迁到乌尔，他就是亚伯拉罕的父亲他拉②。

乌尔－纳姆与东部和东北部的邻国统治者签订条约，传播繁荣和福祉。但是，马尔杜克和纳布在西部挑起敌意，局势逐渐紧绷。地中海沿岸出现"叛乱之地"和"罪恶之城"，需要针对那里的情况采取措施。公元前2096年，乌尔－纳姆对他们发动了一场军事行动。尽管他在基础建设上成果斐然，

---

① 乌尔－纳姆（Ur-Nammu，约公元前2113年—公元前2095年在位），乌尔第三王朝首任国王，弥补了阿卡德王国失败时的政治真空。

② 他拉（Terah），天主教译为"特辣黑"，字面意思为野山羊，另一个意思为流浪者。他是《圣经》中记载的人物。在《创世记》中，他是拿鹤的儿子，亚伯拉罕的父亲。

在经济上也堪称"牧羊人"，但他作为军事领袖却是失败的。战争过程中，乌尔－纳姆的战车被困在泥沼中，他从战车上坠下，"像壶一样被碾碎了"。这场悲剧后来更让人扼腕叹息：乌尔－纳姆的尸体被船运回苏美尔，船只"在不知名某地沉没，海浪把船和他的尸体一同掀翻"。

乌尔－纳姆战败惨死的消息传到乌尔，人们纷纷悲愁垂涕。他们不明白，为什么这样一位虔诚的国王、正直的牧羊人，竟会以这种出人意料的方式死亡。他还是一位半神！他们不禁发问："为什么南纳大人没有扶持他？""为什么天国的女神伊南娜没有用高贵的手臂护着他的头？为什么英勇的乌图没有帮助他？"最后，乌尔和苏美尔的居民们得出一个结论，他们认为只可能有一个合理解释："恩利尔欺骗众人，改变了他的指令。"这些伟大的神灵出尔反尔，人们对他们的信仰也被严重动摇。

乌尔－纳姆的死亡发生在公元前 2096 年，亚伯拉罕的父亲在那之后就偕家人从乌尔搬到了哈兰（意为"商队"），这应该不是偶然。哈兰是当时苏美尔人与赫梯人联络的一个重要城市，位于幼发拉底河的上游，地处国际贸易和军事陆路河路的十字路口，周围环绕着肥沃的草地，非常适合牧羊。来自乌尔的商人来此定居，建立了这座城市。他们为了当地的绵羊毛、皮革、进口的金属和稀有宝石而来，并带来了乌尔著名的羊毛服装和地毯作为交换。这座城市里还有一座供奉南纳／辛的第二大神庙，仅次于乌尔的那座。因此，哈兰通常被称作"第二个乌尔"。

公元前 2113 年，乌尔－纳姆在乌尔登上王位，开启了这个被称为乌尔三世的历史时期。

这是苏美尔最辉煌的时期，也正是这个时代孕育积淀着一神论，即信仰一个普世的创世主。

这也是苏美尔最为悲惨的时期。因为在那个世纪尚未结束时，苏美尔就已不复存在。

* * *

乌尔－纳姆惨死之后，他的儿子舒尔吉在乌尔继承了王位。舒尔吉急于获得和父亲一样的半神地位，因而在铭文中宣称自己是在神的庇护下诞生的。在南纳神的亲自安排之下，乌尔－纳姆和恩利尔的女性大祭司结合，这个孩子因而在恩利尔位于尼普尔的神庙中受孕。就这样，"一个小恩利尔，一个为王位量身打造的孩子，就被孕育出来"。他养成了习惯，称呼南纳的配偶女神宁伽勒为"我的母亲"，称南纳和宁伽勒的儿子乌图／沙玛什为"我的兄弟"。然后，他在自我赞美的颂歌中宣称："我是宁逊所生的儿子"，尽管在另一首赞美诗的内容中，他其实只是她收养的孩子。这些版本无法统一，相互矛盾。虽然他宣称自己具有半神地位，人们对其真实性仍然存疑。

王室年鉴显示，舒尔吉在登上王位后不久就向外围省份发起了一次远征，包括"叛乱之地"在内。但他的"杀手锏"是提供贸易机会与和平条约，以及让他的女儿们去联姻。在他的路线上有两个目的地，备受尊敬的吉尔伽美什也曾经留下足迹：南部的西奈半岛和北部的登陆点。但是，他尊重第四地区的神圣性，因而没有进入。他在途中对"光明神谕之地"献礼——也就是现在的耶路撒冷。他祭拜这三个与太空有关的地点之后，就沿着"新月沃土"的路线回到了苏美尔，这是一条东西向的拱形路线，供贸易和移民使用。

当舒尔吉回到乌尔时，他被众神授予"阿努的大祭司"和"南纳的祭司"两个称号。他与乌图／沙玛什结为好友，然后又得到了伊南娜／伊什塔尔（自纳拉姆－辛死后，她一直住在乌尔）的"个人关注"。舒尔吉的"和平攻势"在一段时间后取得成果，让他得以从国家事务中抽身而出，成为伊南娜的情人。在乌尔的废墟中发现了许多情歌，其中写着他的吹嘘之言："在她的神庙中，伊南娜委身于我。"

但由于舒尔吉忽视国家事务，沉溺个人享乐，"叛乱之地"的动荡局势再次升级。他没有做好军事行动的准备，只能依靠埃兰人的部队展开战斗，并开始修建坚固的城墙。这个做法带来一个意想不到的结果：苏美尔的中心地带与北方诸省被切割开来。公元前2048年，以恩利尔为首的诸神实在无法忍受舒尔吉失败的治理和奢侈的个人生活，下令让他受"罪人之死"之刑。更重要的是，根据诸神的命令，亚伯拉罕就是在那时离开哈兰，踏上前往迦南的旅途……

同样也是在公元前2048年，马尔杜克来到哈兰。在接下来的24年里，他把这里作为自己的总部。根据一块保存完好的泥版上的记录（图105），他的到来对恩利尔氏族的霸权直接造成了新的挑战。马尔杜克不仅在军事上形成威胁，还剥夺了苏美尔经济上至关重要的贸易联系。苏美尔日渐萎缩，后陷入被围困的境地。

马尔杜克在哈兰建立了指挥所，这一步棋让纳布能够"编排他的城市，向着大海确定路线"。其中个别地点的名称显示，这些地方包括一些最重要的登陆点，分布在黎巴嫩和"任务控制城市"沙勒姆，这是耶路撒冷的别名。然后，马尔杜克声称太空港地区不再是中立地区，它将被纳入马尔杜克和纳布的领地。若将他最初的统治地埃及算在内，他现在已经控制了所有与太空相关的设施。

可想而知，这是恩利尔氏族不能接受的情况。舒尔吉的继任者是他的

图 105

儿子阿马尔－辛[1]。他追星赶月一般发动了一次次军事远征，最终通过一次雄心勃勃的远征惩罚了"西方的叛乱之地"（即《圣经》中的迦南）。公元前 2041 年，也就是阿马尔－辛登基后的第六个年头，他率领着一个斗志昂扬的军事联盟来对抗西部的"罪恶城市"（包括所多玛和蛾摩拉[2]），希望借此重新控制太空港。我曾在《众神与人类的战争》中提出，

---

① 阿马尔－辛（Amar-Sin，约公元前 2046 年—公元前 2038 年在位），乌尔第三王朝第三任国王。作为舒尔吉的儿子，他的统治造就了一个安全而繁荣的帝国。
② 所多玛和蛾摩拉是《圣经》所记载的两个城市。根据《旧约》及《新约》描述，所多玛跟蛾摩拉是两座迦南地区的城市，城里的居民违反了《旧约》里耶和华借摩西颁布的戒律。

他就是《创世记》第 14 章中的"暗拉非"①。

在《圣经》中，这场冲突被记录为东西方国王之间的战争。这也是古代第一场大型国际战争，亚伯拉罕曾经参与其中。他指挥一支由骆驼骑手组成的骑兵队，成功阻止入侵者进入太空港（图 106）。然后，他追赶溃逃的入侵者，一路追到大马士革（今天的叙利亚）。他的侄子罗得在所多玛被俘，他想前往营救。诸神之间的冲突显然正在成为一场多国战争，涉及范围越发广阔。

公元前 2039 年，阿马尔－辛死了。他没有死于敌人的长矛之下，而是被蝎子咬了一口。他的弟弟舒辛②接替了王位，其在位九年的资料记载了两次向北的军事行动，但没有向西发兵的记录，他的防御措施是这些资料的主要内容，主要依靠扩建西部长城来加强防御。然而，这些防御城墙每次的移动都更靠近苏美尔中心地带，乌尔控制的领土不断缩小。

公元前 2029 年，下一任国王"乌尔三世"伊比辛③登基，他也是王朝的最后一任国王。他登基后，来自西部的入侵者突破了用于防御的长城，进入苏美尔领土，与乌尔的"外国军团"埃兰军队发生冲突。指挥并提示西部入侵者的正是纳布。他的天神父亲马尔杜克则身在哈兰，等着夺回巴比伦。

从父亲恩基被剥夺继承权开始，马尔杜克就一直想要寻求至高无上的地位。他为自己的行为又加上了一个"天体"的论据，声称属于他的至高无上的时代已经到来，因为恩利尔的黄道十二宫的时代（"金牛座"）趋于结束，而他的公羊时代（"白羊座"）正在来临。具有讽刺意味的是，

---

① 暗拉非（Amraphel）是《创世记》第 14 章提到的示拿（巴比伦尼亚）的国王。
② 舒辛（Shu-Sin，约公元前 2038 年—公元前 2030 年在位），乌尔国王。他新建边墙以阻挡敌人入侵，从东边底格里斯河向西部幼发拉底河，绵延 170 英里。
③ 伊比辛（Ibbi-Sin，约公元前 2029 年—公元前 2004 年在位），乌尔第三王朝末位国王。他竭力维护国土，却最终被埃兰人击败，他也被敌人俘获，死于流放中。

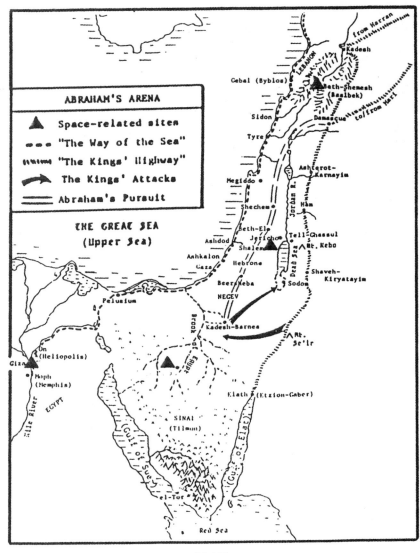

图 106

正是他自己的两个兄弟指出，从天文角度观测，白羊座的黄道十二宫尚未

开始。宁吉什兹达在拉格什的天文台得出这一结论，而内尔伽勒在冥界的

科学观测点也这么说。但是，这两位兄弟的发现只是激怒了马尔杜克，他让纳布更加紧锣密鼓地招募战士。

恩利尔感到沮丧又绝望，他召集众神开了一次紧急会议，会上批准了一系列特殊举措，永远地改变了未来的局势。

＊＊＊

神奇的是，各种古代的书面记录都保存了下来，不仅为我们提供了事件的概要，还提供了大量细节，关于战争、策略、商议、争执，也关于参与者及其行动。其中还有一个关键的决策，导致了大洪水后地球上最动荡的局面。

在《日期公式》和其他各种参考资料的帮助下，我们可以重新拼凑这些戏剧性事件，发现主要来源如下：《创世记》中的相关章节、一份被称为《马尔杜克预言》的文本中马尔杜克的陈述、大英博物馆"斯巴托利收藏"中一组被称为《克多拉奥马尔文本》的泥版，此外还有内尔伽勒的一篇长篇历史性自传文本，由他向一位备受信任的抄写员口述而成，该文本被称为《埃拉埃波斯》。不同的见证人和各个主要人物对同一事件的描述并不完全相同，就像我们经常在悬疑电影中看到的那样，但我们也可以从中挖掘出真实的故事，因为我们能对这个案例中的真实事件进行检索。

从这些资料中可知，马尔杜克没有亲自出席恩利尔召开的紧急会议，而是向他们发出呼吁，反复询问："直到什么时候才行？"这一年是公元前2024年，是他进入逃亡生涯的第72个年头，也是黄道圈移动一度所需的时间。这是他在哈兰等待的第24年，而他问道："直到什么时候才行？我漂泊的日子何时才能结束？"

尼努尔塔被叫去参与恩利尔氏族的事务，他把一切都归咎于马尔杜克，还指责他的追随者玷污了恩利尔在尼普尔的神庙。南纳 / 辛则主要针对纳布提出指控。纳布被传唤到场："那位父亲的儿子来到众神面前。"他代表父亲发言，指责尼努尔塔，还表达了对内尔伽勒的不满，内尔伽勒在现场和他大吵大闹起来。"他对恩利尔不敬，口出恶言"，指责恩利尔这位领导处事不公，纵容破坏的行为。恩基开口问道："马尔杜克和纳布到底犯了什么罪？"他愤怒地问内尔伽勒："你为什么还要提出反对意见？"父子二人争论不休，最后恩基怒吼，命令内尔伽勒从他的视线中消失。

内尔伽勒遭受马尔杜克和纳布诋毁，又被自己的父亲恩基扫地出门。就在那时，他"暗自寻思"，构思出一个想法，打算诉诸"威力巨大的武器"来解决问题。

他不知这些武器藏在哪里，只知道它们就存在于地球之上。根据编号CT-xvi 的文本第 44—46 行，这些武器被锁在非洲地下的某处秘密之地，在他兄弟吉比尔 ① 统领的区域之内。根据我们目前的技术水平，我们可以用"类似于七个核武器的力量"来形容："披着恐怖的外衣，带着耀眼的光芒，奔腾向前。"阿拉鲁从尼比鲁逃亡到地球时，无意中把它们带了过来，在很久以前就藏在一个秘密又安全的地方。恩基知道所在之处，恩利尔也知道。

众神再次聚在一起，召开战争委员会会议。他们投票决定推翻恩基的意见，按照内尔伽勒的建议给予马尔杜克惩罚性的打击。他们也和阿努持续沟通："阿努对地球传话，地球也对阿努予以回应。"他明确表示，他虽然批准使用"可怕的武器"，但此次批准只是为了让马尔杜克失去西奈

---

① 吉比尔（Gibil）是苏美尔神话中的一位火神，最早见于公元前 26 世纪的神名录中。吉比尔的形象善恶并存，他既是光明和洁净的象征，又会造成破坏和灾难，他辅佐恩基施行诅咒和破坏的魔法。

的太空港，其他神或人都不应该受到伤害。古籍记载道："众神之主阿努对地球心怀怜悯。"内尔伽勒和尼努尔塔被选中来执行这项任务，众神向他们明确表示任务必须限定波及范围，而且有附加条件。

尼努尔塔在史诗《伊什木》中被称为"炙烤者"，内尔伽勒在史诗《埃拉》中被称为"歼灭者"。公元前2024年，他们释放出核武器，摧毁了太空港和死海南部平原上相邻的"罪恶城市"。

根据《圣经》，亚伯拉罕当时在一座山上安营扎寨，山上可以俯瞰死海。那天早些时候来了三个天使。他们来拜访亚伯拉罕，其中领头的那位警示亚伯拉罕即将发生的事，另外两位则去了所多玛，亚伯拉罕的侄子罗得住在那里。那天晚上，我们从《埃拉》中读到，伊什木／尼努尔塔驾驶着他的"神圣黑鸟""向最高的山峰进发"。当他抵达的时候，

他举起手（然后）
把山击碎。
至尊之山相邻的平原
被他抹去，
那里的森林里，一棵树的枝干都没有留下。

尼努尔塔通过两次精确的核投放，让太空港彻底消失。首先是"至尊之山"，也就是《吉尔伽美什史诗》中的"玛舒山"，其内部的隧道和隐藏设施也被一并摧毁。然后是毗邻的平原，原本用于着陆和起飞。美国宇航局从太空拍摄的照片显示（图107），西奈半岛的伤疤至今仍然清晰可见，

曾是白色石灰岩山的平原
中，仍覆满了被彻底烧黑
的岩石碎片。

　　抹去"罪恶城市"整
件事都让人疑窦丛生。根
据苏美尔语的文本，尼努
尔塔曾尝试着劝内尔伽勒
不要实施这一行动。根据
《圣经》，亚伯拉罕曾恳
求三位前来拜访的天使中

图 107

的一位，如果在所多玛找到十个"义人"，就放过这些城市。那天晚上，
在所多玛，两名天使被派去视察是否应该放这些城市一条生路，结果有一
群人围攻他们。"巨变"的发生是不可避免的，但他们同意将时间推后，
给亚伯拉罕的侄子罗得及其家人足够的时间逃到山上。然后，在黎明时分，

　　埃拉效法伊什木，

　　把各个城市全部毁灭，

　　使各地归于荒芜。

　　所多玛和蛾摩拉，以及"悖逆之地"的其他三座城市都消失了。《圣经》
也用几乎相同的话语讲述："太阳已经升出地面。当时，耶和华把硫磺与火，
从天上耶和华那里降与所多玛和蛾摩拉，把那些城和全平原，城里所有的
居民和土地上生长的，都毁灭了。"[1]

----

① 《创世记》第 19 章第 27—28 节。

亚伯拉罕清早起来，

到了他从前站在耶和华面前的地方，

向所多玛和蛾摩拉，

与平原的全地观望。

不料，

那地方烟气上腾，

如同烧窑一般。

（《创世记》第 19 章第 27—28 节）

在《圣经》中，这是"当神毁灭平原诸城"的情况。这是"歼灭者"内尔伽勒投下的五个核能装置造成的。

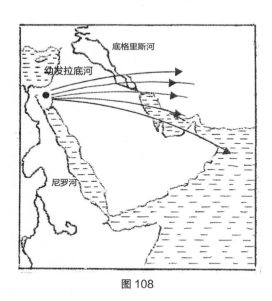

图 108

然后，"意外后果定律"[①]证实其真实性，但是这个规模是灾难性的。因为，核武器大屠杀带来的意外后果之一，就是苏美尔本身的消失：一朵有毒的核武器云，被一股意外的风推动着向东移动，扼杀了苏美尔的所有生命（图 108）。

---

① 意外后果定律是指有些出发点很好的做法，却会带来一些意外的后果。

"邪恶之风"

"一场风暴，一股邪恶之风，在天空中转来转去。城市变得荒凉，房屋变成残垣，羊圈空空如也，苏美尔的水流变得苦涩，耕地长出杂草。"当时的文字这样描述发生的一切。

这些文字还说："在苏美尔的土地上发生了一场灾难。一场对于人类全然未知的灾难，一场人类未曾目睹的灾难，一场人类无法抵御的灾难。""看不见的死神在街上游荡，它在路上肆意行走……当它进入房子的时候，没有人能够看到它……这种邪恶之力就像幽灵一样发出袭击，人类没有任何防御措施。最高的墙，最厚的墙，它都可以像洪水一样越过……它像蛇一样穿过门框，像风一样穿过铰链吹进来……躲在门后的，会在里面被砍死；跑到屋顶上的，会在那里就地死去。"这是可怕的死神，令人毛骨悚然。邪恶之风所到之处，"人们惊恐万状，无法呼吸……嘴里渗满了血，头颅浸泡在血泊中，脸色被邪恶之风吹得煞白"。

这不是一场自然灾难："这是一场由阿努下令的大风暴，它来自恩利尔的心脏。"这是一次爆炸的结果："邪恶的爆炸是邪恶之风的先驱。"这是由核装置引发的——"由七种可怕的武器在闪电中形成"。它来自死海平原："它从那片不仁的平原而来。"

众神在得知邪恶之风的运动方向后，惊慌失措地逃离了苏美尔。有一些篇幅很长的哀歌文本，列出了被"抛弃在风中"的城市和神庙，还描述了每位天神逃离时的匆忙、恐慌和悲痛，他们无法帮助人类。（"我就像一只鸟，不得不飞离我的神庙。"伊南娜这样哀叹。）《苏美尔和乌尔毁灭的哀歌》就是这些文本之一。在他们走后，寺庙、房屋、牲口棚依然矗立，所有的建筑都还在原地，但是，所有活物——人、动物、植被都已经死去。

甚至，几个世纪后写就的文本都依然在回忆那一天。当一团放射性的尘埃抵达苏美尔，"那天，天空塌裂，地动山摇，苏美尔的脸庞消失在漩涡之中。"

"乌尔变成了一座陌生的城市，那里的神庙成了一座流泪的神庙，"哭泣的宁伽勒（Ningal）在《乌尔毁灭的哀歌》中这样写道，"乌尔及其人民被风带走了。"

第十五章

葬于辉煌

核武器灾难发生四千年后的公元 1922 年，一位名叫伦纳德·伍利[①]的英国考古学家来到伊拉克，对古代的美索不达米亚展开挖掘。矗立在沙漠平原上的金字塔遗迹气势恢宏（图 109），他因而被吸引，选择从附近的遗址开始挖掘。当地人称那里为泰尔·穆加耶。随着一系列古墙、泥版等文物的出土，伍利意识到自己正在挖掘的是迦勒底的古乌尔城。

他带领伦敦大英博物馆和费城宾夕法尼亚大学博物馆的联合探险队，

图 109

[①] 伦纳德·伍利，英国考古学家，以发掘美索不达米亚的乌尔而知名，伍利被视作现代首批考古学家之一，1935 年因在考古学上的贡献而获得爵位。

持续努力了 12 年。这些机构当时展出的藏品中，最引人注目的就包括伦纳德·伍利爵士在乌尔发现的工艺品和雕塑。但是，他后来发现的物品很可能超越了之前的任何展品。

他们艰难地清除沙漠中层层叠叠的土壤，包括砂砾和碎片。随着他们在废墟上花费的时间增加，古城的轮廓开始显现出来。这里有城墙、港口、运河、住宅区和皇家宫殿，还有图玛——圣地上一片人工隆起的区域。当他们在边缘展开挖掘时，伍利爵士取得了突破性的发现：这是一片墓地，历史有数千年之久，其中包括独特的"皇家"墓葬。

出土成果表明，乌尔的居民遵循苏美尔人的习俗，把死者直接埋葬在住宅的地板之下，而他们的家人仍在宅中居住。因此，出土一处专门的墓地是非常不同寻常的。里面的墓碑多达 1800 个，集中在圣地范围内，最早可追溯到王朝之前的时代（即王权开始之前），有的延续到塞琉古时代。有的墓葬之上又有墓葬，有的墓葬占用了其他墓葬的空间，甚至还有在同一墓穴中重新加入墓葬的情况。有时伍利的工人们挖出巨大壕沟来切开墓层，深入地底近 50 英尺，为了更好地确定坟墓的日期。

大多数墓葬在地面上呈空洞状，尸体被仰面朝天放置其中。伍利认为，这些"埋葬"的不同之处是根据某种社会或宗教地位来决定的。但在圣地东南边缘的围墙内，伍利发现了一组完全不同的墓葬，总数约有 660 个。这些墓葬中，除了 16 个例外情况，大多数尸体都被裹在芦苇席制成的一种裹尸布里，或者被放在木质的棺材里。木质棺材甚至可以说是更与众不同的特点，因为苏美尔的木材供应不足，而且价格相当昂贵。另外，这些死者都被分别安放在一个足够大的长方形深坑底部。这样埋葬的人，无论男女，都是侧卧的姿态——而不是像普通墓葬那样仰卧。他们的手臂在胸前弯曲，腿也略微弯曲（图 110）。还有各种个人物品摆放在尸体旁边或尸

体之上，比如珠宝、圆筒形
印章、杯子或碗。通过这些
物品可以知道，这些墓葬可
以追溯到早期王朝时期，在
公元前 2650 年到公元前 2350
年之间，这是乌尔的中央王
权时期，从乌尔第一王朝开
始，当时王权刚从乌鲁克转
移到这里。

图 110

伍利由此得出一个合理
结论：该城市统治阶层的精
英正是埋葬在这 660 座特殊
的坟墓之中。但后来伍利继
续发掘了其中 16 座属于例外
情况的墓葬（图 111），又获
得了前所未有的发现。它们
是完全独树一帜的——不仅
在苏美尔如此，而且在整个
美索不达米亚地区都是如此。
甚至在整个古代近东，这些
墓葬都可以被认为是独一无
二的，不仅在其所处的历史
时期，而且在所有历史时期
都是如此。伍利推测，显然

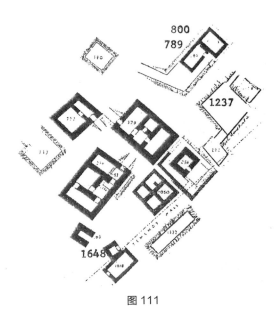

图 111

只有最重要的人物才能被埋葬在这种举世无双的坟墓之中。那么，谁能比国王、王后或妃子更重要？印章上的名字都结合了"Nin"和"Lugal"的头衔，这让伍利相信自己发现的是乌尔皇家陵墓。

被命名为PG-800的墓穴是伍利最了不起的发现。发现并进入这座墓穴，是美索不达米亚考古学史上的一个大事件，可与1922年霍华德·卡特[1]在埃及国王谷发现并进入图坦卡蒙[2]墓地相提并论。

后来的学者们也接受了伍利的逻辑推理，继续称呼这一组独特的墓葬为"乌尔皇家陵墓"。因为这些墓葬中含有的物品，有人想知道其中的几个墓葬里究竟埋着谁，但因为对学者们而言，古代的"神"仅存于神话之中，他们的疑惑也就点到即止。但如果人们能接受诸神和半神的存在，就会迎来一次激动人心的冒险。

***

首先，这16座坟墓非常特殊，远不只是在地上挖出的足以容纳一具尸体的坑洞那么简单。它们是用石头建造的墓室，必须展开大规模的挖掘才能建成。它们深埋在地下，造型为拱顶或圆顶，在那个时代建造这种结构必须具有非凡的工程技能。除了这些结构特点之外，还有独具一格的特点：有些墓葬明显可以通过坡道进入，这些坡道通向一种前院一样的大块区域，而真正的墓室则隐匿其后。

除了这些建筑特点，这些坟墓还有一个别具匠心的特点：墓葬中有的尸体不是侧卧在棺材里，而是在一个单独建造的围墙之中。除此以外，尸体周围还摆放着异常奢华的物品——在任何地方和任何朝代都绝无仅有。

---

① 霍华德·卡特，英国考古学家，埃及学的先驱。
② 图坦卡蒙或图坦哈蒙（Tutankhamun，约前1341—前1323）是古埃及新王国时期第十八王朝的一位法老。

伍利用"PG"（"Personal Grave"，"个人坟墓"）为代码和编号来指代乌尔的墓穴。例如，在一个被编为PG-755的墓中（图112），棺材中的尸体旁放置着十几件物品，墓内其他地方还有60多件文物。这些物品包括一个华丽的金色头盔（图113）、一把华美银鞘中的上等金匕首（图114）、一条银腰带、一枚金戒指、金银制成的碗和其他器皿，还有各种金首饰，有的饰有青金石（苏美尔一种珍贵的蓝色宝石）。此外，还有"令人困惑的各种物品"（伍

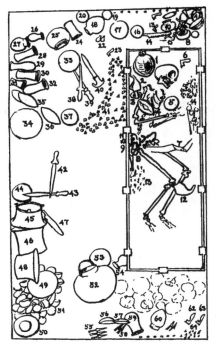

图112

利的原话），比如其他由金银合金、铜或铜合金制成的金属器物。

这一切所属的时代令人惊讶。当时冶金技术方面，人类刚刚从（不需要冶炼的）铜推进到铜锡（或铜砷），也就是我们称为青铜的合金。这些匕首和头盔是具有艺术性的物品，而且结合了金属加工技术，我们尚未在其他地方发现过。这些观察能让人想起在埃及法老图坦卡蒙墓穴中发现的黄金面具（图115）、精美的工艺品和雕塑。其中黄金面具用于死后佩戴，非常华美。请记住，图坦卡蒙在位时期约为公元前1330年，也就是比乌尔晚了约12个世纪。

其他墓穴中也有黄金或白银制成的物品，有的类似，有的不同，但都具有出色的工艺。这些物品包括日常使用的器皿，比如杯子或酒杯，甚至

图 114

图 113

图 115

还有用来喝啤酒的管子，这些都由纯金制成。其他杯子、碗、水壶和祭酒
器则用纯银制成。有些器皿是由罕见的大理石制成的，几乎随处可见。还
有一些矛头和匕首之类的武器，以及锄头和凿子等工具，也是用黄金制成的。
由于黄金是一种软金属，这些器具并不具备任何实际用途。其他由青铜或
其他铜合金制成的器具肯定也只在仪式上才会被使用，或者只是作为一种
地位的象征。

这里还发现了各种棋盘游戏（图116），以及许多用稀有木材制作的乐器，很多乐器使用黄金和青金石装饰，艺术手法也令人惊叹（图117），其中有一把独特的里拉琴（图118）[①]，完全由纯银制作而成。还有一些其他物品，比如一尊复杂的雕塑（又被称作"灌木丛中的公羊"[②]，图

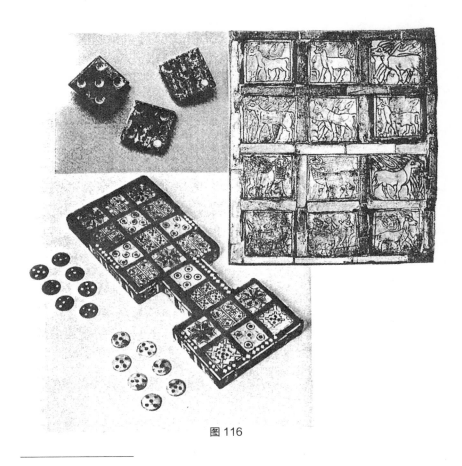

图116

---

① 里拉琴（lyre），古地中海琴种，是西方古典文明最常见的拨弦乐器，传至现代的种类繁多。古希腊的游吟诗人经常使用这种乐器来烘托气氛。

② 它的英文名称为"Ram in a Thicket"，是一对在伊拉克南部乌尔出土的文物，其年代为公元前2600—前2400年。其中一件在伦敦大英博物馆，另一件在美国费城的宾夕法尼亚大学博物馆。

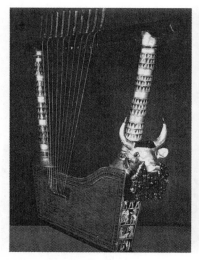

图 117   图 118

119）。这座雕塑没有模仿任何物品，也不具备工具作用，纯粹是为艺术价值而存在。对于这些雕塑，工匠们也大量使用了黄金，并把黄金与其他宝石组合起来。

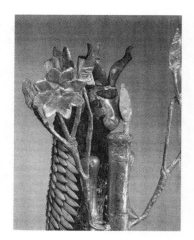

图 119

还有一系列珠宝也令人拍案叫绝。其中有精致的带状王冠和"头饰"（考古学家因缺乏更好的词汇，而只能使用"headdress"一词来形容）。此外还有吊坠、手镯、项链、戒指、耳环等其他饰品。这些首饰都由黄金、半宝石制成，或是把黄金和宝石组合在一起。和前面提过的那些物品一样，所有这些物品的制作过程——从制造合金到结合材料，再把它们焊接在一起，体现出制造和雕琢的艺术性和技术性都相当独特而巧妙。这与墓葬之外的其他发现相比，都是无可比拟的。

我们必须注意的是，这些文物所用的原材料包括金、银、青金石、红玉髓、稀有宝石、稀有木材，这些都不是在苏美尔当地发现的，甚至在整个美索不达米亚都无法找到。这些稀有材料必定是从远方获取再运来的。但是，人们在使用这些材料时，似乎并不在意其稀有和稀缺的特征。最明显的是，黄金的用量显然是巨大的，甚至会用来制作杯子、图钉之类的日常物品，或锄头、斧头之类的工具。谁能有机会获得所有这些稀缺财富？在那个时代，家庭用具多由黏土制作，顶多是用石头制成，谁能用稀有金属来制作日常物品？谁会想要用金子来制作所有物品，即使这消减了物品的实用价值？

只要我们翻阅那些"早期王朝"时期的记录便会发现，如果一位国王能成功做出一个银碗，并献给神灵来换取长寿，他就会将这件事视作一个巨大成就，并以此作为那一年的标志。然而，在这里某些特定的墓穴中，无数精致的工艺品、用品和工具不仅由银制成，更主要是用黄金制成。黄金的丰富资源及其用途都和皇室并不相关，读者应该记得阿努纳奇来到地球的目的：获取黄金并送回尼比鲁星球。地球上早期曾经奢侈使用黄金，甚至制造普通器皿，就此而言，我们发现只在关于阿努和安图造访地球的碑文内容中，曾经提及黄金。他们的访问大约发生在公元前4000年。

抄写员认为，这些文献只是对乌鲁克原始文本的抄写本而已。文中详细描述，阿努和安图用于吃喝和洗漱的所有器皿"应为黄金制成"，甚至连盛放食物的托盘都必须是金色的，祭酒器和洗澡时使用的罐子也是如此。有一份清单列出了各种供奉给阿努的啤酒和葡萄酒，而且特别规定，饮料必须用黄金制成的特殊容器来盛放，甚至连食物准备过程中使用的器皿也必须是黄金的。根据这些规定，这些器皿都必须饰有"蔷薇花饰"，以标明是"属于阿努的"物品。但是，装牛奶要用特殊的大理石器皿，不能用金属制品。

至于安图，也有清单列出她在宴会上使用的金色器皿，还提到伊南娜和南纳这两位天神是她的特别嘉宾。为这二位准备的酒器以及托盘也必须由黄金制成。要知道，这一切都发生在人类文明萌芽之前。因此，能制造这些物品的必定是诸神自己手下的工匠。

所有这些加起来简直就是乌尔"皇家"墓穴中的物品清单。"谁必须用稀有金属制造日用器皿？""谁希望所有可能的物品都用黄金制造？"这些问题将我们引向"神"这个答案。

当我们重读苏美尔人写给神灵的一些赞美诗时，就能得出一个更可信的结论：所有这些物品都是供天神使用的，而非凡人皇室成员。比如以下这首刻在尼普尔一块泥版上的赞美诗。这块泥版现在位于费城，闲置于宾夕法尼亚大学博物馆的地下室里。这是一首写给恩利尔的赞美诗，称赞他用黄金锄头为尼普尔的任务控制中心（Dur.an.ki）挖开地面：

恩利尔举起他的锄头，

黄金锄头的尖端是青金石制成——

他的锄头上的刀片

是用银金合制而成。

被称作《恩基和世界秩序》的文献中也有类似描写。他的妹妹宁胡尔萨格"把金凿子和银锤子据为己有"，这些器具同样也是由这些软金属制成，只是权力和地位的象征而已。

说到银制的竖琴，我们也曾在国王伊迪－达根对伊南娜"神圣婚姻"

的赞美诗中发现相关描述。其中写道：乐师们"在你面前演奏的乐器阿尔加，纯银制成"。虽然这种发出"甜美音乐"的乐器的确切材质尚未确定，但在苏美尔文本中提到的阿尔加是一种专为众神演奏的乐器。唯一不同的是，伊南娜的乐器为纯银制成。

在其他赞美诗中，也曾提到类似乌尔这座特别墓穴中的物品。其中涉及珠宝的物品可以说是琳琅满目，而描写到伊南娜／伊什塔尔的珠宝和服饰时，类似描述更是让人目不暇接。

然而，在几个"皇家陵墓"中甚至还有更令人难以置信的发现，而且被认为是不祥之兆。因为，比这些陪葬的物品和宝物更不寻常的是，与之陪葬的还有几十具尸体。

＊＊＊

在古代近东，有人陪葬的现象闻所未闻。因此，在一座墓穴（编号为PG-1648）中有两个与死者一起埋葬的"同伴"，这已是很不寻常的发现了。但是，在其他坟墓中的发现则更是前无古人。

编号为PG-789的墓被伍利命名为"国王之墓"（图120）。刚进入墓穴是一个斜坡，通向伍利命名的"墓坑"和一个相邻的墓室。人们推测在古代曾有盗墓者进入此墓，并将其洗劫一空，导致了主要尸体和珍贵物品的消失。但是，随处可见其他的尸体：六个"陪葬者"的尸体躺在通道的斜坡上。他们头戴铜盔，手握长矛，像士兵或保镖一样。在坑里还有两辆车的残骸，每辆车由三头牛拉动，每辆车上有一名牵牛人和两名驾驶员。在原地发现了三头牛的骸骨，以及每辆车上三人的尸体。

所有这些还只是伍利所说的"国王的家臣"的一小部分。在"死亡之坑"中，一共发现了54名家臣，他们的确切位置用图120中的头骨标志标

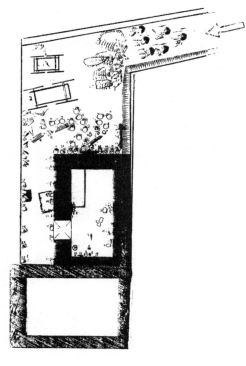

图 120

出。从尸体附近发现的其他物品来看，他们大多为男性，手持饰有合金枪头的长矛。在他们附近，还有零星分布的银枪头、统治者的银制戒指、盾牌和武器。这些雕塑和装饰品的突出特征是公牛和狮子的图案。虽然以上都属于军事领导人的特征，但在少数被确认为女性的尸体附近，还发现了一些不一样的物品，体现出对艺术和音乐的欣赏：一个用黄金雕刻的牛头，胡须用青金石制成；一把木制的琴，带有精美的装饰；还有一个"音乐盒"，其面板上的镶嵌装饰描绘了吉尔伽美什和恩基杜故事中的一些场景。

1928 年，一位艺术家描绘了死亡坑中所有人死去之前的模样，他们可能是被毒死或杀死后，再被就地埋葬的（图 121）。这件艺术品给这个场景带来了某种真实感，令人不寒而栗。

PG-789 的相邻坟墓也有相似的规划。伍利将这座墓命名为"女王之墓"，编号为 PG-800。他在这里也发现了斜坡和坑中的陪葬品（图 122），包括五具卫兵的尸体，一辆牛车及其车夫们的尸体，还有十具女性尸体，可能是携带乐器的女侍。但是，这里还有一具躺在棺材上的尸体，被放在一间造型特别的墓室里，有三个侍者陪伴左右。这个墓室在古代不

图 121

曾被盗，可能因为这里是秘密的下沉式结构：这里的屋顶和墓坑的地面在同一水平线上。除了骸骨，这里还发现了大量珠宝和装饰品，甚至还有一个装衣服的大木箱。而且，尸体性别为女。伍利称她为"女王"。

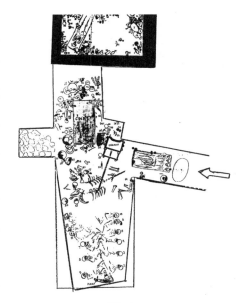

图 122

这具女尸几乎从头到脚都有各种珠宝首饰，由黄金、金银合金、青金石、红玉髓和玛瑙制成。在这些出土文物中，比重最大的还是黄金，以及与青金石或其他宝石相结合的黄金。制造日常用品的金属是黄金和白银，也有较为罕见的大理石制成的碗。各种艺术雕刻品也是如此，比如公牛和狮子的头。和女王一起下葬的女侍者们的奢华程度则稍逊一筹，但也有类似的装饰：每个

323

人都戴着精致的金色头饰，此外还佩戴金色耳环、吊坠、项链、臂章、腰带、指环、护腕、手镯、发饰、花环、前胸装饰，以及其他各种装饰品。

伍利还在这两座墓穴附近发现了另一座大墓的前面部分，编号为 PG-1237（见图 111 中的遗址地图）。他发掘出了坡道和墓坑，但没有发现它们所对应的墓室。他将这次的发现命名为"大型死亡墓坑"，因为里面出土了七十三具侍从的尸体（图 123）。根据骸骨的情况，以及尸体上附带和周围的物品，考古学家们判断出其中只有五具是男尸，躺在一辆马车旁边。坑内有六十八具女尸，在尸体周围发现了一把精巧的里拉琴，还有"灌木丛中的公羊"雕塑以及各种不知来处的珠宝。与其他坟墓一样，黄金是最主要的制作材料。

伍利还发掘了其他几个"死亡墓坑"，但没有找到与之相关的墓葬。有些只放置了几具伍利称为"家臣"的尸体，比如 PG-1618 和 PG-1648，有些则放置了更多尸体。比如，PG-1050 号坟墓就存放了四十具尸体。我们假设，这些墓坑都是与 PG-789、PG-800 基本相似的墓葬，可能和 PG-

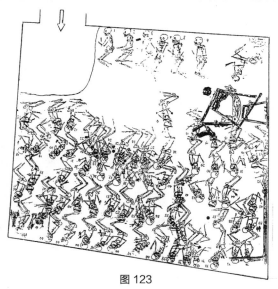

图 123

755 也类似。伍利及之后的学者都对此感到好奇，因为在任何地方都找不到和这些墓葬同等水平的古墓。而美索不达米亚的庞大文献资料库中，也不曾提到它们——只有一例除外。

曾有一篇文章被称为《吉尔伽美什之死》，描述了吉尔伽美什临终前的情况。吉尔伽美什从乌图那里得知，恩利尔不会赐予自己永生。他被予以"看到光明"的承诺，也算几分慰藉，虽然是在死去之后才能抵达冥界。其中缺少了几行文字，我们只能从中推测出，吉尔伽美什在阴间将仍得到许多人的陪伴，比如"他的爱妻、他的爱子……他的爱妾、他的乐师、他的艺人、他心爱的持杯者"，他也还能享有自己的首席仆人、看护人以及宫廷侍者的服务。

在这块泥版碎片反面的第七行有一句话，可以读出以下字段："与他一起躺在'洁净之地'的人"或"当他们与他一起躺在'洁净之地'的时候"。这说明《吉尔伽美什之死》实际上描述了"陪葬"的情况——这大概是授予吉尔伽美什的特权，因为他有"三分之二的天神血统"。"陪葬"是对他没有获得不朽生命的补偿。虽然这种解释仍会引发争议，但无法回避的是，文本《吉尔伽美什之死》和乌尔出土的惊人墓葬之间存在不可思议的相似性。

近期的另一个争论点是，那些随从肯定是葬礼队伍的一部分，他们是不是自愿留下来陪葬？他们是否被下了药？或者，他们是否一进入墓坑就被杀死？但这些并不能改变一个基本的事实：他们的存在向我们展示了一种极不寻常的做法。凡是在国王和王后都被土葬的地方，几千年来从未有哪里效仿过这种做法，考古学家也没有在其他地方发现过。在埃及，"来世"的概念是可以带走物品，但不曾带走这么多一起陪葬的随从；伟大的法老被埋葬在地底深处的神秘墓穴之中，他拥有丰富的随身物品，却是自己形单影只地躺着。在大约公元前 200 年的遥远东方，中国皇帝秦始皇被埋葬之后，也由他的臣民组成军队陪伴左右，但这些随从都用泥土做成[①]。最近在秘鲁西潘发现的一座皇家墓葬，里面有四具尸体为死者陪葬。虽然这发生在公元后时代，而且是在世界另一端，但也不妨碍我们提到这个例子。

有"死亡墓坑"的乌尔墓，不论在过去还是现在都举世无双。那么是谁，被如此特别地埋葬在这一片让人毛骨悚然的辉煌之中？

伍利得出结论，这十六座不同凡响的坟墓是人类国王和王后的坟墓。这背后隐含的观念是，诸神都只存在于神话之中，实际上并不存在。这也是被广泛接受的观念。但是，墓穴中大量使用黄金，其中的文物在艺术和技术上都很先进，再综合考虑前文指出的其他特点，种种都能帮助我们得出结论：葬在墓中的是"半神"，甚至是"神"。后来又发现了刻有字样的圆筒形印章，进一步证明了这一结论。

***

伍利团队的考古人员在墓内和墓外都发现了圆筒形印章。在伍利称为印章痕迹层（简称 SIS 墓层）的一堆废弃物品中，发现了一些印章，以及印章留下的印迹。所有的印章都在描绘场景，有些还刻有名字或头衔，表明这是属于个人的印章。如果发现一具尸体佩戴着刻有名字的印章，或在尸体旁边发现了这种印章，就可以顺理成章地认为印章为此人所有。这些现象可以给我们提供很多信息。还有一种假设是，这些五零四散的"SIS"印章来自古代曾被入侵并掠夺的坟墓，盗墓贼保留了有价值的物品，丢弃

---

① 此处以秦始皇陵举例，属于西琴对中国古代殉葬制度的片面理解。——编者注

了"无价值"的石块。对现代研究者来说，哪怕是这些零零散散的 SIS 印章也是无价之宝。我们将之视为线索来研究，希望能解开皇家陵墓的最大谜团：PG-800 中埋葬的究竟是谁？

在这些印章中，有六枚印章描绘的中心场景是狮子在野外捕食其他动物。其中一枚印章是发掘于编号为 PG-1382 的坟墓内，这是一座单人墓葬。另外还有一枚在 PG-1054 号坟墓的一具骷髅旁发现。虽然这些印章的主人身份尚不明确，但它们的确能表明主人性别为男，且具有英雄气概。在第三枚印章上，这一特点非常明显。在这枚印章描绘的场景中，还有一个野人的加入——或者说，是一个在野外的人。这枚印章是在 PG-261 号墓中发现的，伍利将之描述为"曾遭盗墓的简单墓葬"。而这枚印章（图 124）用清晰可辨的文字赫然刻着主人的名字：卢加安祖木生（LugalAn.zu Mushen）。

伍利在报告中并没有对这个圆筒形印章做出详细描述，尽管它很明显是来自一座国王之墓。后世的学者也忽略了它，因为卢加（Lugal）的意思是"国王"，木生（Mushen）的意思是"鸟"，如果把这个铭文读成"安祖国王，鸟"，就不太说得通了。然而，如果按照我的提议，把铭文读作"国

图 124

王，安祖鸟"，则会变得意义非凡。因为，它表明印章属于"安祖鸟"国王，这会帮我们确定其主人的身份正是卢加班达。读者们应该记得，他在去阿拉塔的路上，被怪物"安祖鸟"（Anzu mushen）阻挡在一个重要山口。他在被问及自己的身份时，做出如下回答：

> 鸟啊，我在拉鲁出生；
>
> 安祖，我在"伟大的区域"出生。
>
> 就像神圣的沙罗神一样。
>
> 我是伊南娜的爱子。

在曾被入侵和掠夺的 PG-261 号墓中长眠的那位大人物，会不会就是半神卢加班达，也就是伊南娜的儿子、女神宁逊的配偶和吉尔伽美什的父亲？

如果我们这样的考虑是对的，那么拼图的其他部分就会开始逐步形成一个合理的画面，而这是我们以前从未考虑过的。

虽然我们没有在 PG-261 号墓中发现明显的金色物品，但按照伍利的说法，其中散落着"与军事人员有关的遗留物"，比如铜制武器、铜斧等。卢加班达作为恩麦卡尔军事指挥官而闻名，这些物品很符合他的身份。由于古代曾有盗墓者进入该墓并将之洗劫一空，所以墓中各种珍贵文物很可能已被运走。

为了推测 PG-261 号墓最初的样子，我们可以先仔细观察非常相似的 PG-755 号墓。考古人员在那里发现了金头盔和金匕首（见图 113、图 114）。我们可以确定文物主人的身份，因为在棺材里的文物中发现了两个金碗，其中一个正是被埋葬的墓主握在手里，上面刻着的名字是梅斯卡拉姆杜格（Mes.kalam.dug）。毫无疑问，这就是被葬者的名字。他名字的前缀是梅斯（Mes），意为"英雄"。正如我们在前文解释的，这意味着"半神"。他没有像卢加班达和吉尔伽美什那样被"神化"，名字也没有出现在众神名录之中。事实上，整个名录中唯一以"梅斯"开头的名字是"Mes.gar.?ra"，其中部分文字已被损毁，无法辨认。他被列为卢加班达和宁逊的儿子之一。但我们对梅斯卡拉姆杜格并非完全一无所知，这个名字意为"拥有土地的英雄"。我们从在 SIS 墓层中发现的圆筒形印章上看到"梅斯卡拉姆杜格"的名字后面还有"卢加"（Lugal）字样，说明他曾是一位国王。

我们也对他的家庭情况有些许了解：在 PG-755 号墓穴中，他的棺材附近找到了一些金属器皿，上面刻有两个名字：阿－安涅帕达（Mes.Anne.Pada）和宁班达（Nin.Banda Nin）。这表明二人与死者有某种联系。而且，我们知道梅斯安纳帕达的身份。在苏美尔国王名单中，他被列为乌尔第一王朝的重要创始人！而且他获得这一荣誉是具备最高资格的。我们在前文引用过一段大英博物馆的文本，其中表示南纳/辛就是他的"神圣播种者"。他是一个半神，因为南纳的正式配偶女神宁伽勒并不是他的母亲。但在家谱中，他仍然是乌图和伊南娜的同父异母兄弟。

在这个语境中，我们也知道女性宁班达的身份。在 SIS 墓层中发现了一枚两层的圆筒形印章（图 125），被归于"荒野中的人和动物"这一系列。印章上刻着：宁班达，女神，阿－安涅帕达的配偶。这说明她是乌尔第一王朝创始人的妻子。

梅斯卡拉姆杜格与这对夫妇有什么关系？有些研究者认为，他是他们的父亲。但对我们来说，一个半神显然不可能是一个天神的父亲，因为女神名字前面有"Nin"的前缀，指明了她的天神身份。我们的猜测是，宁班达是梅斯卡拉姆杜格的母亲，而阿－安涅帕达则是他的父亲。我们进一

图125

步提出，在 SIS 墓层中发现了他们的印章，无疑意味着他们也被葬在"皇家陵墓群"中。也许，古代曾被入侵并遭到盗窃的那些陵墓就属于他们。

在这一点上，我们必须郑重表明，学术界不应继续将宁班达称为"王后"。"宁"（Nin）这个前缀指代的是神，比如宁胡尔萨格、宁玛、宁提、宁基、宁利尔、宁伽勒、宁逊等。主神名单上也有 288 个名字或称谓是以"Nin"开头，有时也用于男神，如尼努尔塔（Ninurta）和宁吉什兹达（Ningishzidda），表示"主/神的儿子"。即使宁班达的配偶是一位国王，她也不是一位"王后"，而是一位"女神"。正如铭文中的两次说明，她是"宁班达，女神"，这证实了阿－安涅帕达是她的丈夫，并把我们引向这样的结论：PG-755 号墓中埋葬的大人物梅斯卡拉姆杜格的父母开创了乌尔第一王朝，他的母亲是女神，他的父亲是半神。

在苏美尔国王名单中的相关部分可以看到，在"乌尔第一王朝"的创始人阿－安涅帕达之后，是由他同名的儿子阿－安涅帕达和另一儿子美斯恰克南那在乌尔继承王位。他们的名字都带有"Mes"前缀，这证实他们也是半神——如果他们的母亲是宁班达宁女神，他们当然就是半神。

长子梅斯卡拉姆杜格没有被列入乌尔第一王朝的国王名单，他的头衔卢加（Lugal）表明他在其他地方统治，比如其家族祖先的城市基什。

难道说，这批"乌尔一世"的国王中，唯一被埋葬在乌尔"皇家陵墓"的是梅斯卡拉姆杜格？而他恰恰是一位并没有统治过乌尔的国王。除了上文提到的被丢弃的圆筒形印章，考古工作者还在 SIS 墓层发现了另一个损坏的印章，上面有熟悉的英雄场景（图 126），并且也印有王朝创始人阿-安涅帕达的名字。这说明古代有盗墓者发现并洗劫了他的坟墓，然后丢掉了与尸体放在一起的印章。究竟是哪座坟墓？还有太多尚未查明墓主身份的坟墓，这些都有可能。

随着第一个"乌尔第一王朝"家族及其墓葬的线索出现，人们必定更想知道这位名为宁班达的母亲是谁。卢加班达（"班达国王"）和宁班达（"班达女神"）之间是否存在某种联系？如果正如我们所提出的那样，卢加班

图 126

达葬于乌尔，而宁班达的配偶以及三个儿子也葬在这里，那她的尸身又在何处？因为她拥有阿努纳奇的长寿，她是否不需要被埋葬？或者，她在某个时间点逝去，也被埋在这片墓地里？

乌尔皇家陵墓中潜伏着惊人的秘密。在我们一步步抽丝剥茧的过程中，这些都是要牢牢记住的问题。

**

第六枚圆筒形印章描绘了一幅"荒野图景"，其中有一个戴着王冠的裸体男性，上面用清晰的铭文刻有主人的名字（图127）：卢加舒帕达（Lugal Shu.pa.da，意为"国王舒帕达"）。我们只知道他是一位国王，其他则一无所知。但这仅有的一项事实也很重要，因为这枚印章是在 PG-800 号墓坑中他的尸体旁发现的。他是那里的男性随从之一。他的裸体画面与早期

图 127

裸体的卢加（国王）服侍女神的例子相呼应（见图75的例子）。

　　一个国王在葬礼以仆人身份出现，这让我们不禁发问，为死去的大人物陪葬的其他马夫、随从和乐师等人是否也只是仆人而已？也许他们本身也位高权重或身份尊贵。另外，还有一个考古发现可以作为佐证：在PG-800号墓的衣柜附近还发现了一枚印鉴，上面写着"A.bara.ge"，可译为"圣地的净水者"。这是一位官员的私人印鉴，表示他是神的持杯人，是深得死者信任的私人助理。

　　在PG-1237号墓的"大型死亡墓坑"中，还出土了一枚圆筒形印章。这进一步证明，这些为重要人物陪葬的随从本身就有较高地位。这枚印章描绘的画面是女性的宴会，她们用吸管喝啤酒，音乐家在演奏乐曲（图128）。印章的主人是一位女臣，上面刻有"Dtimti Kisal"，意为"神圣前廷之女"。这个头衔也来头不小，因为后来的国王头衔是"Lugal.kisal.si"，意为"神圣前廷的正义国王"，而这位女主人的头衔与他可能存在某种关联，表明她也许属于皇家－牧师的家谱。

　　在PG-755号墓里，考古工作者找到了一具被埋葬的尸体，但没有墓坑。在PG-1237号墓里，却有一个空荡荡的墓坑，里面没有墓葬和尸体。在PG-789号"国王墓"里，找到了一个坟墓及其对应墓

图128

坑，但没有尸体。而 PG-800 号墓则成为最为理想的考古发现。考古学家在那里找到了一具尸体，也有相应的坟墓和墓坑。我们因而可以理解，为什么伍利和所有其他研究人员都认为，PG-800 号墓是乌尔皇家墓地"所有墓葬中内容最丰富的一个"。他还认为紧紧相连的 PG-789 号"国王墓"和 PG-800 号"女王墓"是一个特殊的墓葬单元。这两座墓里都有倾斜的坡道、运载棺材的马车、满是随从尸体的墓坑，而这些随从本身都有很高的地位。而且这两处还都配有一个特殊的独立墓室，是一个石头建成的地下建筑。

因此，这种"带坑"的坟墓中埋葬的逝者，他们的随从自身就有尊贵的身份，甚至是国王。那么这些坟墓主人的身份肯定比王室公主或国王更加重要。死者必须至少是半神身份，甚至是完全符合要求的男神或女神。这就把我们引向乌尔王室陵墓中的最大谜团：安葬在 PG-800 号墓中的女性究竟是什么身份？

* * *

我们可以仔细观察在她身上发现的物品和装饰品，作为解开这个谜团的第一步。我们已经描述了 PG-800 号坟墓中的一些在古代未遭盗窃的黄金财富，甚至延伸到了用黄金制作的日常器皿，比如一个碗、一个杯子、一个不倒翁玩具。我们注意到，这种对黄金的使用和阿努与安图在乌鲁克时的风格类似，时间要往前追溯大约两千年。

阿努的徽章也体现出这种相似性。那是一个花叶组成的"花环"。因此，在 PG-800 号墓的金器底部发现的相同符号也是具有重大意义的（图129）。如果在乌尔发现的器皿正是阿努访问乌鲁克时使用的器皿，并以某种方式像传家宝一样保存了两千年之久，那么这个壮举可能与伊南娜有关。

因为阿努将乌鲁克的伊南娜
神庙和其中所有物品都遗赠
给了她。如果这些器皿是在
乌尔重新制出的，那就一定
是为一位大人物而制作，而
且他必定有权使用阿努的标
志。在属于阿努王朝家族的
直系成员之外，这会是谁呢?

在我们看来，PG-800 号
墓中还有一件不起眼的物品

图 129

可以作为另一条线索:一对金色的"镊子"。考古学家推测这是为化妆而
制作的，这种可能性也是存在的。但是，我们在一个圆柱形印章上的图案
中还发现了相同的物品。根据印章铭文，这属于苏美尔人阿祖(A.zu)，
他是一位医生。在图 130 中，我们将 PG-800 号墓的"镊子"图形叠加在
圆筒形印章上，想要证实它是一种医疗工具。我们不知道这种具有象征性
的软金仿制品是为了表示死者的职业，还是一种代际传承的传家宝。无论
如何，这表明 PG-800 号墓中的女神与医学相关。

现在我们来看看这位被埋葬的"女王"(伍利对她的称呼)拥有哪些
珠宝和饰品。这些物品绝对值得额外关注，每个细节都是"不同凡响""超
凡脱俗""卓尔不群"这些形容词的绝佳体现。

她入土时并未身穿长裙，而是一件完全由珠子做成的披风(图
131)。如前所述，墓室外有一个大"衣柜"，表示"女王"有足够多的衣服。
然而，如果从她的脖子往下看，赤裸的身体并没有穿上衣服，而是用 60 条
长长的珠串覆盖，珠串是用黄金、青金石和红玉髓珠子经过艺术化的设计

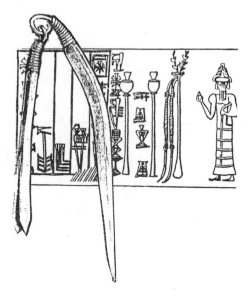

图 130

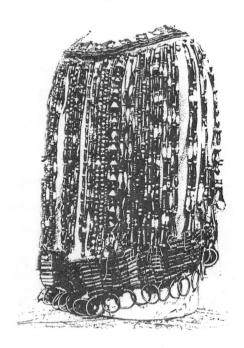

图 131

组合而成的。这些珠串仿佛形成了一件"斗篷"，在腰部用一条腰带固定。腰带也是用同样的宝石和金线制成的。她的十根手指上都戴着金戒指，右腿系了一条与腰带相配的金色吊袜带。在旁边一个已经塌陷的架子上，放置着一个黄金和青金石制成的头饰，上面的装饰物都是用黄金制成，做成一排排微型动物、花朵和水果的形状。甚至连别针的材质都是黄金，用艺术手法制成。

这位"女王"所戴的头饰巨大而精致，毋庸置疑是她的装饰品中最闪亮、最抢眼的作品。头饰出土时，已经被坠下的泥块压碎。专家们将其修复，并戴在模型的头上（图132），此后便成为乌尔王室墓葬中最著名且展出次数最多的物品之一。头饰收藏于费城的宾夕法尼亚大学博物馆，正对着苏美尔厅入口。游客们看到第一眼时就会情不自禁地惊叹。我第一次看到这件文物时也是这样的反应，但在我进一步熟悉头饰和出土地点之后，我觉得这种展出方式很奇怪：这个模型是按照在苏美尔遗址发现的女性头骨制作的，而要把头饰戴在一个人体模型的头上，唯一的办法是人为地给模特戴上浓密又坚硬的假发。头饰很沉重，必须用金针和金丝带固定住，还有一对用宝石装饰的巨大金耳环与头饰的设计和尺寸相匹配。

图 132

当我们看到为"女王"陪葬的侍女所戴的金色头饰时，头饰的不相称就凸显出来了（图 133）。这些侍女的头饰和"女王"的类似，但精致程度略逊一筹，头饰可以完美地贴合在头部之上，不需要借助大量假发。因此，或者是"女王"戴的头饰不属于她自己，或者是她的头型特别大。

"女王"的脖子上戴着一个很紧的脖圈、一个项圈和一条项链，都是用黄金和

图 133

宝石制成的。脖圈的中心是一个金色的玫瑰花环，这是阿努的标志。项圈的设计由一系列三角形交替组成，黄金和青金石轮换出现（图 134）。在 PG-1237 号墓的一些侍女身上，也发现了同样设计的项圈或吊环。这是一个意义重大的发现，因为在女神伊南娜 / 伊什塔尔的一些画面中，叠加的图像里显示出她戴着完全相同的项圈！在最早的宁玛 / 宁胡尔萨格神庙的入口处和礼仪柱上，也有完全相同的设计（图 135）。这种"崇拜设计"（学者的称呼）显然是专为女性天神使用的。这也说明几个女神之间具有某些相关联系。

我们从这些发现联想到与伊南娜的相关点。因此，我们还必须仔细研究 PG-800 号墓中独特的串珠披风和"女王"佩戴的特殊头饰。其中都大量使用了青金石和红玉髓，这里需要提醒的是，离当地最近的青金石产地是埃兰（今伊朗），而红玉髓则是在更东边的印度河流域才发现。正如《恩麦卡尔和阿拉塔之主》的文献记载，苏美尔国王正是为了装饰伊南娜在乌鲁克的住所，才要求阿拉塔进贡红玉髓和青金石。因此，在印度河流域中心的废墟中发现了阿拉塔的女神伊南娜的雕像，这是当地出土的为数不多的艺术品之一。结合前面的原因，这也不是无关紧要的发现。雕像把她描绘成赤身裸体的形象，只戴着一串串由珠子和黄金吊坠组成的项链，由一条带有圆盘标志的腰带固定着（图 136）。这都很像 PG-800 号墓中的"女王"及其珠饰斗篷和腰带。但是，惊人的相似之处还不止于此：该雕像戴着高耸的头饰和大耳环，看起来就像艺术家试图用黏土来模仿 PG-800 号墓出土的头饰一样。

这一切是否意味着 PG-800 号墓中，埋葬的"女王"正是伊南娜女神？我们本可以说这种可能性存在。但是，在几个世纪后，也就是邪风摧毁苏美尔时，伊南娜／伊什塔尔尚在人世。我们之所以能知道这些，是因为《哀歌》文本中清楚地描述了她匆忙逃离的过程。而且，伊南娜在许多世纪之后依然还很活跃，也就是公元前 1000 年的巴比伦和亚述时代。

如果那不是伊南娜的坟墓，又是谁的呢？

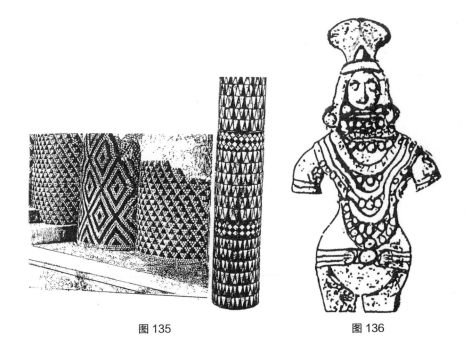

图 135   图 136

"不朽之躯"何时死去？

我们已经注意到，阿努纳奇诸神的"不朽之躯"其实是一种非常长寿的状态。这可能是得益于他们来自尼比鲁的生命周期。神是长生不老的，甚至半神也是如此，这个说法最早是从希腊流传而来。他们的首都乌加里特①位于叙利亚的地中海沿岸，在那里发现了迦南人的"神话"，说明希腊人的这个想法正是由此而来。

阿努纳奇们曾经列出尼比鲁上的祖先夫妇，这相当于承认他们早已死亡的事实。在恩基和宁玛第一个发生在"天国"的故事中，宁玛用各种疾病折磨他，以阻止他的滥交行为。恩基因而一直处于死亡的边缘，这说明神明也会经历疾病和死亡。事实上，医生宁玛和她的护士团队来到地球，这就已经说明阿努纳奇并非百病不侵。被废黜的阿拉鲁吞下了阿努的"刚毅之气"，死于中毒。邪恶的祖被抓获并被绳之以法。

苏美尔语的文献中还描述了杜木兹神的死亡。他在从马尔杜克的"下属"手中逃跑时被淹死了。新娘伊南娜找回了他的尸体，但她能做的只是把尸体做成木乃伊，等待在将来复活。后来许多文本都提到杜木兹是"冥界"的居民。伊南娜自己不请自来地出现在她姐姐的下层世界，然后被置于死地——变成"一具挂在木桩上的尸体"。两名机器人充当救援人员，取回了她的尸体，并使用"脉冲器"和"发射器"帮她复活。

当核能源邪风开始吹向苏美尔，众神全都惊慌失措，匆匆逃走，说明他们对此既不能免疫，也不具有不朽之躯。南纳/辛在路上耽搁了，就落得一瘸一拐的下场。拉格什的伟大女神巴乌不愿离开她的人民，而灾难发

---

① 乌加里特（Ugarit）是古老的国际港都，位于北叙利亚沿地中海都市拉塔奇亚北方数公里处。该城的兴盛期由公元前 1450 年持续到公元前 1200 年。

生的那天就成了她的末日。"在那一天，她就像一个凡人一样，被风暴之手扼住咽喉。"一篇表达悲叹的文献曾这样记载。

巴比伦版本的《埃努玛·埃利什》是一份会在新年庆典上被公开宣读的文本，文中有一个名叫金古的神被杀死，是为了获取血液来创造人类。他与提亚玛特的首领同名。

在苏美尔的故事中，人们既能接受神的出生，也能接受神的死亡。问题是，他们都被埋葬在哪里？

第十六章

有位女神从未离开

我们提出的问题是："PG-800 号墓中埋葬的究竟是谁？"如果伍利爵士还活着，他一定会大为诧异。因为，当他在 1928 年 1 月 4 日到达墓室的时候，就给费城的大学博物馆发了一封西联电报。出于保密的目的，他用拉丁文撰写了这封电报，内容翻译如下：

我发现了舒巴德女王完好无损的陵墓，墓石和拱顶用了很多砖头砌成。女王穿着一条裙子，上面饰有宝石花冠和动物形象，华丽地交织在一起，旁边还有珠宝和金杯。伍利。

"舒巴德女王完好无损的陵墓。"伍利在发现墓室后，是如何马上就揭晓这个谜底的呢？难道葬在那里的大人物有一个名牌，上面写着"舒巴德女王"？好吧，从某种程度上说，她的确有。他们在 PG-800 号墓中发现了四个圆筒形印章，一个在衣柜附近，三个在墓室内，描绘的都是女性宴会的画面。距离尸体较近的三个印章中，有一个刻有四个楔形文字符号（图 137），伍利将其读作"宁舒巴德"（Nin.Shu.ba.ad），并翻译为"舒巴德女王"。虽然"Nin"表示的是"女神"，但伍利认为这是"女王"的意思。

图 137

因为他和其他团队成员都认为诸神只在神话中存在，并不具有肉身，也不可能被埋葬。他的假设是，这是一枚个人印章，属于埋葬于此的这位人物。这个假设已被大家理所当然地接受。尽管她名字的读法后来被改为"普阿比"（Nin-Pu.a.bi）[①]。（值得注意的是，费城的宾夕法尼亚大学博物馆在 2004 年 3 月重新开放了乌尔皇家陵墓展览，将标题从"普阿比女王"改为"普阿比女士"。）

这枚印章描绘的两个开头场景都是女性的宴会。庆祝者高举着酒杯，可能是在饮酒。在每个入场的场景中，都有两个坐着的女性参宴者和几个女侍／女仆。在墓室内发现的第二枚和第三枚印章也在两个入口场景中描绘了两个女性参宴者——她们用长吸管喝啤酒，或是喝酒饮食，有侍者为

---

① 普阿比是苏美尔城市乌尔的重要人物，通常被称为"女王"，她的地位仍有争议。她坟墓中的几个滚筒印章上的头衔是"nin"或"eresh"，这是一个可以表示女王或女祭司的苏美尔字。因为伍利爵士误读了她的名字，她也被称作舒巴德（Shubad）。

她们服务，有乐师演奏竖琴。这两枚印章上都没有任何文字。

第四枚圆筒形印章是在墓室外的衣柜附近发现的，上面也描绘了宴会场景，有女性参宴者和侍者。我们已在上一章提到，上面刻的名字是"A.bara.ge"，意为"圣地的净水者"，这说明它的主人是一位等级很高的持杯人。我们在此还可以看到，他／她本身就肯定是"王室"出身，因为他／她和基什一位著名的国王同名：恩麦巴拉吉。他是一位半神，人们认为他的统治长达900年（见第11章）。

伍利曾经提出埋在PG-800号墓中的是"舒巴德女王"，此外没有提供任何关于她的信息。在美索不达米亚的文献记录中，也找不到一位这个名字的女王（无论是舒巴德还是普阿比）。如果说她是一位女神，那么在诸神的名录中找不到"普阿比"这个名字。每个神都有大量不同称呼，如果这是一个未列入名单的代号，那么也可能是一个地名或家族的代称。因此，我们必须像侦探一样来解开她的身份之谜。

印章上的"Nin"字样非常清楚，不需要再做进一步说明（见图55）。如果将"普阿比"（Pu.a.bi）这个称谓按其组成部分进行分解，我们会发现最前面的组成部分是"PU"，苏美尔符号表中的序号为26a。这是苏德（Sud）的另一个名称，意为"给予救助的人"，也就是一位护士或者医生。这个发现更加让我们确信了先前根据医学"镊子"图形得出的结论，即PG-800号墓中埋葬的是一位医者，正如宁玛／宁胡尔萨格、宁利尔（恩利尔的配偶）和巴乌（尼努尔塔的配偶）一样。我们还猜测，她与上述几位中的某一位有直接的亲缘联系。也就是说，她是恩利尔氏族的一员。

第二个组成部分是楔形文字符号中编号383的"Å"，意味着"大／多"；而"BI"则是符号表中的214号，指代某种酒。因此，"Nin Pu.a.bi"这个名字的字面意思是一位女神，她是"[大量]酒的治疗者"。普阿比尸体附

图 138

近发现的第二枚圆筒形印章（图 138）上，描述的是宴会饮酒的情境，恰
好和这个代称的含义相吻合。事实上，在皇家陵墓中发现的所有六枚"女性"
印章都描绘了一些宴会上的女性形象，但都显示出年龄、发型、服饰和身
材等各方面的一些差异。篆刻家应该都曾经尽其所能地尝试，让各个印章
呈现真实的肖像形象。因此，这些小细节也值得我们关注。尤其耐人寻味
的是 PG-800 号墓中的印章（见图 137），在上层刻有的称号／名字右边，
是一位年轻女神（主人？）坐在那里，还有一位女神（客人？）更有母性，
穿着打扮更加优雅，发型也更精致。这是不是墓主和一位更有母性又更高
大的客人的真实画像？

我们需要牢记这个可能性，因为女主人（以及客人）的体型和其真实
身份有关。当时领导考古工作的是英国人类学家阿瑟·基思爵士，他曾经
检查过几个乌尔墓穴发现的骨架，包括 PG-800 号墓和 PG-755 号墓。

关于普阿比，他也曾写下书面报告。伍利在 1934 年出版了一本关于乌

尔皇家墓葬的书，这一部分报告也被收录其中。阿瑟·基思爵士在开头是这样写的：

> 我通过检查女王的遗体，大致得出以下相关结论：
> 女王死亡时年龄约为 40 岁；
> 她的身高大约为 1.510 米（5 英尺）；
> 她的骨骼纤细，脚和手很小；
> 她的头型很大，呈拉长的形态。

在估算普阿比的年龄时，阿瑟爵士感到很困惑：她的牙齿和其他骨骼遗迹表明，她的年龄远远小于 40 岁。我们还注意到，她的身材与图 84 的马里照片中的伊南娜差不多。

头骨遭到了严重的骨折，可能土壤压力已经让头骨变得比实际情况更长更窄。阿瑟爵士还根据详细的测量结果得出结论，这位女王不可能是苏美尔人——她属于"一个高度长颅型的种族"。"长颅型"是指头部长度比宽度要长，不成比例。而且，她头部的整体尺寸和超大的颅骨（大脑）容量，让阿瑟爵士尤其感到震惊和疑惑：

> 我们只需沿着头顶的中线来测量额骨、顶骨和枕骨，就能意识到女王头骨的容量有多大……
> 颅骨容量一定大于 1600 立方厘米，比欧洲妇女的平均水平高出 250 立方厘米。

他写道："这些遗骸能让我们得出确凿的结论：女王的颅骨容量非常大。"阿瑟爵士在获悉其他骨骼遗骸的细节之后，得出了整体结论：她的头部异常巨大，但是和头部的大小相比，她包括手和脚的其他身体部分，比例都相当小，"尽管非常结实"。

根据苏美尔语的专有名词，我们可以说她有很大（苏美尔原文：Gal）[1] 的头和一个"班达"（Banda）的身体。

阿瑟爵士还检查了PG-755.号墓中男性的骨骼，称他为"梅斯卡拉姆杜格王子"。他通过对比这两具骸骨，观察到"舒巴德（普阿比）女王除了颅骨容量大之外，还具有明显女性化的身体特征。而梅斯卡拉姆杜格的骨骼则显示，这曾是一位非常健壮的男性"。他的遗骨更加厚重粗壮，"右臂尤其粗壮有力"。阿瑟爵士根据以上信息得出结论："唉！可惜王子的骨骼现在全都已是碎片状，但依然显示他曾是身强体壮之人。"

"王子"的头骨"与舒巴德（普阿比）女王的头骨指数完全相同"，这里的指数是长与宽的比例。他的头型明显拉长，而且颅骨容量（即大脑大小）"远高于苏美尔人的平均水平"。关于他的种族，阿瑟爵士这样写道："由于缺乏更好的（词语），我只能把他称为原始阿拉伯人。"

阿瑟爵士也对其他几个早期王朝墓葬中的碎裂头骨和骨骼残骸进行了检查，他得出的结论是，他们也是"原始阿拉伯人"。他最后从整体上总结出"女王"和"王子"的遗骨在墓中可谓卓尔不群：

我们观察到，舒巴德（普阿比）女王和梅斯卡拉姆杜格王子具有健壮的体格和优秀的大脑天赋。这让我们特别感兴趣。

王子身体特别强壮，如果我们可以把脑容量的大小作为智力的参考指标，那么王子不仅四肢发达，而且头脑超群。

女王的大脑也是天赋异禀。如果我们可以把身体发展水平作为线索来

---

[1] 苏美尔语中表示"大"的词可以写成楔形文字，也可以写成"gal"。

考察性别心理，那么我们可以推断出，她具有高度女性化的特点。

这与我们之前发现的其他方面证据是完全一致的。阿瑟爵士这样给出了准确的描述：

·PG-755号墓中有一位英雄半神，是一个"身强力壮的强者"，具有"超群的大脑容量"。

他还描述了这一点：

·PG-800号墓中，有一位"非常女性化"的娇小"女王"，她拥有"不同寻常的巨大头骨"。

我们发现，PG-755号墓中的"王子"骨骼和遗体完全符合梅斯卡拉姆杜格的身份。因此，我们已经可以确定他父母的身份分别是一位半神和一位女神，这对夫妻开启了乌尔第一王朝。但是，仍有一个谜团摆在我们面前：PG-800号墓中的那位人物是谁？她佩戴着宝石，身材和伊南娜类似，但又不是伊南娜……她会是谁呢？在被洗劫一空的PG-789号墓中，又是谁曾在她旁边长眠？

***

关于PG-800号墓的墓主，我们已经确定了以下几点事实，可以作为确定她身份的依据：

·在她的尸体旁边，发现了一个圆筒形印章，说明她的身份是"Nin. Puabi"——"女神普阿比"。

·和她一起下葬的还有家臣和随从，他们本身的身份就是高级朝臣，甚至还有国王。这表明她的身份比他们所有人都要关键——她是一位女神。这也印证了她的称号：Nin。

·这座墓葬中，即使是普通的日用器皿也选用了黄金来制作。这在文献记录中还有一个类似的例子：阿努和安图大约在公元前 4000 年访问地球。

·这些器皿上压印着一个"玫瑰花"的浮雕标志，和阿努访问时的器皿相同。这说明埋葬在 PG-800 号墓的女性是属于"阿努氏族"的——她是阿努的直系后裔。她和阿努的这种直接血缘关系，可能是通过阿努的儿子恩基和恩利尔，或他的女儿宁玛和巴乌维持的。

·墓中还发现了一件用最坚硬的金属制成的器具——锄头。但这件文物也是用软金属黄金制成的。也就是说，它应该只是用于象征性的目的。在这之前的文献记录中，唯一的类似例子是恩利尔的神圣锄头，他在尼普尔建立杜兰基任务控制中心时使用。锄头的这条线索表明，这座墓中的大人物属于恩利尔氏族，且与尼普尔有关，与恩基和埃利都并无关联。这就排除了恩基。普阿比与阿努家谱上的直接联系则只剩下三种可能：恩利尔、宁玛或巴乌。

·墓中有一个医疗工具"镊子"，是黄金制成的象征性工具。这把普阿比与医疗联系起来，宁玛和巴乌曾经从事此类工作。但是，能否排除普阿比与恩利尔有关的可能性？我们尚不明确，因为他的配偶宁利尔也是一名护士。

·由于普阿比看起来较为年轻，她不大可能是来自尼比鲁的元老之一。她也不可能是宁玛、巴乌或宁利尔，只可能是她们的某位女性后代。

·因为我们已经知道，虽然宁玛曾在地球上诞下女儿，但女儿们真正的父亲是恩基，所以她们被排除在外；我们只需要考虑恩利尔和宁利尔的女儿，或是巴乌和尼努尔塔的女儿。

·恩利尔和宁利尔在地球上曾经生下两个儿子（南纳／辛和伊什库尔／阿达德），此外还有几个女儿，包括女神尼萨巴和女神尼娜，她们分别是国王卢伽尔扎吉的母亲和国王古迪亚的母亲。由于尼娜非常长寿，后来得以成为逃离邪风的天神之一。所以，她是"普阿比"的可能性被排除在外。尼萨巴也是如此，她在后来古迪亚的时代依然活着。

阿努的小女儿巴乌又有一个别称"古拉"，意为"大个子"。她嫁给了恩利尔的长子尼努尔塔，并育有七个女儿。其中宁逊是著名的卢加班达的配偶，其他的女儿们都寂寂无闻。他们的儿子吉尔伽美什也广为人知，所以一定是母亲宁逊把父亲尼努尔塔和母亲巴乌（古拉）的体格遗传给了吉尔伽美什，宁逊的配偶个头较小，无法提供这方面的基因。

"乌尔三世"国王曾经声称，宁逊是他们的母亲。如果这是事实，那么宁逊就不可能是"乌尔一世"时期就被埋葬的"普阿比"。

我们沿着家谱后裔的脉络往下探索，就到了下一代在地球上出生的后裔。如果普阿比是属于地球上出生的这一代，那么就符合阿瑟·基思爵士所描述的"四十多岁"特征。在地球上出生的第二代女神中，我们已经知道的有南纳／辛的女儿伊南娜，还有宁逊和卢加班达的一个女儿，名叫宁埃古拉。

根据前文给出的理由，伊南娜不可能是"普阿比"。然而，"普阿比"的珠宝、串珠斗篷、项圈以及其上的标志、全银制作的竖琴，还有阿瑟爵士指出的明显"女性特质"，以及她的身材，这些都让我们联想到"伊南娜"。如果"普阿比"女神自身不是伊南娜，那她也必然和伊南娜有千丝万缕的联系。

我们已经知道伊南娜有一个儿子（Shara 神），但她膝下无女。不过她可能有一个孙女。根据卢加班达的说法，伊南娜是他的母亲，那么卢加班达的女儿也就是伊南娜的孙女，继承了她的"女性特质"和对珠宝的喜爱。

但是，卢加班达的女儿也是巴乌/古拉的外孙女。因为卢加班达的配偶宁逊是巴乌和尼努尔塔的女儿！

根据诸神的名单，她的名字是宁埃古拉，意为"古拉家族/神庙的女神"。这说明她除了从祖母伊南娜那里继承了"女性特质和对珠宝的喜爱"，她还继承了她外祖母巴乌/古拉的"大个子"基因——头型特别大！

由此，我们得到了两条家族延续的脉络，两条线索是趋于一致的：

阿努 > 恩利尔 + 宁利尔 > 南纳 > 伊南娜 > 卢加班达 + 宁逊

和

阿努 > 恩利尔 + 宁玛 > 尼努尔塔 + 巴乌 > 宁逊 + 卢加班达

这样一来，这两条家谱线都指向了同一对伉俪，也就是卢加班达和宁逊这对夫妻。他们真正是 PG-800 号墓中女神的祖先。她是他们的女儿宁埃古拉，也被称为宁普阿比（Nin.Puabi）。

这个结论为普阿比的矛盾体型提供了合理的解释：她身材娇小，因为她是伊南娜的孙女！但是，她头却特别大，因为她是巴乌/古拉的外孙女。

卢加班达可能正是 PG-261 号墓的墓主，我们也可以从以上结论推理出来。

在 PG-755 号墓中，梅斯卡拉姆杜格棺材附近的器皿上发现了宁班达和阿-安涅帕达这两个名字。还有一枚印章刻着："宁班达女神是阿-安涅帕达的配偶。"这是一条被忽略的线索，而上述结论则很好地解释了这个现象。在我们看来，这证实了他们是乌尔第一王朝的开国夫妇，妻子是女神，丈夫是半神。

这个解决方案不仅关乎 PG-800 号墓，也关乎其他可辨认墓主身份的"皇家"墓葬。但这个结论是否说得通？让我们回想一下这个耐人寻味的事实：宁逊一直在为王朝之间的联姻牵线搭桥。其中一个突出的例子就是，她曾计划把自己的一个女儿许配给恩基杜。

当中央王权被移交到乌尔的新王朝时，她是否有预谋地让自己的女儿嫁给了被选为登基人的那位半神？此外，她的母亲巴乌／古拉也是一位了不起的媒人，圆筒形印章上画的那个端着酒杯的年长女性访客可能就是她。巴乌一定会毫不犹豫地送来祝福。另一位祖母伊南娜也一样。对她来说，这个选择代表了她的凯旋。她会不会就是另一位一起饮酒的客人？

我认为，宁班达就是宁逊和卢加班达的女儿：

· 她的王朝头衔是宁班达，显示出和伊南娜的联系。

· 她也被冠以"宁埃古拉"的代称，因为她是巴乌的后代。

· 在她经常参加的聚会中，她被亲切地称为"宁普阿比"。

· 她被安葬在乌尔圣地的家族墓园中。

我们随后也意识到，她是吉尔伽美什的妹妹。他们的父母是一对与众不同的夫妇：被神化的半神卢加班达和了不起的女神宁逊。这就在我们面前展开了一个更宽阔的话题。

***

解开 PG-800 号墓的墓主身份之谜是让人欣慰的成就，虽然这个结论还只在可能性的层面之上。不过在墓室尤其是墓坑中，还有令人震惊的陪葬品。为了解读这些文物，我们还要尝试着去识别其他 15 座皇家陵墓中的墓主身份。我们没有找到任何年鉴、赞美诗、悼亡诗，也没有找到其他文本能解释背后的原因。文献的缺少令人不安。唯一能够佐证的文本是《吉尔伽美什之死》。但这只是让这个谜题更加扑朔迷离。不过，还有一个跳出常规的想法：如果关于吉尔伽美什的文本描述了他实际的下葬情况——吉尔伽美什其实被埋葬在乌尔的一处皇家陵墓中呢？

目前还没有人发现吉尔伽美什的埋葬地点，现有的文本也没有指出他葬在何处。一直以来，人们都推测吉尔伽美什长眠于他曾经统治过的地方——乌鲁克。但乌鲁克是考古工作者挖掘得最为深入的地方，他们却从没有发现过吉尔伽美什的墓葬。那么，为什么不把乌尔的皇家陵墓纳入考虑范围呢？

让我们穿越到 5000 年前的苏美尔。在当时的时间节点，中央王权曾经设立在基什和乌鲁克，即将要转移到乌尔。我们可以想象从基什开始发生的一系列事件。从第一任统治者开始，国王都是半神身份：梅斯克亚加什是"乌图神的儿子"。之后登基的人也是如此——男性天神的儿子。为了能理解吉尔伽美什的父亲卢加班达在位时期发生的巨变，重温前一章的列表可能会有所帮助，我们可以再加上古迪亚和他的母亲尼娜女神：

埃塔纳：与阿达帕同源（来自恩基）

梅斯克亚加什：乌图神之子

恩麦卡尔：乌图神之子

埃纳图姆：尼努尔塔之子，伊南娜把他放在宁胡尔萨格的腿上吃奶

恩特梅纳：用宁胡尔萨格的乳汁养大

梅萨利姆：宁胡尔萨格的"爱子"

卢加班达：伊南娜女神之子

吉尔伽美什：女神宁逊之子

卢伽尔扎吉西：女神尼萨巴之子

古迪亚：女神尼娜之子

最初的国王们都是半神，因为他们的父亲是男性天神，而母亲是地球上的女人，恩基本人在大洪水之前的时代就已开创先河。在这时出现了一个过渡阶段，即由一位天神来做人工授精，但由一位女神来哺乳。然后卢加班达登上历史舞台，带来了重大的变化：以他为首，神性的基因来自女性一方——母亲是一位女神。我们现在对 DNA 和遗传学的了解，已经足以说明这种变化的重要意义。新诞生的半神不仅携带神与地球人混合的常规 DNA，而且还携带仅来自母亲一方的第二套线粒体 DNA。在卢加班达的时代，半神第一次不仅仅是"半神"而已……

卢加班达去世后，该以何种形式被埋葬呢？他不只是一位国王那么简单，他也不只是一位普通的半神而已。但是，他也不是血统纯正的天神，所以不能被带去尼比鲁安葬，也不能被埋葬在乌鲁克的圣地，因为那片圣地已属于阿努。所以，众神把他带到乌尔，也就是他母亲伊南娜的出生地和居住地。他们让他享受了"天神一般"的待遇，把他埋葬在伊南娜圣地的边缘一座特别建造的坟墓中。也许正如我们所猜测的那样，他被安葬在PG-261 号墓中，手里拿着他最喜欢的印章，上面印着"卢加安祖木生（Lugal An.zu Mushen）"[①]。

接下来登场的是吉尔伽美什。他也是一位很特别的人物：他的母亲是带给他神的基因的那一方，而不是他的父亲；而且，他的父亲也不是普通的地球人。他的父亲卢加班达本身就是女神伊南娜的儿子。因此，吉尔伽美什"有三分之二的天神血统"，这让他有足够的理由相信自己有资格获得"神一般的永生"。他踏上了寻找永生的冒险征途，结果徒劳无功。他

---

① 意为"国王，安祖鸟"。

的母亲女神宁逊和乌图神也为他提供了帮助，但他们仍然有所保留。然而，哪怕他临终奄奄一息时，他仍怀有信念，认为自己不应该"只作为一个凡人去另一个世界"。直到最后，乌图给他带来了最后的裁决：恩利尔表示，永生是不可能的。但吉尔伽美什也得到了安慰：因为他身份的特殊性，因为他是独一无二的，即使在冥界，他也可以继续与妻子（以及妾室……）、持杯人、侍者、乐师和家中其他人相伴。

因此，在这个存在于想象的场景中，吉尔伽美什被葬在父亲陵墓的附近，也位于乌尔的圣地。他无法获得永远的生命，但他被许诺会有许多陪葬的人与物。我们尚不知道哪个陵墓属于他，但几个被古代盗墓者洗劫一空的陵墓都有可能。可能是 PG-1050 号墓，其中有 40 个陪葬者的尸体，这似乎与《吉尔伽美什之死》文本中提到的数量不相上下。

吉尔伽美什创造了一个先例，并由此开创先河。

吉尔伽美什死亡的时间大约对应我们现在日历上的公元前 2600 年。此后，乌鲁克的英雄时代逐步式微，只是在史诗文本和圆筒形印章上留下了一些描述，突出了吉尔伽美什、恩基杜的故事，以及其他一些英雄的情节。当阿努纳奇的领导层考虑在哪里建立中央王权时，吉尔伽美什的妹妹宁班达及其配偶阿－安涅帕达在基什的工作仍在原地踏步。当领导层最终决定选择乌尔后，这对女神和半神夫妇也迁徙到那里，作为创始人建立了乌尔第一王朝。

他们把长子梅斯卡拉姆杜格留在了基什。尽管基什不再是首都，他仍被作为基什的在位国王。乌尔的两位新统治者让苏美尔和敌对城市重新结盟，并让苏美尔在地理和文化上都得到了扩展。在这个过程中，他们的长子梅斯卡拉姆杜格却在基什死去。

因为梅斯卡拉姆杜格的半神身份，他的安葬之处离外祖父卢加班达和叔叔吉尔伽美什的陵墓不远。这后来也成为"乌尔一世"王朝的家族墓地。伍利将该墓编号为 PG-755 号，并将其描述为"简单入殓"。在墓中，他发现了已故国王的私人金头盔和一把华丽的金匕首。这两件文物被发现时，都放在尸体旁边的棺材里。墓中一共发现文物六十多件，包括国王的个人物品，如银腰带、金戒指、金首饰（带或不带青金石装饰的都有），以及代表他皇家地位的一些用品，其中许多都是用金或银制成。这些对于他的半神身份和皇家地位来说，都是永久流存下来的证据。但是，一个墓坑是否曾是一个更精致墓葬的一部分？我们的确没有答案。他的个人印章上刻有"梅斯卡拉姆杜格国王"，发现时被丢弃在 SIS 墓层的土壤中。这的确告诉我们，还有另一个墓葬部分的确存在，并在古代曾被盗墓者入侵盗劫，但我们还不曾发现这一部分。在 PG-755 号棺材附近发现的金属器皿上，还刻有他父母的名字：器皿上发现了宁班达和阿－安涅帕达。这也进一步证实了死者的身份。

而后，阿－安涅帕达自己也等到了"去另一个世界"的这天。他的妻子和两个儿子尚且在世，为他精心安排了墓葬，与他王朝创始人的身份相称。他的陵墓里有一口适宜的棺材、一间用石头砌成的墓室和一个可以通过斜坡进入的墓坑。还有一批丰富的宝物，由金银、宝石制成，和尸体一起运到了两辆车上。每辆车由三头牛拉着，两个人驾车，还有一个人牵牛。有六名士兵，他们头戴铜盔，手持长矛，扮演保镖的角色。在墓坑里还有许多士兵排成队列。他们手持盾牌和长矛，矛上的枪头是用金银合金制成。还有一支队伍，里面聚集了女性的歌手和音乐家。她们有装饰精美的里拉琴，还有一个"音乐盒"，盒中的嵌入装饰描绘了吉尔伽美什故事中的场景。此外，考古人员还找到了各种饰有公牛和狮子图案的雕塑。其中有一个国王最喜欢的雕塑非常特别，是一个用黄金制成的公牛头，公牛的胡须用青金石制成。

这个墓坑里共有 54 名家臣，一起在冥界陪伴阿－安涅帕达。

伍利发现这个坟墓后，将其编为 PG-789 号，并称之为"国王之墓"。这样做是因为它与编号为 PG-800 号的"女王之墓"存在明显的关联。而我认为，事实是这样的：这是乌尔第一王朝的创始人阿－安涅帕达的陵墓。

因为已经找不到尸体的主要部分，也没有找到金银和青金石制作的器物，伍利得出结论：PG-789 号墓在古代被盗墓者入侵，并遭到了洗劫。他们很可能是在挖掘 PG-800 号墓时，发现了 PG-789 号墓室。

就这样，在我们对过去的想象之旅中，我们来到了"普阿比女王"死亡的现场。她究竟如何去世，什么时候去世？这些都不得而知。在她的丈夫死后，是她的另外两个儿子阿－安涅帕达①和美斯恰克南那登上了王位。假设她比他们活得更久，她会发现自己孤身一人被留在世界上，所有她珍视的人都已经永远地离开：她的父亲卢加班达、兄弟吉尔伽美什、丈夫阿－安涅帕达，还有她的三个儿子。他们全都埋葬在她每天都可以看到的这片陵墓之中。她是否希望与他们一起埋葬在地球上？或者说，是阿努纳奇不能将她的尸体带回尼比鲁星？因为，她虽是女神身份，但她的确有一些地球人类的基因，因为她的父亲是半神。

答案无人知晓。但是不论是什么原因，普阿比女神葬在乌尔，与其丈夫的坟墓相邻，还有所有的宝物和随从为她陪葬。她的尸体上还有伊南娜祖母的珠宝作为饰品，她还戴着外祖母巴乌的超大头饰……这些都是这个王朝独特的风俗习惯。

在人类起源方面，以上结论给我们带来了历史性的发现。因为，无论普阿比这位女神的身份究竟如何，在所有踏足地球的阿努纳奇和伊吉吉中，她都是那位从未离开的女神。

———————————

① 这个儿子和其父亲同名，因此和后文的"丈夫"不是同一人。

普阿比女神 DNA/ 线粒体 DNA 的家谱

如果我们之前的推论都是正确的，下面这张图可以总结普阿比女神的
DNA 谱系。我们尤其可以看出，她女性亲属方面的 DNA 是如何将她直接
与尼比鲁星球联系起来的：主要是通过阿努的后代恩利尔、宁玛和巴乌。

普阿比女神的家谱图

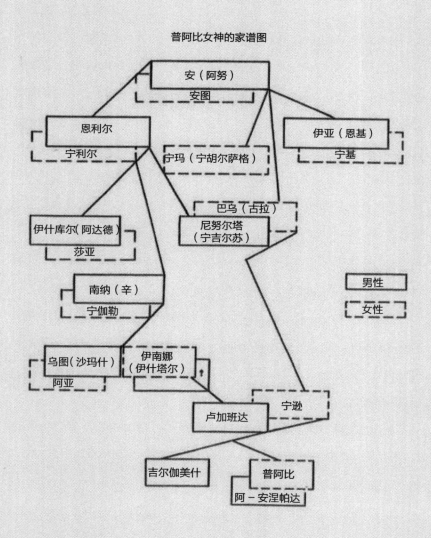

后记

关于人类来自外星的证据

达尔文提出"进化论"来解释地球上的生命，其中关于人类起源的部分最为有趣。这部分的内容最终在两处碰壁，就像海浪在徒劳地冲击着海岸线上的岩礁。对于信徒来说，《圣经》中关于上帝创造人类的论断是神圣的，进化论则不然；对于科学纯粹主义者来说，人们无法解释在30万年前人类是如何一夜之间从一个刚学会走路的类人猿忽然进化为智人的。这本来应该是一个非常缓慢的进化过程，需要几百万年甚至几千万年的时间。这个问题已被称作"缺失的环节"。随着人们出土了越来越多的早期人类化石，这个"缺失的环节"就显得越发扑朔迷离。

在《第十二个天体》出版后的30多年中，我一直在尽我所能地证明《圣经》与科学、信仰与知识之间并没有冲突。我曾经说过，这个"环节"之所以缺失是因为有某种生物跳过了进化论，用复杂的基因工程将直立人①

---

① 直立人（Homo erectus），又称为直立猿人，其生存年代为更新世早期至中期。直立人已经能够直立行走并且制造石器，是旧石器时代早期的人类。北京猿人、蓝田人、元谋人、巫山人、澎湖原人等都属于直立人。其仍带有猿类特征，如头盖骨低平，眉骨粗壮，吻部前伸。但也有现代人特征，如可双足直立和脑容量比猿类大。

和匠人①进行了升级。这种生物将其自身的基因和直立人或者匠人的基因混合在一起。他就是《圣经》中的埃洛希姆，也就是苏美尔人所称的阿努纳奇。他们从自己的星球尼比鲁来到地球，塑造了亚当，然后娶了人类的女儿们为妻。我已经解释了这种可能性，因为他们星球的生命和地球上的生命基于相同的DNA——这种基因共享发生在行星碰撞的时候。

你还在听我说吗？

我们不仅应该给出毫无争议的解释，还应该有能力做更多才对。就好比，不只是说犯罪现场调查表明有一起谋杀案发生，应该还要想方设法找出尸体，然后说：就在这儿！②

啊！只要还有一个阿努纳奇在世，不管是小伙子还是小姑娘都行啊。只要他来自尼比鲁的身份是毋庸置疑的，他就会卷起袖子说：来测测我的DNA，破译我的基因组，就能知道我不是你们星球的人了！找出区别，破解长寿之谜，治愈你的癌症……如果能这样该多好！

但是，因为命运的恩典，以及敬业的考古学家们的专业精神，我们确实拥有这样的证据——阿努纳奇的尸体确实存在。那就是普阿比女神的遗骨。

就在2002年8月，位于伦敦的大英博物馆透露了一个信息：他们保存着一些从未开封的箱子，从伍利时代就尘封在地下室中，里面装有来自乌尔皇家陵墓的头骨。我想要从博物馆得到更多信息，曾经询问他们"是否

---

① 匠人（Homo ergaster）是属于人科的已经灭绝的物种，生存于180—130万年前的东非及南部非洲，处于上新世末期到更新世初期。目前对于匠人的分类、祖先以及后裔尚存争论，但很多人认为，其很可能是晚期人科物种（诸如海德堡人、尼安德特人和智人）的直接祖先。其与直立人间的关系也有许多争议。直立人被认为是匠人在亚洲的后裔，也有观点认为匠人与直立人可以归为同一物种。匠人是人属的早期物种之一，可能是能人的后裔，或者和能人享有共同的祖先。
② "就在这儿"原文为法语"Voila"。

有计划检测这些头骨中的 DNA"。他们礼貌地答复我说："目前还没有计划去尝试 DNA 分析",但是"科学研究部门和古代近东部门都正在展开进一步的研究,有望在 2003 年初能够公开初期研究结果"。

我曾经和博物馆古代近东部门的主管进行深度交流,讨论头骨和头饰的尺寸。他告诉我："目前正在对这些乌尔收集的人类骨骼进行详细的重新评估。"博物馆 2004 年发表的一份报告表示,在重新评估的过程中,伦敦自然历史博物馆的科学家也参与其中,进行了射线(即 X 射线)测试。报告指出:"尽管这些遗骸年代久远,但当代专家得出的结论是能够被反复确认的。"本案中的"当代专家"就是阿瑟·基思爵士[1]及其助手。

我拿到了这份报告的副本,而后惊奇地发现,在伍利考古工作的七十年后,伦敦的一家博物馆仍然拥有"普阿比女王"和"梅斯卡拉姆杜格王子"的完整遗骸!

这是真的吗?我问道。答案是,的确如此。2005 年 1 月 10 日,大英博物馆的工作人员告诉我:"普阿比的遗骸保存在自然历史博物馆,伍利在乌尔发掘出的其他骨架也一起保存在那里。"

这是一个爆炸性的发现:一位尼比鲁星球的女神和一位半神国王的遗骸,大约 4500 年前就被长埋地下,竟可以完好无损地被保存下来,真是意想不到!

人们可以争论大金字塔建造者的真正身份,可以对苏美尔文字的含义持有异议,也可以把显得愚蠢的考古发现当成赝品而不予理会。但是,我们这里呈现了无可辩驳的实物证据,文物的来源、出土日期和地点全都确凿无疑。因此,如果我认为普阿比是阿努纳奇的女神而不是"女王",梅

---

[1] 阿瑟·基思爵士(Sir Arthur Keith,1866 年 2 月 5 日—1955 年 1 月 7 日),英国解剖学家和人类学家。

斯卡拉姆杜格是半神而不是苏美尔的"王子",我们就拥有这样一种可能性:我们的两个基因组,完全或部分是来自另一个星球!

我坚持咨询博物馆,DNA 测试是否已经完成,或是否将要进行。在我反复询问之后,我被介绍给文物重新评估领域的首席科学家泰雅—莫伦森博士。我联系上她时,她已经退休了。有一些身在伦敦的朋友帮我寻找更多的信息,却毫无进展。因为总有其他紧迫问题急需处理,这个问题一直被搁置在了"次要地位"。直到最近传来消息,生物学家能够破译 3.8万年前尼安德特人[①]的 DNA,并将其和现代人 DNA 相比较。这个消息像闪电一样击中了我。既然如此,这位阿努纳奇女性死去仅仅 4500 年,为什么不去破译并对比她的 DNA 呢?

2009年 2月,我给伦敦的自然历史博物馆去信说明此事。我得到一份礼貌的答复,署名是博物馆人类遗迹部门的主任玛格丽特－克莱格博士。她跟我确认他们的藏品包括"普阿比女神(也被列为舒巴德女王)和梅斯卡拉姆杜格国王"。她补充解释说:"我们从未对这些遗骸进行过 DNA分析。博物馆不对收藏的遗骸进行常规的 DNA分析,在未来的一段时间内也没有这样的计划。"2010年3月,博物馆重申了这一立场。

虽然普阿比女神并不拥有纯粹的阿努纳奇 DNA,因为她的父亲卢加班达只是一位半神而已。但是,她的线粒体 DNA 只来自母亲这一方,而她的母亲拥有纯粹的阿努纳奇基因——来自宁逊、巴乌以及尼比鲁星球上更多的古老母亲们。如果能够进行测试,她的骸骨可能揭示 DNA 和 mtDNA的差异,而这些差异代表的正是我们遗传基因中"缺失的环节"——那部分少量但又至关重要的"外星基因"(也许是其中的 223 个?),这让我

---

① 尼安德特人,也被译为尼安德塔人,常作为人类进化史中间阶段的代表性居群的通称。因其化石发现于德国尼安德特山谷而得名。

们在大约 30 万年前从野生人种一跃成为现代人类。

我热切希望这本书能够说明，检测普阿比女神的遗骸不是"例行公事"，也希望这本书能够说服博物馆突破常规，进行测试。这可以为吉尔伽美什得到的答案带来至关重要的解释：

> 当诸神创造人类时
>
> 赋予他广泛的理解力，
>
> 给他智慧，
>
> 赐予他知识——
>
> 但没有让他拥有永恒的生命。

在基因方面，"诸神"故意对我们隐瞒了什么？

也许，是万物的创造者希望这位从未离开过的女神留在地球，引领我们找到最终的答案。

撒迦利亚·西琴

译后记

2021年8月，我有幸接到湖南人民出版社的邀约，翻译撒迦利亚·西琴的这部遗珠之作。

对于大多数中国读者而言，这可能是部匪夷所思的著作，刚拿到原版书的我亦有同样感受。书中穿插着古埃及历史、古希腊神话、苏美尔考古发现、外星人假说，甚至引用了《圣经》中关于大洪水的描述。所涉人物从历史上的亚历山大大帝，到神话传说中的吉尔伽美什、荷鲁斯，总共不下一百位。令人震惊的是，作者叙述这一切，都是为了证明人类能完成从古猿到智人的转变，是来自尼比鲁星球的外星人阿努纳奇的基因移植。古希腊罗马神话中的那些"神"，其实就是这些外星来客，他们为了淘金，创造了智人来提供劳动力，并与人类结合生下带有外星血统的"半神"来进行统治。

这是一个极大胆的假想，对照如今普遍认可的科学观和历史观，西琴的观点很难获得认同，这也是读者明白的。

事实上，从1976年西琴出版"地球编年史"的第一部《第十二个天体》开始，他的作品已被翻译成30多种语言，在世界各国不断再版，引发了巨大轰动，如同好莱坞电影《夺宝奇兵》对那个时代一个充满好奇心的少年的冲击。

在本书中，我们看到西琴引用了大量考古发现，并通过对苏美尔楔形文字的解读，一步一步地证明自己的观点。他以考古挖掘的苏美尔泥版上的楔形文字为线索，将贝罗索斯碎片、苏美尔神话、阿卡德语资料联系起来，对《圣经》所说的诺亚的身份进行了抽丝剥茧的考证。他的推理建立在历史事实、考古发现、语言学、《希伯来圣经》、神话故事的基础上，运用了大量参考资料和推理，不同于一般的科幻小说。西琴的著述之所以迷人，缘于他所运用的素材都是不少人多多少少了解又有困惑的；缘于世界仍存在很多未解之谜，比如进化论无法完美解释智人形成的过程，宇宙中是否存在别的外星生物等；更缘于西琴令人折服的想象力。

不过，本书毕竟是依靠推理完成的人类进化假说，是西琴对神话和考古发现的另类解读。书中很多内容本身就是一种猜想，如大洪水是由南极洲的冰层滑移引起的巨大潮汐波，吉尔伽美什和亚历山大的身份，等等。在某些章节，作者引用的一些证据显得牵强，比如用秦始皇陵来推论一座墓葬中有大量陪葬尸体多么不寻常，这是对中国古代殉葬制度的一种片面理解。

尽管如此，西琴的研究仍然为探寻人类文明的起源提供了帮助。在生命进化史、人类上古史和史前史仍有许多需要探索之处时，他的推理可以激发人们的好奇心，进而使人们去追溯我们从哪里来的谜底。科学是不怕被诘辩的，进化论亦如此。西琴提出阿努纳奇的论断后，大学课堂仍在讲授进化论，古生物学家仍在世界各地寻找那一块块弥补关键环节的化石，科学正是在诘难和辩论中发展、完善。我们可以把西琴的推理视作一部以考古和神话为素材的科幻作品，由此展开我们的想象之翼。

在刘慈欣笔下的《三体》中，距离地球 4.3 光年外的三体星系，存在着一群即将走向灭亡的三体人，试图通过占领地球来改变被毁灭的命运。宇宙浩瀚、无边无际，地球文明不一定是孤例。希望读者在阅读本书时，抱持一种开放的心态，辩证地看待西琴的观点，通过独立思考作出判断。亦希望通过此书，能激发读者对人类起源问题的关注和探索。

在翻译过程中，我经常查阅资料到深夜，一盏台灯和一台电脑陪伴我度过漫漫长夜。当然，陪伴我的还有书中这些个性分明的角色。我宛如听着西琴讲述远古故事的细枝末节，在键盘上敲出一行行中文。这个过程虽然艰辛，但也充满探索的乐趣。这本书能有机会和读者们见面，离不开湖南人民出版社编辑张玉洁女士的细致工作。张女士在审稿过程中反复与我确认书中的术语和细节，还曾专程来到我的工作单位湖南大学与我当面讨论，在此表示衷心感谢。本书涉及大量考古学术语、《圣经》故事和神话内容，我在翻译过程中深感自身知识面不够广博，希望得到读者们的指正。

周悟拿

2022 年 8 月 20 日

于湖南长沙

图书在版编目（CIP）数据

地球编年史：人类起源 /（美）撒迦利亚·西琴著；周悟拿译.
-- 长沙：湖南人民出版社，2024.10

ISBN 978-7-5561-3130-3

I.①地… Ⅱ.①撒… ②周… Ⅲ.①人类起源-研究 Ⅳ.①Q981.1

中国版本图书馆CIP数据核字（2022）第254560号

THERE WERE GIANTS UPON THE EARTH: GODS, DEMIGODS,AND HUMAN
ANCESTRY: THE EVIDENCE OF ALIEN DNA by ZECHARIA SITCHIN
Copyright: ©
This edition arranged with INNER TRADITIONS, BEAR& CO.
through BIG APPLE AGENCY,LABUAN, MALAYSIA.
Simplified Chinese edition copyright: 2024 Beijing Xinchang Cultural Media Co., Ltd.
All rights reserved.

地球编年史：人类起源
DIQIU BIANNIANSHI:RENLEI QIYUAN

著　　者：[美]撒迦利亚·西琴
译　　者：周悟拿
出版统筹：陈　实
监　　制：傅钦伟
责任编辑：张玉洁
责任校对：张命乔
装帧设计：水玉银文化
出版发行：湖南人民出版社[http://www.hnppp.com]
地　　址：长沙市营盘东路3号
邮　　编：410005
电　　话：0731-82683357
印　　刷：湖南天闻新华印务有限公司
版　　次：2024年10月第1版
印　　次：2024年10月第1次印刷
开　　本：880mm ×1230 mm　1/16
印　　张：23.25
字　　数：282千字
书　　号：978-7-5561-3130-3
定　　价：68.00元

营销电话：0731-82683348（如发现印装质量问题请与出版社调换）